21世纪高等学校计算机教育实用规划教材

C++程序设计实用教程

金世双　曾卫明　主　编
徐　明　张　琳　徐　琪　副主编

清华大学出版社
北京

内容简介

本书利用 C++语言介绍程序设计的基本知识，着重介绍 C++语言的基本概念、算法与程序设计基础、顺序结构、选择结构、循环结构、数组、函数、指针、结构体和共用体和文件等内容。程序设计采用 Visual C++作为编译环境，强调案例式教学，着重于基础知识的讲解，特别是编程思维的引导和练习，有利于读者掌握程序设计的基本方法和编程技巧。本书中的所有程序都按照结构化程序设计方法采用缩进格式编写，并且每章配有各种类型的习题（答案见附录 D）和配套的实验内容，以便于读者巩固所学的知识。

本书力求概念叙述准确、严谨，语言通俗、易懂。本书适合作为高等院校理工科计算机专业和相关专业的程序设计课程的教材，也可供广大科技工作者和研究人员参考。

图书在版编目(CIP)数据

C++程序设计实用教程/金世双，曾卫明主编.--北京：清华大学出版社，2014(2024.1 重印)
21 世纪高等学校计算机教育实用规划教材
ISBN 978-7-302-36777-2

Ⅰ.①C… Ⅱ.①金… ②曾… Ⅲ.①C 程序－程序设计－高等学校－教材 Ⅳ.①TP312

中国版本图书馆 CIP 数据核字(2014)第 124269 号

责任编辑：黄　芝　王冰飞
封面设计：常雪影
责任校对：李建庄
责任印制：刘海龙

出版发行：清华大学出版社
网　　址：https://www.tup.com.cn，https://www.wqxuetang.com
地　　址：北京清华大学学研大厦 A 座　　邮　　编：100084
社 总 机：010-83470000　　邮　　购：010-62786544
投稿与读者服务：010-62776969，c-service@tup.tsinghua.edu.cn
质量反馈：010-62772015，zhiliang@tup.tsinghua.edu.cn
课件下载：https://www.tup.com.cn，010-62795954
印 装 者：北京建宏印刷有限公司
经　　销：全国新华书店
开　　本：185mm×260mm　　**印　　张**：17.75　　**字　　数**：441 千字
版　　次：2014 年 11 月第 1 版　　**印　　次**：2024 年 1 月第 8 次印刷
印　　数：3601～3700
定　　价：49.80 元

产品编号：054193-02

出版说明

随着我国高等教育规模的扩大以及产业结构调整的进一步完善，社会对高层次应用型人才的需求将更加迫切。各地高校紧密结合地方经济建设发展需要，科学运用市场调节机制，合理调整和配置教育资源，在改革和改造传统学科专业的基础上，加强工程型和应用型学科专业建设，积极设置主要面向地方支柱产业、高新技术产业、服务业的工程型和应用型学科专业，积极为地方经济建设输送各类应用型人才。各高校加大了使用信息科学等现代科学技术提升、改造传统学科专业的力度，从而实现传统学科专业向工程型和应用型学科专业的发展与转变。在发挥传统学科专业师资力量强、办学经验丰富、教学资源充裕等优势的同时，不断更新教学内容、改革课程体系，使工程型和应用型学科专业教育与经济建设相适应。计算机课程教学在从传统学科向工程型和应用型学科转变中起着至关重要的作用，工程型和应用型学科专业中的计算机课程设置、内容体系和教学手段及方法等也具有不同于传统学科的鲜明特点。

为了配合高校工程型和应用型学科专业的建设和发展，急需出版一批内容新、体系新、方法新、手段新的高水平计算机课程教材。目前，工程型和应用型学科专业计算机课程教材的建设工作仍滞后于教学改革的实践，如现有的计算机教材中有不少内容陈旧(依然用传统专业计算机教材代替工程型和应用型学科专业教材)，重理论、轻实践，不能满足新的教学计划、课程设置的需要；一些课程的教材可供选择的品种太少；一些基础课的教材虽然品种较多，但低水平重复严重；有些教材内容庞杂，书越编越厚；专业课教材、教学辅助教材及教学参考书短缺，等等，都不利于学生能力的提高和素质的培养。为此，在教育部相关教学指导委员会专家的指导和建议下，清华大学出版社组织出版本系列教材，以满足工程型和应用型学科专业计算机课程教学的需要。本系列教材在规划过程中体现了如下一些基本原则和特点。

(1) 面向工程型与应用型学科专业，强调计算机在各专业中的应用。教材内容坚持基本理论适度，反映基本理论和原理的综合应用，强调实践和应用环节。

(2) 反映教学需要，促进教学发展。教材规划以新的工程型和应用型专业目录为依据。教材要适应多样化的教学需要，正确把握教学内容和课程体系的改革方向，在选择教材内容和编写体系时注意体现素质教育、创新能力与实践能力的培养，为学生知识、能力、素质协调发展创造条件。

(3) 实施精品战略，突出重点，保证质量。规划教材建设仍然把重点放在公共基础课和专业基础课的教材建设上；特别注意选择并安排一部分原来基础比较好的优秀教材或讲义修订再版，逐步形成精品教材；提倡并鼓励编写体现工程型和应用型专业教学内容和课程体系改革成果的教材。

(4) 主张一纲多本，合理配套。基础课和专业基础课教材要配套，同一门课程可以有多本具有不同内容特点的教材。处理好教材统一性与多样化，基本教材与辅助教材，教学参考书，文字教材与软件教材的关系，实现教材系列资源配套。

(5) 依靠专家，择优选用。在制订教材规划时要依靠各课程专家在调查研究本课程教材建设现状的基础上提出规划选题。在落实主编人选时，要引入竞争机制，通过申报、评审确定主编。书稿完成后要认真实行审稿程序，确保出书质量。

繁荣教材出版事业，提高教材质量的关键是教师。建立一支高水平的以老带新的教材编写队伍才能保证教材的编写质量和建设力度，希望有志于教材建设的教师能够加入到我们的编写队伍中来。

21 世纪高等学校计算机教育实用规划教材编委会

联系人：魏江江 weijj@tup.tsinghua.edu.cn

前　言

C++语言是目前被广泛采用的程序设计语言，它语法简洁、运行高效。C++语言既可以用来进行面向过程的程序设计，又可以用来进行面向对象的程序设计。本书利用C++语言讲解面向过程的程序设计，内容包括基本数据类型、基本控制结构、函数、数组、结构体、指针和链表等。本书适合学习程序设计语言的初学者，能够让读者顺利地从面向过程程序设计过渡到面向对象程序设计。本书适合大学本科理工类各专业学生学习C++程序设计语言，同时也适合自学C++语言的读者使用。

本书的编者长期从事C/C++语言程序设计课程的教学工作，本书是在他们多年的教学讲稿的基础上整理而成。本书通过大量的经典例题系统地介绍了C++语言的语法结构和结构化编程的方法。全书共分11章，第1章C++程序设计概述，主要介绍程序设计语言的发展历史、算法概述、算法的定义和特征、算法的表示、上机指导；第2章C++的基础知识，主要介绍数据类型、常量、变量、C++的运算符、表达式和C++的基本输入/输出；第3章顺序结构程序设计，主要介绍C++语句概述、赋值语句、顺序结构程序设计举例；第4章选择结构程序设计，主要介绍关系运算符和逻辑运算符、if语句、if语句的嵌套、switch语句和条件运算符；第5章循环结构程序设计，主要介绍基本的循环语句、循环语句的嵌套、break语句和continue语句；第6章数组，主要介绍数组的含义、一维数组的定义与引用、二维数组的定义与引用、字符数组与字符串；第7章函数，主要介绍函数的定义与调用、函数的嵌套调用和递归调用、函数的重载、数组与函数、变量的存储类型与作用域；第8章编译预处理，主要介绍宏的定义、文件包含预处理和条件编译；第9章结构体和共用体，主要介绍结构体类型、共用体类型、枚举类型和typedef声明类型；第10章指针，主要介绍指针的概念、指针变量、指针与数组、指针与字符串、指针与函数、存储空间的动态分配和释放、引用、指针与结构体、链表；第11章文件，主要介绍文件的概念、文件流、文件的打开与关闭、文件的读/写、输入和输出出错处理。本书每一章中都配有相应的上机操作内容。

本书文字精练、例题丰富，易于学生理解。本书中配有各种类型的练习(参考答案见附录D)，以便于学生学习和巩固所学知识。此外，本书将教学内容和实验结合到一起，使得本书具有实用性。本书的目标是力求初学者能够顺利地迈进程序设计的大门，成为一个程序设计爱好者。

本书所有的程序实例都在Visual C++ 6.0中调试过，读者也可自由选用其他符合ANSI标准的C++系统编程环境作为学习工具。

本书由金世双、曾卫明担任主编，徐明、张琳、徐琪担任副主编。全书由金世双组织、确定框架结构，并统编，本书中的所有章节内容都是大家在教研活动中讨论定稿的。本书在编写过程中得到了兄弟高校从事高级语言程序设计的老师的关心和帮助，也得到了清华大学出版社和同行专家、学者和我们的学生的大力支持和帮助，在此一并表示衷心的感谢。此外，本书的编写参考了大量的书籍和报刊，并从互联网上参考了部分有价值的材料，在此向有关的作者、编者、译者和网站表示衷心的感谢。

本书配有电子教案，并提供程序源代码，以方便读者自学，请大家到清华大学出版社网站(http://www.tup.tsinghua.edu.cn)下载。

由于编者水平有限，书中难免有不妥之处，敬请读者和专家批评、指正。

金世双

2014年8月

目 录

第 1 章　C++程序设计概述

本章学习目标

• 了解程序设计语言的发展历史。

• 掌握算法的基础知识。

• 熟练掌握使用 Visual C++ 6.0 上机编程的基本步骤。

本章首先讲述计算机程序设计语言的发展历史以及程序设计语言的作用，然后简单概述算法的基础知识，最后介绍使用 Visual C++ 6.0 上机编程的基本步骤和方法。

1.1　程序设计语言的发展历史

程序设计语言是一组用来定义计算机程序的语法规则。程序设计语言的产生和发展与电子计算机的产生和发展息息相关。1906 年，美国科学家李·德富雷斯特发明了真空三极管，为电子计算机的诞生奠定了基础。1935 年，美国国际商业机器公司(IBM)推出一台能在一秒钟算出乘法的穿孔卡片计算机——IBM 601 机。1936 年，英国数学家阿兰·图灵提出一种被后人称为"图灵机"的抽象计算机模型。1946 年，世界上第一台通用电子计算机——埃尼阿克(ENIAC)在美国的宾夕法尼亚大学诞生，它是一台图灵完全的电子计算机，其数学能力和通用的可编程能力能够解决各种计算问题。ENIAC 采用穿孔卡片输入和输出数据，每分钟可以输入 125 张卡片，输出 100 张卡片。在卡片上使用的是专家们才能理解的语言，由于它和人类语言的差别极大，所以人们称为机器语言，它就是第一代计算机语言。这种语言本质上是计算机能够识别的唯一语言，但人类却很难理解它，以后的计算机语言就是将机器语言越来越简化到人类能够直接理解的、近似于人类语言的高级语言。

为了减轻编程人员使用机器语言编程的痛苦，在 20 世纪 50 年代初出现了汇编语言。汇编语言用比较容易识别、记忆的助记符替代特定的二进制串。例如，使用 ADD 替代加法的二进制指令。通过这种助记符，人们能够比较容易地读懂程序，调试和维护也更加方便了。但这些助记符计算机无法识别，需要一个专门的程序将其翻译成机器语言，这种翻译程序被称为汇编程序。尽管汇编语言比机器语言方便，但汇编语言仍然具有许多不便之处，编写程序的效率远远不能满足需要，而且可移植性差，用某种机器语言编写的程序只能在相应的计算机上执行，无法在其他型号的计算机上执行。

1954 年，IBM 公司开始开发 FORTRAN(FORmula TRANslation)语言，并于 1957 年完成。FORTRAN 语言是世界上第一个计算机高级语言，适用于科学研究。高级语言与自然语言和数学表达式相当接近，不依赖于计算机型号，通用性较好。高级语言的使用大大提高了程序编写的效率和程序的可读性。但是，和汇编语言一样，计算机无法直接识别和执行高级语言，必须翻译成等价的机器语言程序（称为目标程序）才能执行。高级语言源程序翻译成机器语言程序的方法有"解释"和"编译"两种。其中，解释方法采用"边解释、边执行"的方法；编译方法先把源程序编译成指定机型的机器语言目标程序，然后再把目标程序和各种标准库函数链接装配成完整的目标程序在相应的机型上执行。

1960年，首届图灵奖获得者——美国人艾伦·佩利在法国巴黎发表了"算法语言ALGOL 60报告"，推出了世界上第一个结构化程序设计语言。ALGOL 60引进了许多新的概念，例如局部性概念、动态和递归等。ALGOL 60是程序设计语言发展史上的一个里程碑，它标志着程序设计语言成为一门独立的科学学科，并为后来软件自动化及软件可靠性的发展奠定了基础。

高级语言编写程序的效率虽然比汇编语言高，但随着计算机硬件技术的日益发展，出现了以小规模集成电路（每片上集成几百到几千个逻辑门）来构成计算机主要功能部件的第三代电子计算机（1964—1971年）。人们对大型、复杂的软件需求量剧增，同时因缺乏科学规范、系统规划与测试，程序含有过多错误而无法使用，甚至带来巨大的损失。此外，20世纪60年代中后期"软件危机"爆发，使人们认识到大型程序的编制不同于小程序。"软件危机"的解决一方面需要对程序设计方法、程序的正确性和软件的可靠性等问题进行深入研究，另一方面需要对软件的编制、测试、维护和管理方法进行深入研究。结构化程序设计是一种程序设计的原则和方法，它讨论了如何避免使用GOTO语句；如何将大规模、复杂的流程图转换成一种标准的形式，使得它们能够用几种标准的控制结构（顺序、分支和循环）通过重复和嵌套来表示。1972年，美国计算机科学家丹尼斯·里奇在贝尔实验室设计出C语言。C语言的诞生是现代程序语言革命的起点，也是程序设计语言发展史上的一个里程碑。C语言的出现，将广大程序员从繁复的机器代码和汇编代码中解放出来，使他们可以更专注于程序的逻辑结构和功能的实现，其简洁、高效的特点使它在各行业软件开发中得到广泛的使用。直到现在，C语言仍然是使用最广泛的程序设计语言之一。

1972年以后，计算机硬件技术发展到以大规模集成电路和超大规模集成电路为基础的第四代电子计算机。到了20世纪70年代末期，随着计算机应用领域的不断扩大，互联网技术和多媒体技术也得到了空前的发展，它们对软件技术的发展提出了越来越高的要求，而结构化程序设计语言和结构化程序设计方法越来越不能满足用户需求的变化，其缺点日益显露出来。例如，代码的可重用性差、可维护性差、稳定性差以及难以实现。同时，程序的执行是流水线式的，在一个模块被执行完成之前不能干其他事，也无法动态地改变程序的执行方向，这和人们日常认识、处理事物的方式不一致。人们认为客观世界是由各种各样的对象组成的。每个对象都有自己的内部状态和运动规律，不同对象间的相互联系和相互作用构成了各种不同的系统，进而构成整个客观世界。计算机软件主要是为了模拟现实世界中的不同系统，例如物流系统、银行系统、图书管理系统、教学管理系统等。因此，计算机软件可以被认为是现实世界中相互联系的对象所组成的系统在计算机中的模拟实现。把客观世界看成由许多对象组成，每个对象具有其属性和行为，对象之间存在着各种联系，这样能够更好地刻画问题，也更接近人类的自然思维方式，这就是面向对象程序设计思想的由来。面向对象程序设计语言始于20世纪60年代挪威计算机科学家克利斯登·奈加特发明的离散事件模拟语言——SIMULA 67，成形于20世纪70年代美国计算机科学家艾伦·凯发明的Smalltalk语言。Smalltalk被公认为历史上第二个面向对象程序设计语言和第一个真正的集成开发环境(Integrated Development Environment,IDE)。但是,早期的 Smalltalk 语言还不够完善,被看作是一种研究性和实验性的工作。1981 年推出的 Smalltalk-80 被认为是面向对象语言发展史上最重要的里程碑。迄今为止,人们所采用的绝大部分面向对象的基本概念及其支持机制在 Smalltalk-80 中都已具备,它是第一个能够实际应用的面向对象语言。它的发布使越来越多的人认识并接受了面向对象的思想,形成了一种崭新的程序设计风格,引发了计算机软件领域一场意义深远的变革。此外,Smalltalk-80 不仅是一个编程语言,而且是一个具有类库支持和交互式图形用户界面的编程环境,这对于它的迅速流传也起到了很好的作用。

1983 年,贝尔实验室的计算机科学家本贾尼·斯特劳斯特卢普博士发明并实现了 C++语言。起初,这种语言被称作"包含类的 C 语言",作为 C 语言的增强版出现。随后,C++不断增加新特性,逐步引入虚函数(virtual function)、运算重载(operator overloading)、多重继承(multiple inheritance)、模板(template)、异常处理(exception)、命名空间(namespace)等许多特性。C++支持面向对象的程序设计方法,特别适用于中型、大型软件开发项目,从开发时间、费用到软件的重用性、可扩充性、可维护性和可靠性等方面,C++均具有很强的优越性。同时,C++又是 C 语言的一个超集,这就使得许多 C 语言代码不经修改就可以被 C++编译通过。同一时期,美国计算机科学家布莱德·考克斯发明了 Objective-C 语言。Objective-C 以 SmallTalk-80 语言为基础,创建在 C 语言之上,它是一种扩充 C 的面向对象编程语言。任何原始的 C 语言程序都不需要修改就可以通过 Objective-C 编译器,并允许在 Objective-C 中使用任何 C 语言的源代码。Objective-C 形容自己为添覆于 C 语言上的一层薄纱,因为 Objective-C 的原意就是在原始 C 语言主体上加入面向对象的特性。Objective-C 的面向对象语法源于 Smalltalk 信息传递风格。Objective-C 主要用于编写苹果公司的 iOS 操作系统以及相关的各类应用程序。基于 App Store 模式的 iPhone 软件开发为众多软件公司和独立开发者提供了机会,并且带动了 Objective-C 语言的繁荣。

在 C/C++的发展过程中,C/C++的开发工具发展迅速。集成开发环境能使编辑器和编译器共同工作,在编辑器中写下源代码,使用编译命令来启动编译器,当编译器发现错误时,它将编辑光标定位到出错的语句处,以便修改。1985 年 10 月,贝尔实验室推出了第一个 C++编译器——CFront。同年,本贾尼·斯特劳斯特卢普博士完成了经典巨著《C++程序设计语言》第一版。CFront 能够把 C++编译成 C 代码(或者说预处理)。但也是由于这个原因,当时还没有 C++调试工具,程序员只能用 C 的调试工具对生成的 C 代码进行调试。在 1990 年之前,CFront 不仅仅是一个编译器,还是 C++语言规范的事实标准。只要是 CFront 认为对的,那就是对的。在那个时期编译器厂商提供的编译器的行为是如此接近 CFront,以至于 CFront 的 Bug 都被原样复制出来。1990 年,*The Annotated C++Reference Manual* 出版了,这本书后来成为 C++语言标准化的基础。同时,在人们发现为 CFront 加入异常处理机制需要花费巨大的代价之后,CFront 在业界的影响力开始消退。CFront 4.0 计划引入异常处理,但是,由于异常处理机制在 CFront 中实现非常复杂,以至于 CFront 4.0 的开发团队在用了一年的时间设计它之后完全放弃了这个项目。1990 年 5 月,Borland 软件公司推出了 Borland C++集成开发环境,并很快在市场上占据主导地位。Borland C++集成开发环境要比微软公司基于命令行界面的编译器以及解释器更加方便、好用。为了挽回局面,微软公司在 1993 年推出 Visual C++ 1.0,它可同时支持 16 位处理器与 32 位处理器。此后,

Borland 软件公司仓促地推出 Borland C/C++ 4.0，由于没有在最后阶段修正许多错误，加上加入了太多的先进技术，造成整个产品不稳定，从而陷入困境。Borland C++ 最后被 Borland C++ Builder 系列所取代。1998 年，微软公司的 Visual C++发展到 6.0 版本，以拥有"语法高亮"、自动编译和高级调试功能著称。例如，它允许用户进行远程调试和单步执行，并且用户可以在调试期间重新编译被修改的代码，而不必重新启动正在调试的程序，在大型软件的开发过程中可以显著提高效率。Visual C++ 6.0 发行至今一直被广泛地用于大大小小的项目开发。虽然微软公司推出了 Visual C++. NET，但它的应用有很大的局限性。在实际的软件开发中，现在仍然有很多程序员采用 Visual C++ 6.0 作为开发平台。

1998 年，美国国家标准化协会 ANSI(American National Standard Institute)和国际标准化组织 ISO(International Standards Organization) 对 C++语言进行了标准化工作，并正式颁布了 C++语言的国际标准——ISO/IEC 14882:1998。各软件厂商推出的 C++编译器都宣称对该标准支持，并有不同程度的扩展(事实上，没有一款编译器可以完全支持 C++语言的国际标准)。从此，C++成为一种具有国际标准的编程语言，通常被称作 ANSI/ISO C++。2003 年，颁布了 C++语言的第二版国际标准——ISO/IEC 14882:2003。目前，C++编程语言的最新国际标准是 2011 年颁布的 ISO/IEC 14882:2011(简称 C++11)。C++11 包含了核心语言的新功能，并且扩展了 C++的标准程序库。

C++是一门成熟的重量级的程序设计语言，是程序设计语言发展史上的经典。本书以 C++语言进行描述，在学习过程中，读者需要掌握 C++语言的语法规则，建立程序设计的基本思维方式，并能够用结构化方法开发中小型应用程序，为后续课程打下坚实的基础。

1.2 算法概述

为了有效地进行 C++语言程序设计，读者除了要掌握 C++语言的语法规则以外，还需要熟悉解决问题的方法和步骤。语言只是一种工具，有效地解决问题的方法和步骤才是最根本的，这就是算法，算法是程序设计的核心。一般来说，程序是对解决某个计算问题的方法(算法)步骤的一种描述，对于计算机而言，程序是用某种计算机能理解并执行的计算机语言作为描述语言，对解决问题的方法和步骤的描述。计算机执行按程序所描述的方法和步骤就可以完成指定的功能。

一个计算机程序主要描述两个部分内容，即描述问题的每个对象和对象之间的关系，以及描述对这些对象做处理的规则。其中，对象和对象之间的关系是数据结构的内容，处理规则是求解的算法。数据结构和算法是程序最主要的两个方面。程序设计的任务就是分析解决问题的方法和步骤(算法)，并将解决问题的方法和步骤用计算机语言记录下来。程序的设计的主要步骤包括认识问题、设计解决问题的算法、按算法编写程序、调试和测试程序。在程序的开发过程中，上述步骤可能有反复，如果程序有错，严重情况下可能会要求程序设计人员重新认识问题并且重新设计算法。

1.2.1 算法的定义和特征

算法(algorithm)是指解决某一个问题的一组明确步骤的有序集合。算法代表着用系统的方法描述解决问题的策略机制，也就是说，对于一定规范的输入，在有限的时间内能够获得所要求的输出。如果一个算法有缺陷或者不适合某个问题，执行这个算法将不会解决这个问题。不同的算法可能用不同的时间、空间和效率完成相同的任务。

算法在中国古代文献中称为“术”，它最早出现于《周髀算经》和《九章算术》。《九章算术》给出了四则运算、最大公约数、最小公倍数、开平方根、开立方根以及线性方程组求解的算法。三国时代的刘徽给出了求圆周率的算法——刘徽割圆术，而英文名称“Algorithm”来自于9世纪波斯数学家霍瓦里松(拉丁转写：al-Khwarizmi)，因为霍瓦里松在数学上提出了“算法”这个概念。“算法”原为“Algorism”，即“al-Khwarizmi”的音转，在18世纪演变为“Algorithm”。

一个算法应该具有以下5种重要的特征。

(1) 输入：一个算法必须有零个或零个以上输入量。

(2) 输出：一个算法应该有一个或一个以上输出量，输出量是算法计算的结果。

(3) 明确性：算法的描述必须无歧义，以保证算法的实际执行结果精确地符合用户的要求或期望，通常要求实际运行结果是确定的。

(4) 有限性：依据图灵的定义，一个算法是能够被任何图灵完备系统模拟的一串运算，而图灵机只有有限个状态、有限个输入符号和有限个转移函数(指令)。一些定义规定算法必须在有限个步骤内完成任务。

(5) 有效性：有效性又称可行性，即算法中的描述操作都可以通过已经实现的基本运算执行有限次来实现。

通常，一个好的算法要考虑以下几点。

(1) 正确性：正确性是程序运行结果是用户所期望的。例如程序不含有语法错误，程序对于几组输入数据能够得出满足规格说明要求的结果，程序对于精心选择的典型、苛刻带有刁难性的几组输入数据能够得到满足规格说明要求的结果，程序对于一切合法的输入数据都能产生满足规格说明要求的结果。

(2) 可读性：算法的可读性是指一个算法可供人们阅读的容易程度。

(3) 健壮性：健壮性是指一个算法对于不合理数据输入的反应能力和处理能力，也称为容错性。

(4) 时间复杂度：算法的时间复杂度是指执行算法所需要的计算工作量。算法中的基本操作重复执行的次数是问题规模的某个函数 $f(n)$，算法的时间度量可表示为 $T(f(n))$，表示随问题规模的增大，时间的增长率和 $f(n)$ 的增长率相同。

(5) 空间复杂度：算法的空间复杂度是指算法需要消耗的内存空间，记为 $S(n)=O(f(n))$。和时间复杂度相比，空间复杂度的分析要简单得多。不管是时间复杂度还是空间复杂度，都要考虑最坏情况。

1.2.2 算法的表示

算法和程序是不同的。一个算法可以用自然语言、传统流程图、结构化流程图、伪代码和形式化方法等表示。

用自然语言表示算法就是用人们日常生活中使用的语言来描述算法的步骤。自然语言通俗易懂，但是在描述上容易出现歧义。此外，用自然语言描述计算机程序中的分支和多重循环等算法容易出现错误、描述不清的情况。因此，只有在较小的算法中应用自然语言描述才方便、简单。

例题 1.1 考生参加培训中心考试需要遵循这样的流程：首先，在考试之前咨询考试事宜。如果是新考生，需要填写考生注册表，领取考生编号，明确考试科目和时间，然后缴纳考试费，按规定时间参加考试，领取成绩单，领取证书；如果不是新考生，则需出示考生编号，明确考试科目和时间，然后缴纳考试费，按规定时间参加考试，领取成绩单，领取证书。请用自然语言设计一个流程图表示该考试流程。

第一步：咨询考试事宜；

第二步：新生填写考生注册表，并领取考生编号，老生出示考生编号；

第三步：明确考试科目和时间；

第四步：缴纳考试费；

第五步：按规定时间参加考试；

第六步：领取成绩单；

第七步：领取证书。

例题 1.2 请用自然语言设计求 1＋3＋5＋7＋…＋31 的算法。

第一步：$S \leftarrow 0$；

第二步：$i \leftarrow 1$；

第三步：$S \leftarrow S + i$；

第四步：$i \leftarrow i + 2$；

第五步：若 i 不大于 31，返回执行第三步，否则执行第六步；

第六步：输出 S 值。

简单的算法可以用自然语言来描述，但是较为复杂的算法应如何描述呢？在计算机程序中经常会出现很多分支选择结构的语句，这样的语句很容易产生歧义，但计算机程序需要每一步都是确定的，因此，流程图成为描述算法最常见的方法。

流程图是由一些简单的框图组成表示解题步骤和顺序的方法。美国国家标准化协会(ANSI)规定了一些常用的流程图符号，如图 1.1 所示。

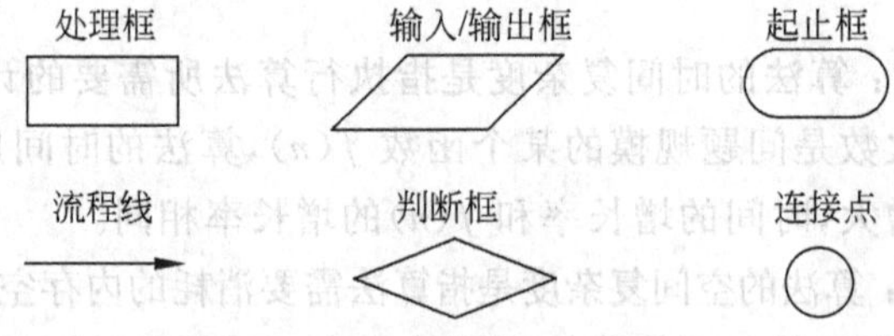

图 1.1 常用的流程图符号

(1) 处理框：表示算法的处理步骤，将要进行的操作简洁、明了地写到框中。

(2) 输入/输出框：记录从外部输入数据到计算机内部或者从计算机内部输出数据到计算机外部。

(3) 起止框：表示一个算法的开始和结束。

(4) 流程线：表示算法控制语句的流向。一般情况下，流程线源自流程图中的某个图形，到另一个图形处终止，从而描述算法的执行过程。

(5) 判断框：在判断框中写入算法中需要判断的条件。若满足条件，执行某条路径；若不满足条件，执行另一条路径。

(6) 连接点：用于将画在不同地方的流程线连接起来，用连接点可以避免流程线交叉或者过长。

在程序人员编写程序时，为了满足某些需求，会强制程序在某些地方跳转，即进行控制转移，这样会使程序的可读性降低。为此，人们规定了 3 种基本结构，即顺序结构、选择结构和循环结构，整个算法就是由这 3 种基本结构按一定的规律组成的，如图 1.2 所示。

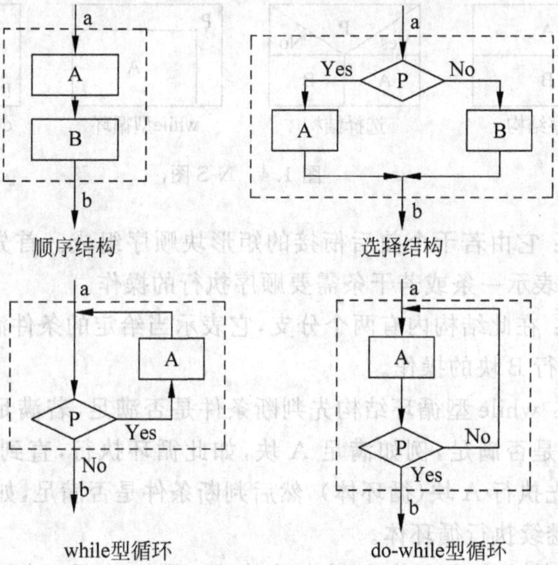

图 1.2　流程图的 3 种基本结构

(1) 顺序结构：顺序结构是一种最简单的基本结构，就是由上到下，按先后顺序依次执行 A 和 B 两个框。

(2) 选择结构：无论条件是否成立，必然会在两条路径中选择一条去执行，A 框和 B 框在一次程序执行过程中只会有一个被执行到。

(3) 循环结构：又称重复结构，它通过反复执行某一部分操作来简化程序的难度，将大工作量拆分成小工作量，并对小工作量进行重复操作。这种方法充分利用了计算机的运算速度快、自动执行等优点。在 C++ 中，共有两种典型的循环结构，即 while 型循环(“当”循环)和 do…while 型循环(“直到”循环)。while 型循环采用先判断表达式，后执行语句的方式。当判断框 P 中的表达式为非 0 值时执行 A 框，如此往复，直到表达式为 0 值时结束循环。do…while 型循环采用先执行循环体，再判断循环条件是否成立的方式。其执行过程为先执行一次 A 框，然后判断表达式 P，当表达式 P 为非 0 值时返回重新执行 A 框，如此往复，直到表达式 P 为 0 值时跳出循环。

例题 1.3　设计一个流程图，求满足 $10<x^2<1000$ 的所有正整数 x 的值。

该题的流程图如图 1.3 所示。

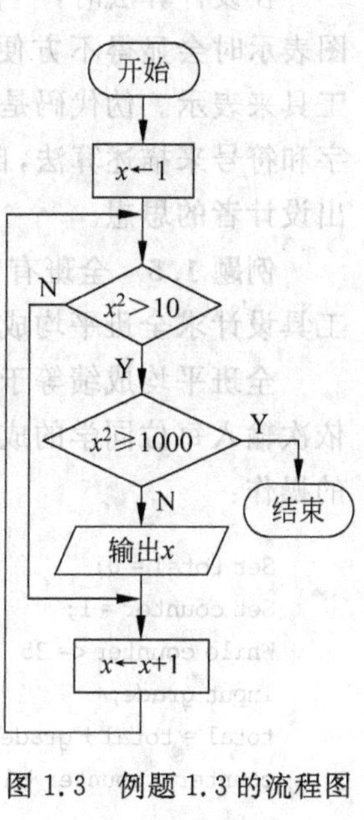

图 1.3　例题 1.3 的流程图

用流程图表示结构化程序的3种基本结构看起来还算比较清楚，但是，当情况比较复杂，图形中的流程线过多时，仍然不便于阅读。因此，美国人纳斯（Nassi）和施内德曼（Schneiderman）提出了一种绘制流程图的方法。由于他们的名字以N和S开头，故把这种流程图称为N-S图。这种结构化流程图完全去掉了在描述中容易引起混乱的流程线，全部算法由如图1.4所示的3种基本结构表示。

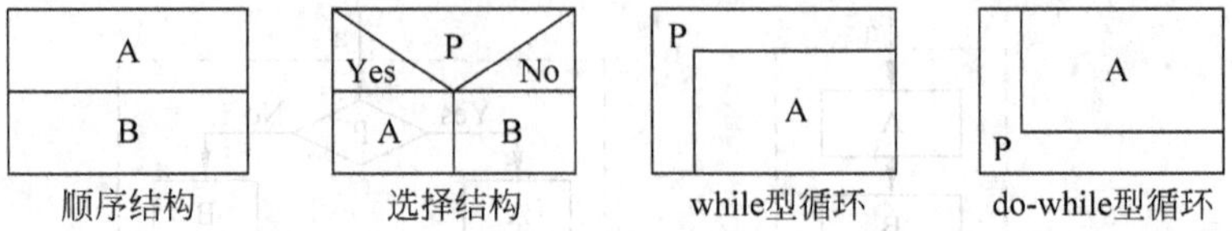

图1.4　N-S图

（1）顺序结构：它由若干个前后衔接的矩形块顺序组成。首先执行A块，然后执行B块。各块中的内容表示一条或若干条需要顺序执行的操作。

（2）选择结构：在此结构内有两个分支，它表示当给定的条件满足时执行A块的操作，当条件不满足时执行B块的操作。

（3）循环结构：while型循环结构先判断条件是否满足，若满足执行A块（循环体），然后再返回判断条件是否满足，例如满足A块，如此循环执行，直到条件不满足为止。do…while型循环结构先执行A块（循环体），然后判断条件是否满足，如果不满足则返回执行A块，若满足则不再继续执行循环体。

用N-S图表示算法思路清晰，阅读起来直观、明确、容易理解，大大方便了人们对结构化程序的设计，并能有效地提高算法设计的质量和效率。对于初学者来说，使用N-S图还能培养良好的程序设计风格。

例题1.4　设计一个求5！的算法，用N-S图表示。

求5！的N-S图如图1.5所示。

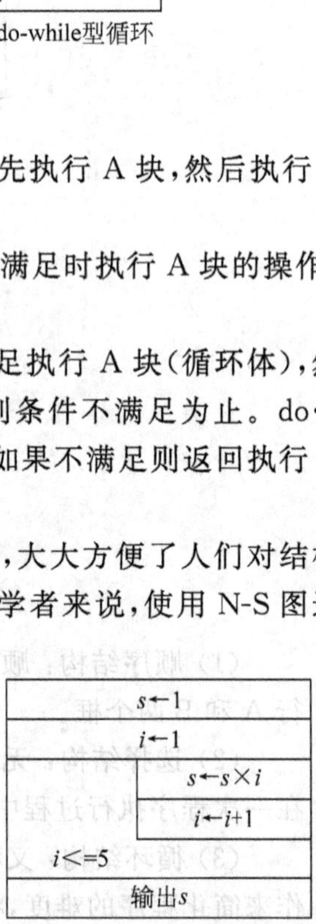

图1.5　求5！的N-S图

在设计算法时，一个算法可能要反复修改，因此用N-S流程图表示时会显得不方便。为了使设计算法方便，可采用伪代码工具来表示。伪代码是用介于自然语言和计算机语言之间的文字和符号来描述算法，自上而下，方便自由，易于修改，容易表达出设计者的思想。

例题1.5　全班有35位同学参加了考试，考试成绩为0到100的整数值，请用伪代码工具设计求全班平均成绩的算法。

全班平均成绩等于全班成绩总和除以班级人数。在计算机上解决这个问题的算法是先依次输入每位同学的成绩，然后进行平均计算，最后打印结果。下面用伪代码列出所要执行的操作：

```
Set total = 0;
Set counter = 1;
While counter <= 35
Input grade;
total = total + grade;
counter = counter + 1;
```

```
End While
Set average = total/35;
Print average;
```

此外,还有一种用于开发计算机系统的形式化方法。该方法用基于数学的技术来描述系统性质。它一般用于一致性检查、类型检查、有效性验证、行为预测以及设计求精验证。使用形式化方法的主要好处是可以准确地描述系统或算法的思想。但是,在程序设计领域采用形式化方法的成本比较高,因此该方法仅适用于要求严格的软件项目中,有限状态机、Petri 网、净室方法学等都是典型的形式化方法。形式化方法提供了规约环境的基础和框架,人们可以在框架中以系统的方式刻画、开发和验证系统,生成的模型具有更强的完整性、一致性且无二义性。

1.3 上机指导

本书程序的调试和运行环境为 Windows 平台下的 Visual C++ 6.0 集成开发环境。Visual C++ 6.0 提供了一个集源程序编辑、代码编译和调试于一体的集成开发环境。通过集成开发环境程序员可以访问 C++源代码编辑器、资源编辑器,以及使用内部调试器和创建工程文件等。

1.3.1 上机的准备工作

高级语言程序设计是一门实践性很强的课程,学习者必须通过大量的编程训练,在实践中培养程序设计的基本能力,并逐步理解和掌握 C++语言程序设计的基本思想和方法,通过不断地积累经验,逐步提高编程的效率和程序代码的质量。用户在上机前需要做好以下准备工作,以提高上机编程的效率。

(1) 复习与本次实验相关的教学内容和主要知识点。

(2) 准备好上机的程序,并对程序中有疑问的地方做出标记。

(3) 充分估计程序运行过程中可能出现的问题,以便在调试过程中加以解决。

(4) 准备好运行和调试程序所需的数据。

程序编写完毕后,应该仔细检查刚刚输入的程序,如有错误及时改正,保存文件后再进行编译和链接。如果在编译和链接的过程中发现错误,根据系统的提示找出出错语句的位置和原因,改正后再进行编译和链接,直到成功为止。如果程序可以顺利运行,但是结果不正确,还需要继续修改程序的内容,直到结果正确为止。

上机结束后,注意及时提交实验报告,主要内容应包括程序清单、运行结果以及对运行结果的分析和评价等内容。

1.3.2 Visual C++ 6.0 的使用方法

1. 启动 Visual C++ 6.0

为了启动 Visual C++ 6.0,首先需要单击“开始”按钮,然后选择“程序”→Microsoft Visual Studio 6.0→Microsoft Visual C++ 6.0 命令。启动 Visual C++ 6.0 后的主界面如图 1.6 所示。

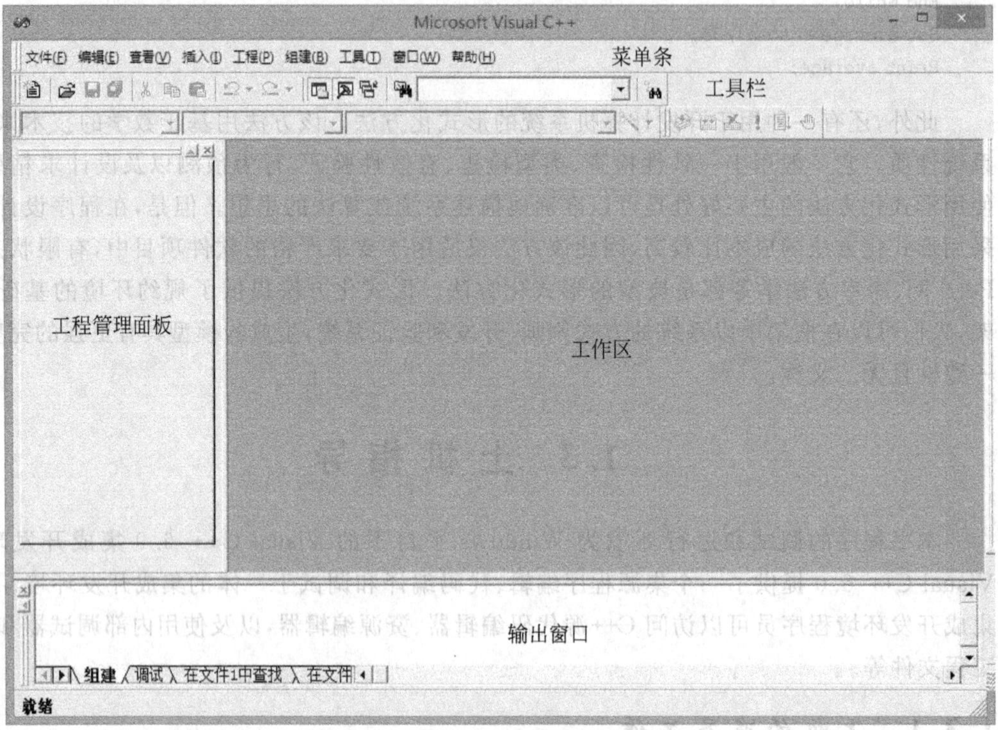

图 1.6　Visual C++ 6.0 主界面

主界面的上部为菜单条，菜单条下面为工具栏。屏幕左部为工程管理面板，用于显示处理过程中与项目相关的各种文件种类等信息。屏幕右部为工作区，是显示和编辑程序文件的操作区。工作区下部为输出窗口，程序编译、链接、运行时输出的相关信息都在此处显示。

菜单条包括以下 9 个菜单项。

(1) 文件菜单：包括对文件、项目、工作区和文档进行文件操作的相关命令或子菜单。

(2) 编辑菜单：除了常用的剪切、复制、粘贴命令外，还有为调试程序设置的断点命令，完成设置、删除、查看断点的操作。此外还有为方便程序员输入源代码的列出成员、参数信息等命令。

(3) 查看菜单：该菜单中的命令主要用来改变窗口和工具栏的显示方式、检查源代码、激活调试时所用的各个窗口等。

(4) 插入菜单：该菜单包括创建新类、新表单、新资源及新的 ATL 对象等命令。

(5) 工程菜单：该菜单可以创建、修改和存储正在编辑的工程文件。

(6) 组建菜单：该菜单用于编译、创建和执行应用程序。

(7) 工具菜单：该菜单允许用户简单、快速地访问多个不同的开发工具，例如定制工具栏与菜单、激活常用的工具或者更改选项等。

工具栏是一组直观、快捷的图形化按钮和编辑框，熟练地使用工具栏可以大大提高工作效率。Visual C++中包含很多工具栏，默认为图 1.7 所示的工具栏。

图 1.7 工具栏

一般来讲,工具栏会根据当前工作的不同而不同。例如,调试程序时会出现调试工具栏;编写数据库程序时会出现数据库工具栏。如果要添加新的工具栏,只需右击工具栏,然后在弹出的快捷菜单中选择需要的功能,它就会出现在工具栏上。

工程管理面板包括 3 个选项卡,每个选项卡的功能如下。

(1) ClassView 选项卡:显示工程中使用的类、函数、全局变量等,双击可以跳转到对应的代码处,如图 1.8 所示。

(2) ResourceView 选项卡:显示工程中使用的资源,双击可以编辑该资源,如图 1.9 所示。

(3) FileView 选项卡:显示工程中使用的文件。文件按类型管理,双击可以进行编辑,如图 1.10 所示。

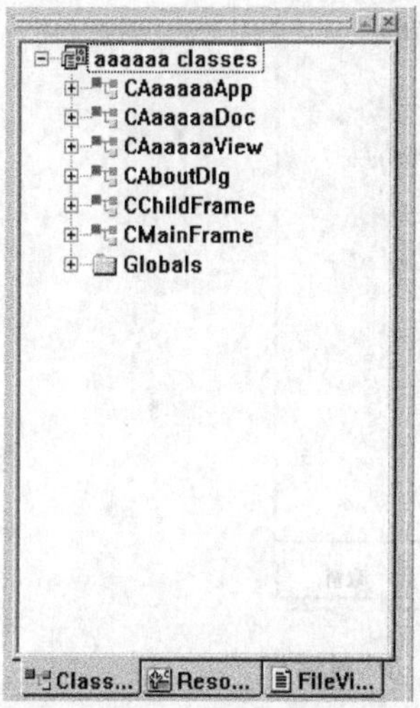

图 1.8 ClassView 选项卡

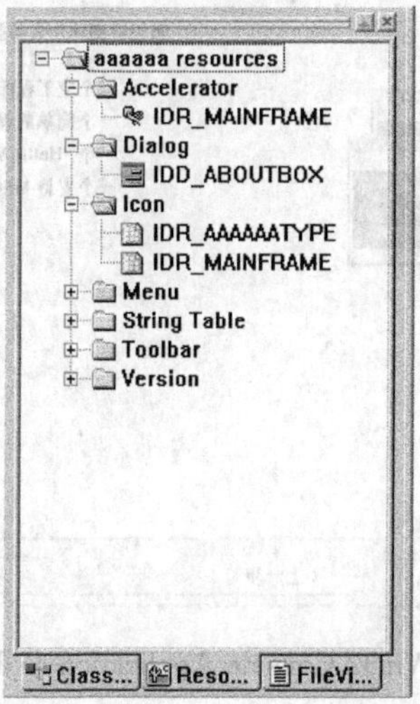

图 1.9 ResourceView 选项卡

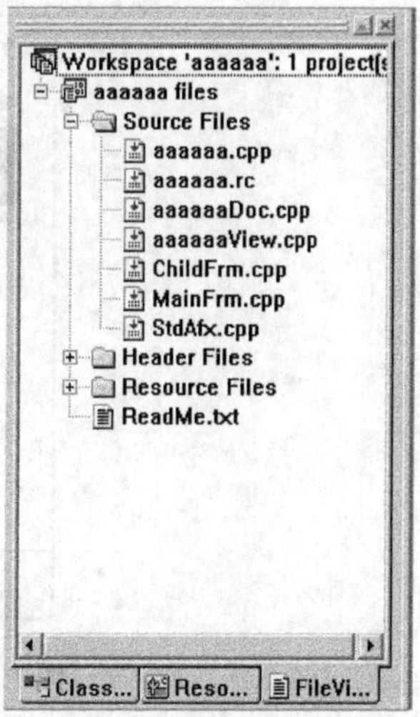

图 1.10 FileView 选项卡

2. 创建工程项目

用 Visual C++ 6.0 系统建立 C++语言应用程序,首先要创建一个工程项目,用来存放 C++程序的所有信息。创建一个工程项目的操作步骤如下:

(1) 进入 Visual C++ 6.0 环境后,选择主菜单"文件"中的"新建"命令,在弹出的对话框中单击上方的选项卡"工程",选择 Win32 Console Application 工程类型,在"工程名称"文本框中输入工程名,例如 CPP,在"位置"文本框中输入工程路径,例如 D:\SMU\CHAPT1\CPP,如图 1.11 所示,然后单击"确定"按钮继续。

(2) 屏幕上出现如图 1.12 所示的"Win32 Console Application-步骤 1 共 1 步"对话框,选择"一个空工程"单选按钮,然后单击"完成"按钮继续。

出现如图 1.13 所示的"新建工程信息"对话框,单击"确定"按钮完成工程的创建。创建的工作区文件为 CPP. dsw、工程项目文件为 CPP. dsp。

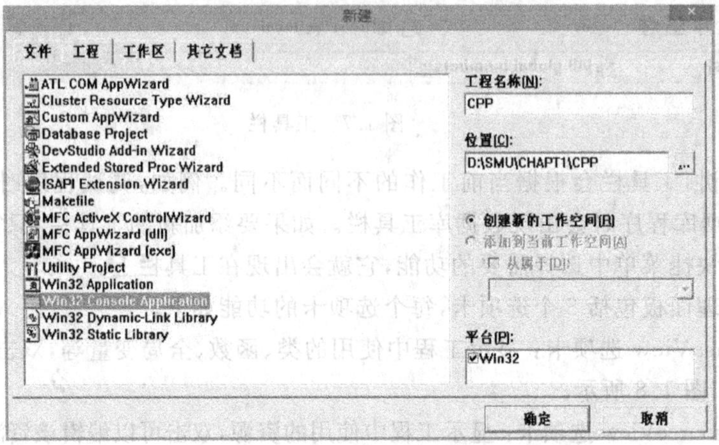

图 1.11　创建工程项目

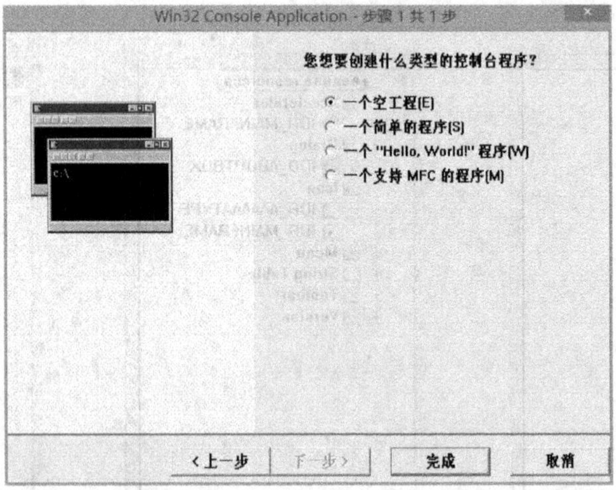

图 1.12　“Win32 Console Application-步骤 1 共 1 步”对话框

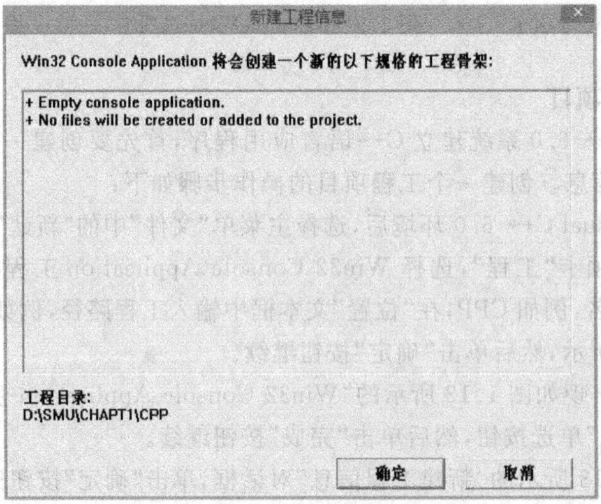

图 1.13　“新建工程信息”对话框

3. 新建 C++源程序文件

选择主菜单“工程”中的“添加工程”→“新建”命令，为工程添加新的 C++源程序文件，如图 1.14 所示。

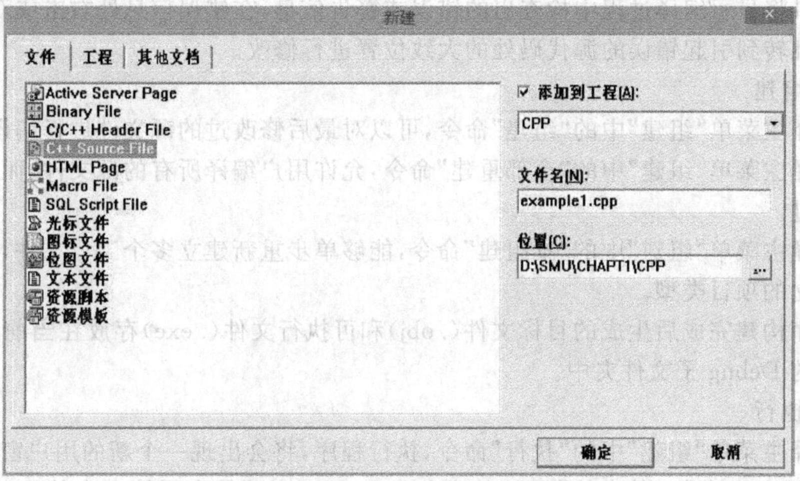

图 1.14　加入新的 C++源程序文件

此时会弹出“新建”对话框，选择“文件”选项卡中的 C++ Source File 选项，在“文件名”文本框中输入新添加的源文件名，例如 example1. cpp，在“位置”文本框中指定文件路径，单击“确定”按钮完成 C++源程序的系统新建操作。

在工作区内输入源程序，然后保存工作区文件，如图 1.15 所示。其中，cout 是 console output(控制台输出)的缩写，用于输出数据。

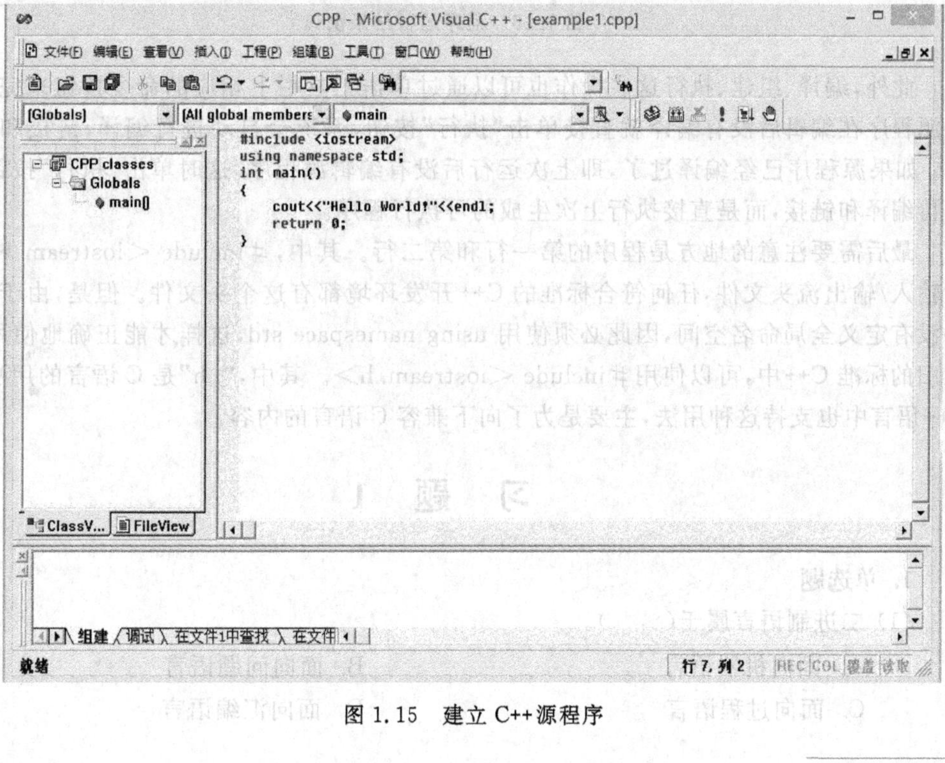

图 1.15　建立 C++源程序

4. 编译、组键和执行

1）编译

选择主菜单“组建”中的“编译”命令，系统只编译当前文件而不调用链接器或其他工具。输出窗口将显示编译过程中检查出的错误或警告信息，在错误信息处右击或双击，可以使输入焦点跳转到引起错误的源代码处的大致位置进行修改。

2）组建

选择主菜单“组建”中的“组建”命令，可以对最后修改过的源文件进行编译和链接。

选择主菜单“组建”中的“全部重建”命令，允许用户编译所有的源文件，而不管它们何时被修改过。

选择主菜单“组建”中的“批组建”命令，能够单步重新建立多个工程文件，并允许用户指定要建立的项目类型。

程序构建完成后生成的目标文件(.obj)和可执行文件(.exe)存放在当前工程项目所在文件夹的 Debug 子文件夹中。

3）执行

选择主菜单“组建”中的“执行”命令，执行程序，将会出现一个新的用户窗口显示运行结果，如图 1.16 所示。其中的“Press any key to continue”是由系统产生的，方便用户查看输出结果，直到按下任意一个键盘按键后返回到编辑界面。

图 1.16　程序运行结果窗口

此外，编译、组建、执行这些操作也可以通过单击工具栏上相应的命令按钮来完成。如果源程序在编辑后没有编译就直接单击“执行”按钮，系统会自动进行编译、链接和执行操作；如果源程序已经编译过了，即上次运行后没有编辑源程序，这时单击“执行”按钮，系统不再编译和链接，而是直接执行上次生成的可执行程序。

最后需要注意的地方是程序的第一行和第二行。其中，＃include ＜iostream＞是指包含输入/输出流头文件，任何符合标准的 C++ 开发环境都有这个头文件。但是，由于该头文件没有定义全局命名空间，因此必须使用 using namespace std，这样才能正确地使用 cout。在旧的标准 C++ 中，可以使用＃include ＜iostream.h＞。其中，“.h”是 C 语言的用法，而在 C++ 语言中也支持这种用法，主要是为了向下兼容 C 语言的内容。

习　题　1

1. 单选题

(1) 二进制语言属于(　　)。

A. 面向机器语言　　　　B. 面向问题语言

C. 面向过程语言　　　　D. 面向汇编语言

(2) 将汇编语言编写的程序翻译成目标程序的是(　　)程序。

A. 解释　　B. 编译　　C. 汇编　　D. 源

(3) 下列不属于面向机器语言的是(　　)。

A. 符号语言　　B. 二进制语言

C. 汇编语言　　D. C++语言

(4) 下列语言中不属于面向过程语言的是(　　)。

A. 高级语言　　B. 低级语言

C. ALGOL 语言　　D. C++语言

(5) 将高级语言编写的程序翻译成目标程序的是(　　)程序。

A. 解释　　B. 编译　　C. 汇编　　D. 源

2. 填空题

(1) 汇编语言属于面向________语言,高级语言属于面向________语言。

(2) 在算法中,需要重复执行同一操作的结构称为________。

(3) 对算法复杂度的评价主要从________和________来考虑。

3. 画图题

(1) 画出计算 1+3+5+…+99 的算法流程图。

(2) 一个船工要送一匹狼、一只山羊和一棵白菜过河。每次除船工外,只能带一个乘客(狼、羊和白菜)渡河,并且狼和山羊不能单独在一起,山羊和白菜不能单独在一起,应如何渡河?请画出算法流程图。

(3) 任意给定两个整数,按从小到大的顺序排列,请画出算法流程图。

实验 1　Visual C++ 6.0 开发环境和程序的基本结构实验

1. 实验目的

(1) 掌握上机的基本操作步骤。

(2) 理解程序设计的基本思路。

(3) 掌握 C++语言程序的基本结构。

2. 实验内容

(1) 在 Visual C++ 6.0 平台上编写一个 C++程序,要求在屏幕上输出字符串"This is a C++ program!",并写出完整的过程。

(2) 在 Visual C++ 6.0 平台上编写一个 C++程序,要求在屏幕上输出以下图形。

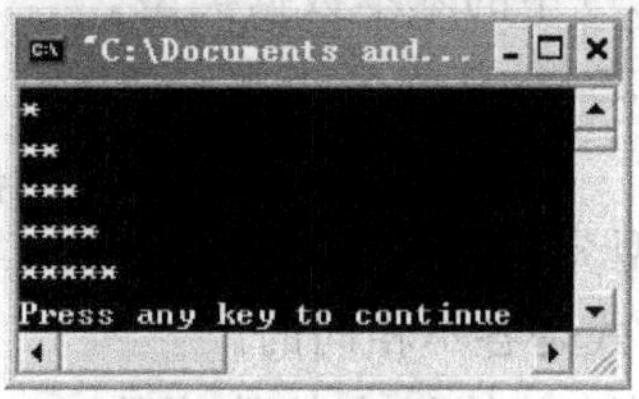

第 2 章　C++的基础知识

本章学习目标

- 熟练掌握 C++的基本数据类型及其使用方法。
- 熟练掌握变量和常量的使用方法。
- 熟练掌握表达式的使用。
- 熟练掌握 C++的输入和输出方法。

本章介绍 C++的基础知识，首先详细地介绍 C++中的数据类型、相关运算以及常量、变量、表达式、语句等基础知识，为编程做好准备，然后介绍简单的 C++输入/输出的使用方法。

2.1　C++基础知识概述

计算机程序解决问题的本质是对反映问题的一系列数据进行不同处理。在对一个问题设计好算法之后，如何用 C++语言正确的表示此算法呢？也就是说，有了正确的解题思路之后，用户还需要掌握 C++语言的语法，这样才能够使用 C++语言所提供的功能编写出一个完整的、正确的程序。因此，解决问题包括两个要素，即数据和处理。程序中的数据必须存储在内存中才能对它进行操作，而每个数据在内存中存储的格式以及它所占用的内存的大小是由它的数据类型决定的。数据处理则是将数据以不同运算符按照相应规则组成各种表达式来实现的。本章主要介绍 C++语言中的基础知识，即各种数据类型、运算符以及表达式。

2.2　数 据 类 型

根据程序设计语言的发展历史，高级语言的一大特点就是具有丰富的数据类型，在C++语言中也设计了多种数据类型来描述现实世界中的不同信息(如图 2.1)。下面主要介绍 C++中的基本数据类型。

- 数据类型
  - 基本数据类型
    - 整数类型
    - 实数类型
    - 字符类型
    - 布尔类型
    - 空值类型
  - 构造数据类型
    - 枚举类型
    - 数组类型
    - 指针类型
    - 结构与联合类型
    - 引用类型
  - 抽象数据类型　类类型

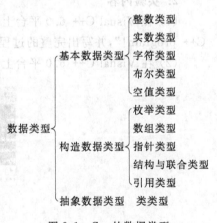

图 2.1　C++的数据类型

在学习 C++的数据类型之前，首先来了解一下计算机中数据存储的格式。

计算机中的数据可按类型分为数值数据和非数值数据，它们的表示和编码方式是各不相同的。

根据冯·诺依曼体系结构，计算机中的数值数据在机内的表示及编码就是机内表示二进制数的方法，通常将这个数称为机器数。内存中存放机器数主要解决的问题是如何表示机器数的符号和机器数中小数点的位置。

一般来说，机器数在机内存储的最高位表示符号位，0 表示正，1 表示负，余下的各位表示数值。这类编码方法包括原码、反码和补码。其中，原码的编码就是机器数本身，正数的反码和补码都等于它的原码，负数的反码是将其除符号位以外的各位数取反，负数的补码是将它的反码在末位加 1 获取。图 2.2 表示了分别用一个字节来存放 121 和 -121 时在计算机中的不同编码表示。

	121	-121
原码	0 1 1 1 1 0 0 1	1 1 1 1 1 0 0 1
反码	0 1 1 1 1 0 0 1	1 0 0 0 0 1 1 0
补码	0 1 1 1 1 0 0 1	1 0 0 0 0 1 1 1

图 2.2　计算机中的不同编码表示

在计算机中表示小数点的方法有两种，即定点表示法和浮点表示法。

其中，定点表示法根据定点的位置的差异又可分为定点整数(小数点约定在最低位的右边)和定点小数(小数点约定在符号位之后)。需要说明的是，定点表示法虽然简单易懂，但它表示的数的范围受到很大的限制。对于一个 n 位存储的定点整数而言，能表示的数值的绝对值不大于 $2^{n-1}-1$，而定点小数能表示的范围就更小了，只能表示绝对值小于 1 的纯小数。

由于定点表示法的局限性，目前大多数高级语言都采用浮点数的存储格式。对于一个位长为 n 的浮点数来说，由符号位、阶码和尾数 3 个部分组成，如图 2.3 所示。例如表示实数 2.718，首先将其改写为规范化的指数形式 0.2718×10^1，然后用符号位表示浮点数是正数(0)还是负数(1)，阶码为 1 表示指数部分大小为 1，尾数即小数的有效位数为.2718。

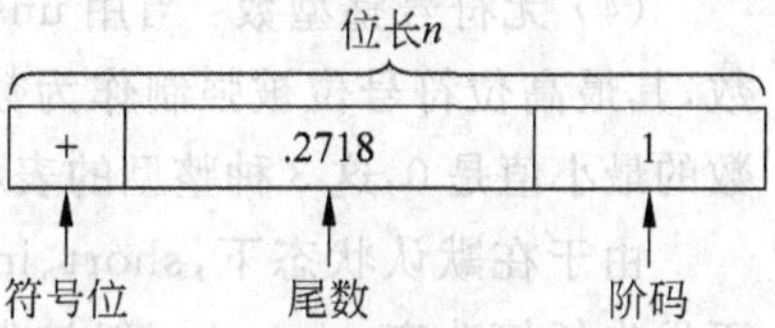

图 2.3　浮点数的存储格式

浮点数的小数点的位置被约定在尾数的左边或阶码的右边，由于不同位长的尾数和阶码所占的位数不一样，小数点的位置是不固定的，所以用这种格式存储的数称为浮点数。

计算机除了存放数值数据外，还需要进行大量的文字信息处理，对于这类非数值数据，计算机采用以下方法表示：用若干位组成的二进制数来表示一个符号。一个二进制数只能与一个符号唯一对应。因此，表示符号的二进制的位数由符号集的大小决定，例如，256 个符号的符号集，需要 8 位二进制数，这就是所谓的字符编码。常见的字符编码方式有 ASCII 码、汉字编码 GB2312-80、ISO/IEC 10646、Unicode 编码以及 GBK 码。其中，ASCII 码主要用于西文字符编码，由 7 位二进制数组合而成，可以表示 128 个字符，它是目前国际上最广泛流行的一种编码方式，ASCII 码表见附录 A、附录 B。汉字编码 GB2312-80 则是针对汉字的一种编码方式，采用 GB 码，字符集中的任何一个汉字或符号都用两个 7 位二进制数表示，在计算机中占两个字节，并将每个字节的最高位置 1。该标准收录了 7445 个汉字、图形和符号。GBK 编码是为了弥补 GB2312-80 中汉字收录不足、简繁汉字共存等问题所制定的一个新的汉字扩展规范。该编码与 GB2312-80 完全兼容,同时字汇一级支持 ISO 10646.1 的全部其他 CJK 汉字,且非汉字符号涵盖大部分常用的 BIG5 中的非汉字符号。

2.2.1 整数类型

整型数值可以采用十进制、八进制和十六进制来表示,区别在于数字前面是否加了不同的进制前缀。

十进制整数是整型数据默认的表示形式,不需要加任何前缀,例如 123、-9、256 等。八进制整数以数字 0 作为前缀,例如 0123 表示八进制数 123,等于十进制数 83。十六进制整数以 0x 或 0X 作为前缀,例如 0x12A 表示十六进制数 12A,等于十进制数 298。如果程序中需要以八进制或十六进制整数进行计算表示,其前缀一定不能省略。

整数可以分为以下几种类型。

(1) 基本整型数:在 C++中,定义基本整型的关键字是 int,在 32 位系统下用 4 个字节(32 位长)来存储,取值范围为-2 147 483 648～2 147 483 647。若用十六进制形式表示,范围为 0x80000000～0x7FFFFFFF。由于整数有正有负,因此 int 型数据在存储时其格式的最高位用作符号位,其余各位为数据位的二进制补码形式。

(2) 短整型数:在以 short 修饰 int 时,此整数称为短整型,写成 short int,也可以省略 int 直接写成 short。如果计算机给基本整型分配 4 个字节的存储空间,那么短整型一般分配两个字节,即 16 位长,其取值范围为-32 768～32 767。其存储方式和 int 型相同。

(3) 长整型数:该类型名为 long int,也可以省略 int 直接写成 long。一般情况下,计算机给 long int 型数据也分配 4 个字节,取值范围也是-2 147 483 648～2 147 483 647。其存储方式也与基本整型相同。

(4) 无符号整型数:当用 unsigned 修饰 short、int 和 long 时,表示该整数类型不能为负数,其最高位符号位被强制作为数据位,与其他位一起用来表示整数。因此,它们能表示的整数的最小值是 0,这 3 种整型的表示范围分别为 0～65 535、0～4 294 967 295、0～4 294 967 295。

由于在默认状态下,short、int 和 long 都是有符号的,因此,在它们之前用 signed 修饰不发生任何改变,signed 一般被省略掉。对于 C++来说,unsigned int 可以省略为 unsigned,signed int 既可以省略为 int,也可以省略为 signed。

2.2.2 实数类型

实数数据即浮点型数,由整数部分和小数部分组成,通常有十进制数和指数两种表示形式。例如 0.35、3.5、35.0、0.0 都是十进制数形式,而 1.5e8 或 1.5E8 则是以指数形式表示 1.5×10^{8},其中,字母 e(或 E)前面必须有数字,后面的指数必须是整数。计算机中的实数以指数形式存放在存储单元中。

浮点数类型包括 float(单精度浮点型)、double(双精度浮点型)、long double(长双精度浮点型)。32 位系统的计算机一般为 float 型数据分配 4 个字节,若尾数部分的有效数字为 6 位,其数值范围为 $-3.4\times10^{-38}\sim3.4\times10^{38}$。double 型是一般系统默认的浮点数类型,它扩大了能表示的数值范围,一般分配 8 个字节,若尾数部分的有效数字为 15 位,其数值范围为 $-1.7\times10^{-308}\sim1.7\times10^{308}$。不同的编译系统对 long double 型的处理方法是不同的,可用 8 个字节、10 个字节或者 16 个字节表示。在 Visual C++ 编译环境下,系统对于 long double 的处理和 double 型一样，分配 8 个字节。

2.2.3　字符类型

在 C++中，字符类型数据是用英文单引号括起来的一个字符，例如'a'、'A'等。在这里，单引号只是界限符，字符数据在存储时，以字符对应的 ASCII 码值进行存储，例如'a'对应的 ASCII 码值是 97。需要说明的是，在 C++中表示字母数据时是区分大小的，且不支持空字符数据。

除了数字、字母这些字符数据以外，ASCII 码表中还有一些回车、警告等字符，这些字符不能直接用单引号括起来表示，需要借助转义符（反斜杠\）以转义序列来表示。例如'\n'，表示转义字符，输出结果为换行。表 2.1 列出了常用的转义序列符。

表 2.1　C++中常用的转义序列符

字符形式	含　义	ASCII 码值
\a	警告(alert)	07H
\b	退格(backspace)	08H
\f	换页(form feed)	0CH
\n	换行	0DH、0AH
\r	回车(carriage return)	0DH
\t	水平制表符	09H
\v	垂直制表符	0BH
\'	一个单引号(')	27H
\"	一个双引号(")	22H
\\	一个反斜杠(\)	5CH
\?	一个问号(?)	3FH
\o、\oo、\ooo 其中，o 代表一个八进制数字	与该八进制码对应的字符	$(ooo)_8$
\xh[h…] 其中，h 代表一个十六进制数字	与该十六进制码对应的字符	hhH

在 C++中，定义字符型数据的关键字为 char，字符型数据可分为 3 种不同的类型，即 char、unsigned char（无符号字符型）和 signed char（有符号字符型）。由于字符型数据在存储的时候实际上存储的是对应的 ASCII 码值，因此，可以将字符型数据看成一种特殊的整型数据，只不过该整型数据只占用一个字节的空间。

需要说明的是，在使用 signed char（有符号字符型）数据时，虽然允许存储的值的范围是－128～127，但字符的代码不可能为负值，所以在存储字符时实际上只用到了 0～127 这一部分，其最高位都是 0。这 127 个字符就是 ASCII 码表中的基本字符，在实际应用中，这 127 个字符往往不够用，因此，有的系统扩展了字符集，将字符字节的最高位不固定为 0，使用了 unsigned char（无符号字符型）数据，把可表示的字符集由 127 个扩展到 255 个。附录 B 中就是扩展的 ASCII 码字符集。对于无任何修饰符的 char 型数据，由各编译系统自行决定是按 signed char 型处理还是按 unsigned char 型处理。对于大多数编译器而言（例如 Visual C++），都是将 char 型默认为 signed char。

2.2.4 布尔类型

与C语言相比，ANSI/ISO C++中增加了一种新的数据类型——bool型，称为布尔型，它只表示两种数值，即true(真)和false(假)，数据存储占1个字节的空间。

在进行算术运算时，可以将布尔型数据当作整型数据，此时true表示1，false表示0。在逻辑运算式中，0值被转换为false，所有的非0值都被转换为true。

综上所述，根据数据在内存中的存储格式，所有的数据可分为整数存储和浮点数存储。其中，char型和bool型也是按整型存储的，因此可以将这两种数据和int型数据统称为整型数据。表2.2总结了上述C++的基本数据类型在内存中所占的存储空间及能够表示的数值范围(以32位编译系统为例)。

表2.2 C++基本数据类型表

类　型	数据类型定义名	表示范围(存储值范围)	字　节　数
int	[signed] int/signed [int]	$-2^{31}\sim(2^{31}-1)$	4
	unsigned [int]	$0\sim(2^{31}-1)$	4
	[signed] short [int]	$-2^{15}\sim(2^{15}-1)$	2
	[signed] long [int]	$-2^{31}\sim(2^{31}-1)$	4
	unsigned short [int]	$0\sim(2^{16}-1)$	2
	unsigned long [int]	$0\sim(2^{32}-1)$	4
float	float	$-3.4\times10^{-38}\sim3.4\times10^{38}$	4(7位有效位)
	double	$-1.7\times10^{-308}\sim1.7\times10^{308}$	8(15位有效位)
	long double	$-1.7\times10^{-4932}\sim1.7\times10^{4932}$	10(19位有效位)
char	[signed] char	$-128\sim127$	1
	unsigned char	$0\sim255$	1
bool	bool	$0\sim65\,535$	1
void(空值)	void		

2.3 常　量

在掌握了C++语言中的数据类型之后，接下来了解数据在C++语言中的表现形式，即常量和变量。

所谓常量，就是在程序运行过程中其值一直保持不变的数据，一般可分为字面常量、符号常量和常变量3种类型。

2.3.1 字面常量

字面常量根据数据的字面形式判断其类型，包括整型常量、实型常量、字符常量、字符串常量及布尔常量。

(1) 整型常量：如128、−45、053、0x5A等。如果一个整数的后面没有任何后缀，则该整型常量在存储的时候按int或long int类型存储(取决于该数值的大小)。如果一个整数以L或l结尾，例如35L、0x7Fl，则该整数按long int存储。如果一个整数以U或u结尾，例如 600U、032u，则该整数按无符号整型存储。

(2) 实型常量：如 0.58、.58、58.、0.0、4.5e7 等。如果一个实数的后面没有任何后缀，则该实数按默认的双精度浮点数(double)存储。如果一个实数以 F 或 f 结尾，例如 7.2f，则该实数按单精度浮点数(float)存储。如果一个实数以 L 或 l 结尾，例如 7.2L，则该实数按长双精度浮点数(long double)存储。

(3) 字符常量：如'A'、'a'、'\n'、'\t'等，既可以是普通字符，也可以是转义序列符。如果转义标识符('\')后面跟的是数字，则此数字被认为是该字符的 ASCII 码值。如果转义标识符后面跟的转义字符 C++不能识别，则该转义序列符直接被解释为'\'后面的字符，例如将'\B'当作'B'。

(4) 字符串常量：如"China"、"It is a computer"、"C++程序设计"等，字符串常量是由英文双引号括起来的字符序列。字符串由零个或多个字符组成，除普通一般字符外，还可以包含空格、转义序列符或其他字符等。需要说明的是，字符常量不能为空，但字符串常量可以为空串，即""。由于双引号是字符串的界限符，因此如果要在字符串中表示双引号，必须用"\""表示，例如字符串"\"PI\" is 3.14159"就被解释为"PI" is 3.14159。

区别于整型常量、实型常量和字符常量，字符串常量在内存中的存储空间是不定长的，大小由字符串中字符的个数决定，系统自动在字符串末位添加'\0'作为结束标记。因此，字符'B'在内存中只占用一个字节，而字符串"B"在内存中占用两个字节，分别存放 B 和\0。

(5) 布尔常量：只有两个，即 true 和 false。

2.3.2 符号常量

字面常量在程序中使用时会遇到可读性差和可维护性差的问题，例如当程序中出现多个常量系数 2.7 时，如果要把它们都改为 3.7，则需要对每个 2.7 进行修改，一旦漏改就会导致计算结果错误，而这种错误是编译无法发现的。

为了解决这个问题，在 C++中引入符号常量的概念，所谓符号常量，就是用一个标识符来代替一个数值。C++符号常量的定义格式如下：

```
#define  符号常量名  数值
```

因此，可以将上述数值 2.7 定义成符号常量：

```
#define  PA  2.7
```

定义成符号常量之后，在程序中所有使用常量 2.7 的地方就用 PA 替代，这样既增强了程序的可读性，也使得程序中常量数值的修改更加方便。值得注意的是，符号常量不占内存，只是一个符号，在预编译完成之后，程序中的该符号就被对应的常量值所替换。因此，符号常量是不能被重新赋值的，一般来说，符号常量用大写表示。

2.3.3 常变量

在 C++中可以使用常变量，定义常变量的格式如下：

```
const 数据类型 符号常量名 = 数值;
```

例如“const int b=10;”表示 *b* 被定义为一个整型常变量，值为 10 且不能被改变。与符号常量相比，常变量可以按照不同的需要选择合适的数据类型，以节省内存空间，且运算过程中有明确的数据类型。因此，一般程序中多使用常变量来替代符号常量。需要注意的是，在定义常变量时一定要赋初值，且在程序运行过程中不能够重新赋值。

2.4 变 量

所谓变量，就是一个有具体名字的、具有数据类型属性和存储类型属性的一块存储区域。变量名就是这块区域的名字，区域中存放的是数据，也就是变量的值。在程序运行过程中，变量的值是可以被改变的。

2.4.1 标识符

在C++中，变量名必须用标识符来命名。除了变量以外，标识符还可以用来对符号常量名、函数、数组等程序中的一些实体进行命名，也就是说，标识符就是一个对象的名字。标识符的构成规则如下：

(1) 只能由字符、数字和下划线组成。

(2) 第一个字符必须是字母或下划线。

(3) C++中大写字母和小写字母代表不同的标识符。

(4) 标识符不能和C++的关键字同名。

C++的关键字是由系统内部定义的具有特定含义的标识符。如果在程序中将关键字作为变量标识符定义，编译系统一般会给予警告。因此，在程序中定义的标识符不能和关键字同名，而且，最好不要和这些关键字特别相似。例如，定义Float和Double，虽然编译是合法通过的，但容易产生误会。下面给出C++中的部分关键字：

asm	const_cast	explicit	inline	public	struct	typename
auto	continue	export	int	register	switch	union
bool	default	extern	long	reinterpret_cast	template	unsigned
break	delete	false	mutable	return	this	using
case	do	float	namespace	short	throw	virtual
catch	double	for	new	signed	true	void
char	dynamic_cast	friend	operator	sizeof	try	volatile
class	else	goto	private	static	typedef	wchar_t
const	enum	if	protected	static_cast	typeid	while

一般来说，标识符在命名的时候要尽量有意义，简单易区分，增强程序的可读性，最好能做到“见名知意”。

2.4.2 变量的定义与赋值

变量必须“先定义，后使用”。变量只有在定义之后，编译器才会根据其定义的类型分配相对应的内存空间，程序才能对该变量(即该内存空间)进行访问和存取操作。

变量定义的一般格式为：

```
数据类型 变量名1[,变量名2,…,变量名n];
```

例如，定义一个整型变量 number 和一个实型变量 score：

```
int number;
double score;
```

程序编译时，为变量 number 分配 4 个字节的连续内存空间，且数据的存储类型为整型，为变量 score 分配 8 个字节的连续内存空间，数据的存储类型为双精度实型。需要说明的是，C++变量的定义位置可以自由选择，但是在同一个作用域中不能以相同的变量名多次定义或定义多个变量。

在定义变量的同时，可以用赋值运算符“＝”赋初值。在 C++中，赋值运算符“＝”表示将运算符右边的数据存放到左边的变量中，这种在定义变量的同时赋初值的过程称为变量的初始化，其一般格式如下：

```
数据类型 变量名 1 = 初值 1[,变量名 2 = 初值 2, …,变量名 n = 初值 n];
```

或者

```
数据类型 变量名(初值 1)[,变量名 2(初值 2), …,变量名 n(初值 n)];
```

例如，对上例中的整型变量 number 和实型变量 score 进行初始化：

```
int number = 50;
double score = 98.5;
```

初始化的过程是在程序运行并执行到本函数时发生的，在编译系统为变量（如 number 和 score）分配好内存空间后，再通过变量名来引用变量的内存空间，将数值（如 50 和 98.5）存入对应的内存空间。需要说明的是，如果在定义变量的时候没有赋初值，则该变量所代表的内存空间可能是系统的默认值，也可能是该内存空间之前运算后留下来的无效值，由系统编译器决定。

2.5 C++的运算符

运算符用于执行程序代码运算，针对一个以上操作数进行运算。C++中的运算符非常丰富，根据运算符的操作数的个数将运算符分为单目、双目和三目运算符。常用的运算符如下。

(1) 算术运算符：＋（加法/正值）、－（减法/负值）、*（乘法）、/（除法）、%（整除求余）、＋＋（自增）、－－（自减）。

(2) 关系运算符：＞（大于）、＜（小于）、＝＝（等于）、＞＝（大于或等于）、＜＝（小于或等于）、!＝（不等于）。

(3) 逻辑运算符：&&（逻辑与）、||（逻辑或）、!（逻辑非）。

(4) 位运算符：＜＜（按位左移）、＞＞（按位右移）、&（按位与）、|（按位或）、∧（按位异或）、～（按位取反）。

(5) 赋值运算符：＝。

(6) 条件运算符：?:。

(7) 逗号运算符：,。

(8) 指针运算符：*。

(9) 地址运算符和引用运算符：&。

(10) 求字节数运算符：sizeof。

(11) 强制类型转换运算符。

(12) 成员运算符：.。

(13) 指向成员的运算符：->。

(14) 下标运算符：[ ]。

(15) 函数调用运算符等。

2.6 算术表达式

程序的本质是对数据的处理，本章前面几节已经对数据进行了详细的介绍。本节内容介绍的是关于"处理"，即表达式。所谓表达式，是由变量、常量或函数等通过一个或多个运算符按照相应规则组合而成的式子。下面主要介绍算术表达式、赋值表达式、逗号表达式以及位运算表达式，对于其他的表达式将在其他章节中进行介绍。

在C++中，由算术运算符和括号将操作数连接起来的表达式称为算术表达式，通常对应数学中的代数表达式，用于进行数值运算。C++中的算术运算符和数学中的运算符的概念是一致的，但有两点需要说明：

(1) 两个整数相除，结果为整数，例如8/3的结果为2，直接舍去小数部分，不进行四舍五入，如果除数和被除数之中有一个是负数，则小数部分的舍入方向由C++编译系统决定。一般情况下，C++编译系统都采取"向零取整"的方法，即-8/3的结果为-2，而不是-3。

(2) 求余运算要求参与运算的两个操作数的类型都是整型，其结果的类型也是整型。

2.6.1 运算符的优先级和结合性

与数学中的代数表达式的运算规则一样，C++中也规定了运算符的优先级和结合性。表2.3中列出了各算术运算符的优先级和结合性。

表2.3 算术运算符的优先级和结合性

优先级	运算符	描述	目数	结合性
3	++ -- + -	自增 自减 正号运算符 负号运算符	单目	从右至左
5	* / %	乘法 除法 求余	双目	从左至右
6	+ -	加法 减法	双目	从左至右

在求解表达式时，按照上述表中运算符的优先级别的高低顺序进行，对于相同优先级的运算符，按结合性进行运算。例如有以下算术表达式：

```
8 * 3/2 + a - 0.5
```

其求解顺序是先乘除后加减，先做“8 * 3/2”，由于“ * ”和“/”具有相同的优先级，按照结合性从左至右，所以先做“8 * 3”，得结果 24 再除以 2。同理，对于“＋”和“－”，优先级相同，按照结合性从左至右，先做“＋”，再做“－”。通常用括号来表示运算顺序，上面的表达式等同于：

```
(((8 * 3)/2) + a) - 0.5
```

对于 C 和 C++中的结合性，大家在运算过程中一定要特别注意。附录 C 列出了 2.5 节中介绍的所有运算符的优先级和结合性。

2.6.2　数据类型的转换

在实际问题当中，通常会遇到不同数据类型的混合运算问题，例如，8 * 1.5＋'a'－10.0/2L。在进行运算时，不同类型的数据要先转换成统一类型再进行运算。在 C++中，可采用两种方法对数据类型进行转换，即自动类型转换和强制类型转换。

1. 自动类型转换

自动类型转换是将数据类型从低到高进行转换。图 2.4 显示了基本数据类型的转换方向，图中箭头的方向表示数据类型级别的高低，由低向高转换。这种转换是安全的，不会丢失有效数据位，转换过程由系统自动完成。

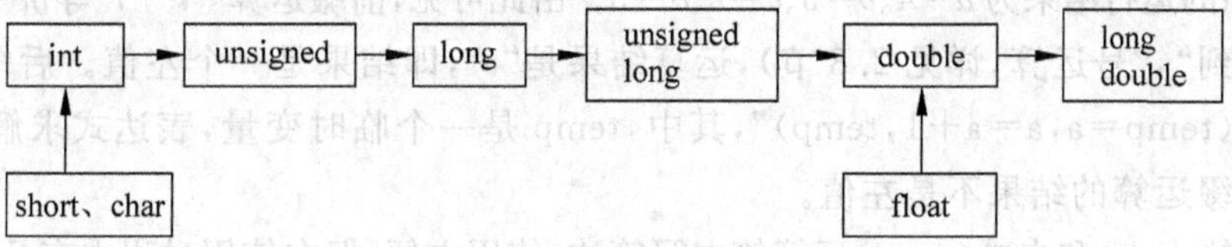

图 2.4　数据类型转换的顺序

因此，算术表达式 8 * 1.5＋'a'－10.0/2L 的运算顺序如下：

(1) 进行 8 * 1.5 的运算，将 8 和 1.5 都转换成 double 型，结果为 double 型的 12.5。

(2) 进行 10.0/2L 的运算，将长整型 2L 和 10.0 都转换成 double 型，结果为 double 型的 5.0。

(3) 进行 12.5＋'a'的运算，将'a'转换成 double 型 97.0，运算结果为 double 型的 109.5。

(4) 进行 109.5－5.0 的运算，结果为 double 型的 104.5。

2. 强制类型转换

强制类型转换是利用强制类型转换运算符将一种数据类型转换为另一种数据类型，在转换过程中可能会丢失有效数据位，是不安全的。C++中的强制类型转换有下面两种基本格式：

```
(类型名)(表达式)
```

或者

```
类型名(表达式)
```

在强制类型转换过程中有两点需要说明：

(1) 如果进行强制转换的对象是一个变量,则该变量可以省略括号,例如(double)x。如果强制转换的对象是一个包含多项的表达式,则该表达式的括号不能省略,例如(double)($x*y$)不能省略括号写成(double)$x*y$。

(2) 在强制类型转换过程中得到的是所指定数据类型的中间变量,原数据类型不发生任何变化。例如(double)x,如果 x 的原数据类型是 int 型,值为 5,则进行强制类型转换后得到一个 double 型的中间变量,值为 5.0,变量 x 本身的类型和值并不发生变化。

2.6.3 自增和自减运算表达式

单目运算符自增(++)和自减(--)在 C++中通常被用来使变量值增 1 或减 1,这两个运算符可出现在变量的前面也可出现在变量的后面,分别称为前缀运算符和后缀运算符。虽然两者都是使变量的值自增 1 或自减 1,但如果将这两种运算符和其他运算符组合在一起,由于求值顺序的不同,会使得运算结果不同。

例如:

```
int i = 3,a,b,c,d;
a = ++i;          //i 的值先自增 1,再赋值给 a
b = i++;          //i 的值先赋给 b,再自增 1
c = --i;          //i 的值先自减 1,再赋值给 c
d = i--;          //i 的值先赋给 d,再自减 1
```

程序的运行结果为 $a=4$、$b=3$、$c=2$、$d=3$。由此可见,前缀运算"++i"等价于"(i=i+1,i)"(这里用到","号运算,详见 2.8 节),运算结果是"i",即结果是一个左值。后缀运算"i++"等价于"(temp=a,a=a+1,temp)",其中,temp 是一个临时变量,表达式求解后即被释放,因此,后缀运算的结果不是左值。

自增(++)和自减(--)运算符书写简洁、使用方便,但在使用过程中有几点需要注意:

(1) 自增(++)和自减(--)运算符只能用于变量,不能用于常量和表达式。原因是这两个运算符作用于操作数时会改变操作数的数值,且改变后的数值将被保存下来,常量和表达式是无法完成这些操作的。

(2) 后缀自增和自减运算符的结合性是从左至右,前缀自增和自减运算符的结合性是从右至左。例如++++i 等价于++(++)i,i++++等价于(i++)++。

(3) 当表达式中出现多于两个的"+"或"-"连写时,系统在编译时会优先识别为自增或自减运算符,然后再认为是正号或负号,或者加法、减法运算符。例如:

```
int i = 5,j = 3,k;
k = i-- j;         //错误,编译时理解为(i--)␣j,j 前面无运算符
k = i+++ j;        //合法,编译时理解为(i++)+j
k = i---- j;       //错误,编译时理解为(i--)--␣j,i--不能作为左值
k = i+++++ j       //错误,编译时理解为(i++)++␣+␣j,同样缺少左值
```

(4) 由于不同编译系统的处理方式不同,自增或自减的混合运算在不同情况下可能会得到不一样的结果。

例如:

```
int i = 6,j,k;
```

```
j = (i++) + (i++) + (i++);
k = (++i) + (++i) + (++i);
```

对于大部分 C++ 编译系统而言，程序运行之后，$j=18$、$i=9$。变量 k 的结果在 Turbo C++ 中是 27（等价于 $i=i+1;i=i+1,i=i+1,j=i+i+i$），在 Visual C++ 6.0 中则是 25（等价于 $i=i+1,i=i+1,k=i+i,i=i+1,k=k+i$）。因此，对于自增、自减运算符大家一定要谨慎使用，遵循安全第一的原则，尽量避免歧义。

2.7 赋值表达式

赋值表达式是通过赋值运算符"="将一个数据或一个表达式的值赋给一个变量。其一般格式为：

```
<变量><赋值运算符><表达式>
```

赋值表达式的运算是先对赋值运算符右侧的表达式求解，然后再将求解的结果赋给赋值运算符左侧的变量。按照约定，我们将赋值运算符左侧的标识符称为"左值"(left value)。左值有对应的内存空间，且该内存空间的内容可以被改变。相应的，出现在赋值运算符右侧的表达式被称为"右值"(right value)。左值都可以充当右值，但右值不一定能充当左值。赋值表达式的值和类型是左值的值和类型。

例如：

```
int a = 3, b = 4, c = 5;
c = a;                    //合法，c 是左值
a = c;                    //合法，c 是右值
a + b = c;                //错误
```

赋值表达式中的表达式可以是另一个赋值表达式，即 C++ 中允许进行多重赋值。例如 $a=b=c=3$。当多重赋值时，根据赋值运算符的结合性从右至左进行运算。例如：

```
int a = 3, b = 4, c = 5;
a = b - (c = 9)           //A: 合法
a = (b = 8) + (c = 4)     //B: 合法
a = b * 2 = c = 5         //C: 错误
(a = b * 2) = c = 5       //D: 合法
```

A 表达式和 B 表达式的合法性很好理解，需要注意的是赋值运算符的优先级比较低，在多重赋值情况下，要在赋值表达式两侧加上圆括号。对于 C++ 表达式，按照结合性等价于 $a=(b*2=(c=5))$，先将 5 赋值给变量 c 是没有问题的，但 $b*2$ 是一个算术表达式，其值不能作为一个左值，因此，编译报错。对于 D 表达式，由于加了圆括号，改变了其运算顺序，先求解 $a=b*2$，求解结果是将 8 赋值给 a，求解结果是左值。然后按照赋值运算的结合性变量 c 被赋值为 5 之后，再重新对 a 进行赋值，最后运算结果是 5，同时 $b=4$、$c=5$。

2.7.1 赋值过程中的类型转换

在赋值表达式中，左侧操作数的类型和右侧操作数的类型不一定相同，如果都是数值型

或字符型，在赋值过程中会自动进行类型转换。类型转换有下面 3 种情况：

(1) 当赋值表达式中右值的数据类型低于左值的数据类型时，C++自动进行数据类型转换。如果是 float 型数据赋值给 double 型变量，int 型数据赋值给 long int 型变量，存储方式不需要改变直接传送即可。如果是 int 型数据赋值给浮点型变量，则需要将其存储方式改变为浮点型。如果是 char 型数据赋值给 int 型变量，则将字符的 ASCII 码值赋值给该变量。

(2) 当赋值表达式中右值的数据类型高于左值的数据类型且不超过左值的范围时，C++自动进行数值截取。如果一个 double 型的数据 4.5 赋值给 int 型变量，舍去其小数部分，将其整数部分 4 按整数形式存储。如果一个整型数据赋值给一个 char 型变量，则直接将其低 8 位进行截取传送。

(3) 当赋值表达式中右值的数据类型高于左值的数据类型且超过了左值的范围时，将发生数值溢出。

例如：

```
float a;
double b = 3.14159265e1000;
a = b;                    //错误,数据溢出
```

在实际编程过程中，经常发生由于不同类型数据进行赋值造成精度损失导致运算结果有误差的情况，这种情况系统在编译时不会报错的，需要编程人员依靠经验来排查。

2.7.2 复合赋值运算符

在赋值运算符的前面可以加上其他运算符构成复合运算符。C++中有 10 种复合赋值运算符，表 2.4 列出了各种复合赋值运算符及其含义。

表 2.4 复合赋值运算符

运 算 符	含 义	例 子	等效表示
+=	加赋值	a+=b	a=a+b
-=	减赋值	a-=b	a=a-b
*=	乘赋值	a*=b	a=a*b
/=	除赋值	a/=b	a=a/b
%=	求余赋值	a%=2	a=a%2
&=	位与赋值	a&=b	a=a&b
|=	位或赋值	a|=b	a=a|b
^=	位异或赋值	a^=b	a=a^b
<<=	左移位赋值	a<<=2	a=a<<2
>>=	右移位赋值	a>>=2	a=a>>2

需要注意的是，复合赋值运算符之间不能有空格，其优先级和结合性与赋值运算符一样。复合赋值运算符的写法有两个好处，一是简化了程序，使程序书写更为简洁，二是提高了编译效率。因此，编程人员在熟练了之后应尽量采用这种写法。

2.8 逗号表达式

C++中的逗号作为一种运算符处理，可以使用逗号将两个表达式连接起来，构成的逗号表达式又称为“顺序求值运算符”。逗号表达式的一般格式为：

```
表达式 1, 表达式 2[, 表达式 3, …, 表达式 n]
```

逗号表达式按照结合性从左至右求解，整个逗号表达式的值是最后一个表达式的值。例如：

```
a = 3+8, b = 4*5, a = a*2
```

在该表达式中，既有算术运算符，又有赋值运算符和逗号运算符，按照运算符的优先级先进行算术运算，再进行赋值运算，最后进行逗号运算。即先求解“$a=3+8$”，结果为 11，再计算“$b=4*5$”，结果为 20，最后计算“$a=a*2$”，结果为 22，整个表达式的值也为 22。

2.9 位运算表达式

C++中的位运算符对操作数的二进制表示进行按位逻辑运算或移位运算，因此，位运算表达式中的操作数只能是整型数据。

C++中有 4 种按位逻辑运算符和两种移位运算符，如表 2.5 所示。

表 2.5 位运算符

运 算 符	含 义
~	按位求反，单目运算符
&	按位与，双目运算符
^	按位异或，双目运算符
|	按位或，双目运算符
<<	左移，双目运算符
>>	右移，双目运算符

例如有两个 int 型变量 a 和 b，其值分别为 99 和 66，依次进行不同的按位逻辑运算和移位运算。

a、b 的二进制表示：

a：00000000 00000000 00000000 01100011

b：00000000 00000000 00000000 01000010

位运算结果：

$\sim a$ = 11111111 11111111 11111111 10011100

$a \& b$ = 00000000 00000000 00000000 01000010

$a \mid b$ = 00000000 00000000 00000000 01100011

$a \wedge b$ = 00000000 00000000 00000000 00100001

$a \ll 2$ = 00000000 00000000 00000001 10001100

$b \gg 2$ = 00000000 00000000 00000000 00010000

需要注意的是，在移位运算中，左移后低位补 0，移出的高位舍弃，右移后移出的低位舍弃，高位补符号位。当舍弃位上不含 1 时，左移运算相当于乘法，左移 n 位相当于乘以 2 的 n 次方，右移运算相当于除法，右移 n 位相当于除以 2 的 n 次方。

2.10 C++的基本输入/输出

在 C++中，输入/输出操作是用“流”的方式实现的。“流”是一个抽象的概念，它是数据从一个位置传到另一个位置的方式。C++使用 cin 和 cout 这两个流对象进行输入/输出操作。cin 是输入流对象的名字，“＞＞”是流提取运算符。cin＞＞＜变量＞一般是从键盘输入数据，再从操作系统的输入缓冲区中提取数据，然后送入到程序的内存变量中。cout 是输出流对象的名字，“＜＜”流插入运算符，““＜＜”用来将内存中的数据插入到 cout 中，然后输出到标准的输出设备显示器上。

需要注意的是，输入和输出语句并不是 C++中专门提供的语句结构，不是由 C++本身定义的。C++使用的 cin 和 cout 标准流对象是在库文件 iostream 中定义的，因此，如果程序中使用了 cin、cout 和流运算符，一定要使用预处理命令把头文件 stream 包含到本文件中：

```
#include < iostream >
using namespace std;
```

或者

```
#include < iostream.h >
```

2.10.1 输入流/输出流的基本操作

输入流 cin 语句可以获得键盘的多个输入值，一般格式为：

```
cin>>变量 1[>>变量 2>>…>>变量 n];
```

输出流 cout 语句可以向显示设备输出多个对象，一般格式为：

```
cout<<表达式 1[<<表达式 2<<…<<表达式 n];
```

对于输入和输出的流数据，内存中有一块专门开辟的缓冲区可以暂存这些流数据，这样可以减少程序频繁访问输入/输出设备所带来的中断。当程序满足某个刷新条件时就清理缓冲区。例如，对于 cin 语句，从键盘输入的数据并没有马上赋给每个变量，而是把数据顺序放在输入缓冲区中，直到程序要求输入，按下了回车键时，才将输入缓冲区的数据一起顺序赋给变量，并清空缓冲区。同理，对于 cout 语句，数据流也是先顺序放在输出缓冲区中，直到输出缓冲区满或遇到 cout 语句中的 endl，再将缓冲区中已有的数据一起输出，并清空缓冲区。

与 C 语言中使用的 scanf 和 printf 输入/输出语句相比，cin 和 cout 不用写明变量类型，系统会自动进行判断，也不用带地址符号“&”，使用更为简洁。但在使用过程中，有几点需要用户注意：

(1) cin 和 cout 虽然可以连续处理多个对象，但每一个流运算符后面只能跟一个对象。

例如：

```
int a, b, c;
cin >> a >> b >> c;                    //合法
cin >> a,b,c;                          //错误
a = 3; b = 4; c = 5;
cout << a << b << c << endl;           //合法
cout << a,b,c << endl;                 //错误
```

(2) cin 获得多个输入值，用户在从键盘输入时，各个数据之间要加上一些空格来分隔，或者在输入每个数据之后按回车键。

例如：

```
int a, b, c;
cin >> a >> b >> c;
```

键盘输入：1　2　3↙(回车)

或者：1↙
　　　2↙
　　　3↙

2.10.2　输入流/输出流的控制符

C++中的输入/输出语句 cin 和 cout 除了常用默认的基本格式外，还可以添加一些控制符，对输入/输出数据的格式进行特殊要求。C++提供的输入/输出流可以使用的控制符如表 2.6 所示。

表 2.6　输入/输出流的控制符

控　制　符	含　　义
dec	设置数值的基数为 10
hex	设置数值的基数为 16
oct	设置数值的基数为 8
setfill(c)	设置填充字符 *c*，*c* 是字符常量或字符变量
setprecision(n)	设置浮点数的精度为 *n* 位。当以十进制小数形式输出时，*n* 代表有效数字；当以固定小数位数形式和指数形式输出时，*n* 代表小数位数
setw(n)	设置字段宽度为 *n* 位
setiosflags(ios::fixed)	设置浮点数以固定的小数位数显示
setiosflags(ios::scientific)	设置浮点数以指数形式显示
setiosflags(ios::left)	输出数据左对齐
setiosflags(ios::right)	输出数据右对齐
setiosflags(ios::skipws)	忽略前导空格
setiosflags(ios::uppercase)	数据以十六进制形式输出时字母以大写表示
setiosflags(ios::lowercase)	数据以十六进制形式输出时字母以小写表示
setiosflags(ios::showpos)	输出整数时给出"+"号

如果在输入/输出流语句中使用了表 2.6 中的控制符，则在程序文件的开头要添加两个头文件：

```
#include<iostream>
#include<iomanip>
using namespace std;
```


下面用不同的进制来输出同一个数据，以展示输入/输出流中控制符的使用方法。

```
#include<iostream>
#include<iomanip>
using namespace std;
void main()
{
        int a = 100;
        cout <<"a = "<< a << endl;
        cout << oct <<"a = "<< a << endl;
        cout << setiosflags(ios::showbase);
        cout <<"a = "<< a << endl;
        cout << resetiosflags(ios::showbase);      //取消基指示符
        cout << hex <<"a = "<< a << endl;
        cout << setiosflags(ios::showbase|ios::uppercase);
        cout <<"a = "<< a << endl;
        cout << resetiosflags(ios::showbase|ios::uppercase);
    cout << dec <<"a = "<< a << endl;
}
```

程序运行结果：

```
a = 100
a = 144
a = 0144
a = 64
a = 0X64
a = 100
```

除此之外，控制符还用于控制输出数据的有效位数、对齐方式等，编程人员需要通过实际运用逐渐掌握。

在C++中，除了可以使用标准流对象cin和cout输入/输出对象外，C++还保留了C语言中用于输入和输出的函数，常用的有scanf/printf和getchar/putchar。这4个函数的使用方法在C语言中有详细的介绍，在此不再赘述。

习题2

1. 单选题

(1) 设 *a*、*b* 为整型变量，执行语句“b=(a=3*4,a/2),a−1;”后，*a* 和 *b* 的值为(　　)。

A. 5　10　　B. 6　12　　C. 10　5　　D. 12　6

(2) 下列常量表示在C++中不合法的是(　　)。

A. .56　　B. 2.718e6.7　　C. 65ul　　D. 8976

(3) 下列标识符命名合法的是(　　)。

A. ￥56　　B. liu.mei　　C. score　　D. 36room

(4) 下列可以输出字符串“The letter 'a' is right”的是(　　)。

A. cout<<"The letter 'a' is right";

B. cout<<The letter 'a' is right;

C. cout<<"The letter \\'a\\' is right";

D. cout<< The letter \'a\' is right;

(5) 字符串"\"end= *\78\b\""的长度是(　　)。

A. 11　　B. 10　　C. 9　　D. 不确定

(6) 定义一个整型变量,即“int a=3;”,下列表达式不正确的是(　　)。

A. $a/2<=0$　　B. $(a+5)++$

C. $a--*3$　　D. $a>>=4$

(7) 在控制格式 I/O 的操作中,(　　)是用于设置域宽的。

A. ws　　B. oct　　C. setfill()　　D. setw()

(8) 在 ios 提供的控制格式的标志位中,(　　)是用于转换为八进制形式的标志位。

A. hex　　B. oct　　C. dec　　D. left

(9) 使用 setfill()的操作符对数据进行格式输出时,应包含(　　)文件。

A. iostream. h　　B. fstream. h　　C. iomanip. h　　D. stdlib. h

(10) 在下列选项中,用于清除基数格式位置以八进制输出的语句是(　　)。

A. cout<<setf(ios::dec,ios::basefield);

B. cout<<setf(ios::hex,ios::basefield);

C. cout<<setf(ios::oct,ios::basefield);

D. cin>>setf(ios::dec,ios::basefield);

2. 填空题

(1) 用 sizeof 运算符编写一个程序,测试本机中各级别数据类型或字符串所占的字节数,将结果记录到下表中,与不同的编译系统做比较,分析它们之间的差异。

基本数据类型	所占字节数	基本数据类型或字符串	所占字节数
int		float	
long int		double	
short int		long double	
char		"\tchina\bcomputer\n"	

(2) 下列程序的运行结果是________。

```
# include < iostream >
# include < iomanip >
using namespace std;
void main()
{
  char n1 = 'a',n2 = '\110';
    int n3 = 65;
    double n4 = 3.14159;
    cout << n1 <<' ' << n2 <<' ' << n3 <<' '<< n4 << endl;
        cout <<(char)n3 <<' '<<(int)n4 << endl;
```

```
        cout <<"\t\b"<< n1 <<'\t'<< n2 <<'\n';
}
```

(3) 下列程序的运行结果是________。

```
#include< iostream >
using namespace std;
void main()
{
    int i = 3, j = 5;
    cout << i++<<" "<<++i << endl;
    cout << -- j <<" "<< j -- << endl;
}
```

(4) 下列程序的运行结果是________。

```
#include< iostream >
using namespace std;
int main()
{
     int a = 6, b = 7, c = 8;
     int x, y, z;
       cout <<(y = (x = a * b, x * x, x + x))<< endl;
       cout <<(x = y = b, z = b * c)<< endl;
    return 0;
}
```

(5) 在位运算中，操作数每左移一位，其结果相当于________。

(6) 在 C++中，常量数值 030 和 0x16 分别表示十进制数值________和________。

(7) 设定“a=12;”，则算式“a+=a-=a*a”的值为________。

(8) 使用 sizeof 运算符求字符串“Computer”的语句应该是________。

(9) 下列程序执行完后，c1、c2、c3 的值分别为________、________和________。

```
#include< iostream >
using namespace std;
int main()
{
      char c1, c2, c3;
      cin >> c1 >> c2 >> c3;
      cout << c1 <<" "<< c2 <<" "<< c3 << endl;
    return 0;
}
```

键盘输入：'x' 'y' 'z'↙

3. 计算题

(1) 求解下列表达式的值。

```
4.5 * 3 + 9/2
'b' + 32
25 % 3 + 9/5 - 0.5
a = b + = 4 * 5 - 2                    //设 b 的初值为 5
```

```
a = 3 * 2,b = 5/2 * 6,a + = b
(int)(2.718)/2 + 35 % 6
(int)(x + y) - (double)7/2        //设 x = 3.5、y = 5
0x16 + 'a' - 9/2
```

(2) 写出下列表达式运算后的 *a* 值,设原来 *a* 的值为 8,且数据类型为整型。

```
a += a;
a -= 5 - 3;
a *= 3 + a;
a/ = a + a;
a % = (7 % 3);
a -= a += a *= a;
```

(3) 设 *x*、*y* 的值分别是 4、5,求下列表达式运算后 *a*、*b*、*c* 和 *d* 的值。

```
x = 4; y = 5;
a = x--  + y-- ;
b = x++ -  y-- ;
c = ++x  +  ++y;
d = ++x  -  -- y;
```

4. 编程题

(1) 用符号常量代替圆周率 3.141 592 65,从键盘输入半径 28 和 341.5,求圆面积,并分行输出圆周率和两次求解的面积。

(2) 编写程序,输出下列图形:

```
      *
    * * *
  * * * * *
* * * * * * *
    * * *
      *
```

(3) 编写一个程序,要求先输入 3 门课的成绩,再以下列形式输出:

```
"Three course scores are:"
98.5  60  78
```

(4) 编写一个程序,给输入的字符串"Hello"加密。加密的规律是用原来字母后面的第 4 个字母代替原来的字母。例如,字母'a'后面的第 4 个字母是'e',字母'A'后面的第 4 个字母是'E',因此,"China"应加密为"Glmre"。提示:字符串中的每个字符都可以用一个字符型变量记录并进行运算。

实验 2　数据类型、运算符和表达式实验

1. 实验目的

(1) 掌握 C++语言数据类型,熟悉如何定义一个整型、字符型、实型变量,以及对它们赋值的方法,了解以上类型数据输出时所用的格式转换符。

(2) 进一步熟悉 C++程序的编辑、编译、链接和运行的过程。

(3) 掌握数据的输入/输出方法。

2. 实验内容

(1) 上机改错、调试并指出错误所在及相关提示信息。

①

```
#include iostream ;
main() ;                  /*主函数*/
float r,s;                /*r是半径,s是圆面积*/
r=5.0;
s=3.14159*r*r;
cout<<s<<endl
```

②

```
# include iostream
main                      /*主函数*/
{float a,b,c,v;           /*a、b、c是棱长,V是立方体的体积*/
 a=2.0;b=3.0;c=4.0;v=a*b*c;
 cout<<v<<endl;
}
```

(2) 分析程序的运行结果,并上机验证。

①

```
#include <iostream.h>
using namespace std;
void main()
{
    int a,b,c,x;
    a = 15, b = 18, c = 21;
    x = a<b || c++;
    cout<<"x = "<<x<"c = "<<c<<'\n';
}
```

②

```
#include <iostream.h>
using namespace std;
int main()
{
  int i,j,m,n;
  i=8;
  j=10;
  m=++i;
  n=j++;
  cout<<i<<','<<j<<','<<m<<','<<n<<endl;
  return 0;
}
```

③

```
#include <iostream.h>
using namespace std;
int main()
{
  int a;
  char ch;
  cout <<"请输入一个 0～128 的整数和一个字符：";
  cin >> a >> ch;
  ch = ch + a;
  cout << ch << endl;
  cout <<(char)a << endl;
  return 0;
}
```

(3) 编写程序。

① 已知 $a=b=100\ 000$、$c=1000$，编程求 $a*b/c$，注意不要让中间结果溢出。

② 输入两个整数 a、b，实现两个数的交换(不借用第 3 个变量)。

③ 从键盘输入三角形的三边长，输出三角形的周长和面积(此处假设可以构成三角形)。

④ 编写程序输入两个整数，输出它们的商和余数。

⑤ 从键盘输入一个三位整数($n=abc$)，从左到右用 a、b、c 表示各位的数字，现要求依次输出从右到左的各位数字，即输出另一个三位数($m=cba$)，例如，输入 123，输出 321。

第3章 顺序结构程序设计

本章学习目标

- 了解 C++的基本语句。
- 熟练掌握赋值语句的使用方法。
- 熟练掌握顺序结构程序设计的方法。

本章介绍 C++的顺序结构程序设计的方法，首先介绍 C++中的基本语句，接着讲解赋值语句的使用，最后介绍顺序结构程序设计的基本思想与应用。

3.1 C++语句概述

语句是 C++程序中最小的可执行的基本单元，每条 C++语句都可以实现一定的操作。C++语句是由关键字、变量、常量等按照一定的规则组成的，以分号(;)作为分隔符。C++常用的语句有说明语句、表达式语句、控制语句和复合语句等。

1. 说明语句

C++程序中的定义变量、定义标识符常量等语句就是说明语句，也称为声明语句。声明语句的作用是引入新名称到当前程序中。声明语句大部分是定义变量和对象。这些变量类型包括整型变量、浮点型变量、字符型变量、数组变量、指针变量，以及对象的定义等。

声明变量语句的基本格式为：

```
数据类型  变量名;
```

例如：声明一个整型的变量。

```
int i;
```

int 就是数据类型，i 就是整型变量名，后面的分号标志着语句的结束，三者合在一起就构成了一个声明语句。

2. 表达式语句

表达式语句是 C++程序中最常见的语句，它是由表达式加上一个分号组成的。在第 2 章中学习了赋值表达式、数学表达式、复合运算表达式、逗号表达式等，它们都可以构成对应的语句。

例如：

```
i = 3;                  //赋值语句
i++;                    //复合运算语句
```

```
a = 3,a + 5;              //逗号表达式语句
```

表达式语句还包含函数调用语句和空语句。函数调用语句由一次函数调用加一个分号构成一个语句。

例如：定义一个打印函数 pr()。

```
void pr()
{
    cout <<"C++"<< endl;
}
void main()
{
    pr();               //这就是函数调用语句,它是表达式语句
}
```

如果表达式为空,即仅由分号(;)构成语句,则称为空语句。空语句什么也不做?空语句经常为语法的需要而设置,例如循环语句中的空循环体等。

3. 控制语句

C++控制语句用于完成一定的控制功能。C++有 9 种控制语句,即:

(1) if()～else～ ;(条件语句)

(2) for()～ ;(循环语句)

(3) while()～ ;(循环语句)

(4) do～while() ;(循环语句)

(5) continue ;(结束本次循环语句)

(6) break ;(中止执行 switch 或循环语句)

(7) switch ;(多分支选择语句)

(8) goto ;(转向语句)

(9) return ;(从函数返回语句)

控制语句用于控制程序的执行流程,结构化程序设计的选择结构和循环结构就是通过控制语句来实现的。

4. 复合语句

复合语句是指由两条或两条以上的语句用花括号"{ }"括起来的语句序列。C++语句中的语句划分为简单语句和复合语句两类。简单语句指只有一条语句,复合语句是多条语句的总称,但是,多条语句用花括号括起来才称复合语句。没有用花括号括起来的若干条单语句只能称为语句序列。所以,复合语句是一种特殊的语句序列,它被一对花括号括起来,它在程序中被看作是一条语句。

复合语句是 C++语言程序中常用的语句形式之一。在复合语句内部还可以包含复合语句,即复合语句可以嵌套,复合语句在选择结构和循环结构中使用较多。

例题 3.1 编程实现,将变量 x、y 的值进行交换。

```
#include "iostream.h"
void main()
{
    int x,y,z;          //说明语句
```

```
    cin >> x >> y;                           //输入语句
    z = x; x = y; y = z;                     //表达式语句
    cout <<"x = "<< x <<" y = "<< y << endl; //输出语句
}
```

程序测试结果如下：

```
3 5                                          //测试数据
5 3
```

例题 3.2 从键盘读入角度数,输出它的正弦值。

```
#include < iostream.h >
#include < math.h >
void main()
{
    double x,x1,y;                           //说明语句
    const double pi = 3.1415926;             //说明语句
    cin >> x;                                //输入语句
    x1 = x * pi/180;                         //表达式语句
    y = sin(x1);                             //表达式语句
    cout <<"sin("<< x <<") = "<< y << endl;  //输出语句
}
```

程序测试结果如下：

输入：30

输出结果为：sin(30)＝0.5

3.2 赋值语句

赋值语句是由赋值表达式加上一个分号构成的。赋值语句是C++程序中最重要的表达式语句,其一般格式为：

```
变量 = 表达式;
```

赋值语句的功能和特点都与赋值表达式相同,它是程序中使用最多的语句之一。在赋值符"＝"右边的表达式也可以是一个赋值表达式,因此,"变量＝(变量＝表达式);"这样的语句是可以的,这样就形成了赋值语句的嵌套。其展开之后的一般格式为：

```
变量 = 变量 = … = 表达式;
```

例题 3.3 求 $ax^2+bx+c=0$ 方程的根,a、b、c 由键盘输入。设 $b^2-4ac>0$。

```
#include "iostream.h"
#include < math.h >
void main()
{
    float a,b,c,disc,x1,x2,p,q;
    cin >> a >> b >> c;
```

```
    disc = b * b - 4 * a * c;
    p = - b/(2 * a);
    q = sqrt(disc)/(2 * a);
    x1 = p + q;
    x2 = p - q;
    cout <<"x1 = "<< x1 <<"      x2 = "<< x2 << endl;
}
```

程序测试结果如下：

```
1 -7 10                         //测试数据
x1 = 5     x2 = 2
```

例题 3.4 华氏温度 F 与摄氏温度 C 的转换公式为 $C=(F-32)\times 5/9$,用程序实现华氏温度 F 转换为摄氏温度 C。

```
# include < iostream.h >
void main ()
{
    float C,F;
    cin >> F;
    cout.setf(ios::fixed);
    cout.precision(2);
    C = 5 * (F - 32)/9.0;
    cout << C << endl;
}
```

程序测试结果如下：

```
100                             //测试数据
37.78
```

例题 3.5 求下面数学表达式的值,设定 $x>0$、$y>0$。

$$\frac{1}{1+\frac{1}{1+\frac{1}{x+y}}}$$

```
# include < iostream.h >
void main ()
{
    float x,y,s;
    cin >> x >> y;
    s = 1/(1 + 1/(1 + 1/(x + y)));
    cout << s << endl;
}
```

程序测试结果如下：

```
3 7                             //测试数据
0.52381
```

例题 3.6 将 65 赋值给整型变量 i、浮点变量 j 和字符变量 ch，输出它们的结果。

```
#include "iostream.h"
void main()
{
    int i;
    double j;
    char ch;
    i = j = ch = 65;
    cout << i <<" " << j <<" "<< ch << endl;
}
```

程序测试结果如下：

```
65  65  A
```

3.3 顺序结构程序设计举例

在现实生活中，各种事件之间总是存在着这样或那样的关系，这才构成了我们丰富多彩的生活。C++语句之间也存在一定的逻辑关系，正是由于这种关系的存在，才能解决实际中的许多问题。其中，最简单的关系就是顺序结构，顺序结构程序设计强调的是完成一件事的先后顺序。程序各语句的执行顺序是从前到后依次执行的，程序在执行过程中没有分叉，也没有重复，这种程序结构称为顺序结构。

例题 3.7 设圆半径 $r=1.5$，圆柱高 $h=3$，求圆周长、圆面积、圆球表面积、圆球体积、圆柱体积。要求用 cin 输入数据，输出计算结果，输出时要求有文字说明，取小数点后两位数字，请编写程序。

```
#include < iostream.h >
#include < iomanip.h >
void main()
{
    float pi,h,r,l,s,bs,v,zv;
    pi = 3.14;
    cout <<"请输入圆的半径 r 和圆柱体的 h"<< endl;
    cin >> r >> h;
    l = 2 * pi * r;
    s = pi * r * r;
    bs = 4 * pi * r * r;
    v = 4.0/3.0 * pi * r * r * r;
    zv = pi * r * r * h;
    cout.setf(ios::fixed);
    cout.precision(2);
    cout <<"圆的周长 "<< l << endl;
    cout <<"圆的面积 "<< s << endl;
    cout <<"圆的表面积 "<< bs << endl;
    cout <<"球的体积"<< v << endl;
    cout <<"圆柱体的体积 "<< zv << endl;
}
```

程序测试结果如下：

```
请输入圆的半径 r 和圆柱体的 h
2 4                               //测试数据
圆的周长 12.56
圆的面积 12.56
圆的表面积 50.24
球的体积 33.49
圆柱体的体积 50.24
```

例题 3.8 从键盘输入一个三位数，从左到右用 a、b、c 表示，记为 abc，现要求输出从右到左的各位数字。例如输入 123(一个变量)，输出为 321。

```
#include < iostream.h >
void main()
{
    int i,a,b,c;
    cout <<"请输入 3 位整数"<< endl;
    cin>> i;
    a = i/100;
    b = (i - a * 100)/10;
    c = i % 10;
    cout <<"abc 的逆序为:"<< endl;
    cout << c <<" "<< b <<" "<< a << endl;
}
```

程序测试结果如下：

```
请输入 3 位整数
123
abc 的逆序为:
3 2 1
```

3.4 顺序结构的应用

顺序结构是程序设计中最常见的控制语句，顺序结构程序设计的应用非常广泛，下面针对顺序结构程序设计在数据应用技巧方面举几道例题。

例题 3.9 已知 $a=5$、$b=8$，不借用第 3 个变量，能够实现 a 和 b 的值交互，编程实现。

```
#include < iostream.h >
using namespace std;
void main()
{
    int a,b;
    a = 5;
    b = 8;
    cout << a <<" "<< b << endl;
    a = a + b;
    b = a - b;
```

```
    a = a - b;
    cout << a <<" "<< b << endl;
}
```

程序测试结果如下：

```
5 8
8 5
```

例题 3.10 编写程序，读入投资额、年利率和投资年限，利用下面的公式计算投资未来价值。

未来总价值 = 现在投资额 × (1 + 月利率)^{月数}

```
#include < iostream.h >
#include < math.h >
void main()
{
    double av, iv, mi;
    int mon;
    cout <<"请输入投资额 iv、年利率 mi 和投资期限(月份)mon"<< endl;
    cin >> iv >> mi >> mon;
    mi = mi/12;
    av = iv * pow(1 + mi, mon);
    cout <<"投资未来的价值为: "<< av << endl;
}
```

程序测试结果如下：

```
请输入投资额 iv、年利率 mi 和投资期限(月份)mon
1000 0.0325 12   //测试数据
投资未来的价值为: 1032.99
```

习　题　3

1. 单选题

(1) 以下选项中，与"k=n++"完全等价的表达式是(　　)。

A. k=n,n=n+1　　B. n=n+1,k=n

C. k=++n　　D. k+=n+1

(2) 已有定义"int x=3,y=4,z=5;"，则表达式!(x+y)+z-1 && y+z/2 的值为(　　)。

A. 6　　B. 0　　C. 2　　D. 1

(3) 若有以下定义和语句：

```
char c1 = 'b',c2 = 'e';
cout << c2 - c1 <<" "<< char(c2 - 'a' + 'A')<< endl;
```

其输出结果是(　　)。

A. 2,M

B. 3,E

C. 2,E

D. 输出项与对应的格式控制不一致,输出结果不确定

(4) 若有以下定义和语句:

```
int u = 010 ,v = 0x10 ,w = 10;
cout << u <<" "<< v <<" "<< w << endl;
```

其输出结果是(　　)。

A. 10　10　10　　B. 8　10　16

C. 8　16　10　　D. 8　a　f

(5) 若有以下程序

```
main()
{
    int y = 3 ,x = 3 ,z = 1 ;
    cout <<++x <<" "<< y++<<" "<< z + 2 << endl;
}
```

运行该程序的输出结果是(　　)。

A. 3 4 4　　B. 4 2 3　　C. 3 4 3　　D. 4 3 3

(6) 设有“int x=11;”,则表达式“cout<<(x++*1/3)<<endl;”的值是(　　)。

A. 3　　B. 4　　C. 11　　D. 12

(7) 与数学公式$\frac{3x^n}{2x-1}$对应的C++语言表达式是(　　)。

A. 3*x^n(2*x−1)　　B. 3*x**n(2*x−1)

C. 3*pow(x,n)*(1/(2*x−1))　　D. 3*pow(n,x)/(2*x−1)

(8) 若变量 a 是int类型,并执行了语句“a='A'+1.6;”,下列叙述正确的是(　　)。

A. a 的值是字符C

B. a 的值是浮点型

C. 不允许字符型和浮点型相加

D. a 的值是字符'A'的ASCII值加上1

(9) 设“int a='0'; float f=1; double i=2;”,则表达式10+'a'+$i*f$的值的数据类型是(　　)。

A. 48　　B. 12　　C. 100　　D. 109

(10) 以下赋值语句合法的是(　　)。

A. x=y=100;　　B. d+1=a;

C. 3=x+y;　　D. c=(a+b)=d;

2. 填空题

(1) 表达式语句是C++程序中最常见的语句,它是由表达式加上一个________组成的。

(2) 复合语句是用一对 ________界定的语句块。

(3) 赋值符“=”左边一般是________。

(4) 若有“int m=5, n=3;”,表达式 $m/=n+4$ 的值是________。

(5) 以下程序的输出结果是________。

```
int y = 3,x = 3,z = 1;
cout <<((++x,y++),z + 2)<< endl;
```

(6) 已知"int a=12;"则表达式"a+=a-=a*a;"在运算后 a 的值为________。

3. 编程题

(1) 从键盘输入两点的坐标,求它们的中点的坐标。

(2) 从键盘输入一个英文字母,输出它对应的 ASCII 值。

(3) 编程实现 a(设定 a>=0)的平方根。

(4) 设有变量定义如下:

```
int i = 8, j = 10;
double x = 3.14, y = 90;
```

希望得到以下输出结果:

```
i = 10   j = a
x = 3.140000E + 000   y = 90
```

请编程实现。

实验 3　顺序结构程序设计实验

1. 实验目的

(1) 掌握顺序语句的执行过程及用法。

(2) 掌握赋值语句的基本用法。

(3) 了解 C++的基本语句。

(4) 学会使用顺序结构设计程序解决实际问题。

2. 实验内容

(1) 编写程序实现将小写字母转换为大写字母。

(2) 输入一个 4 位数的整数,输出其各位数字之和。

(3) 假定每周从星期一开始,它是一个星期的第一天,如果今天是星期二,那么输入一个整 n,请问第 n 天是该周的第几天。

(4) 输入三角形的 3 个边长,求三角形的面积。

为简单起见,设输入的 3 个边长 a、b、c 能构成三角形。从数学知识已知求三角形面积的公式为 area$=s(s-a)(s-b)(s-c)$,其中 $s=(a+b+c)/2$。

(5) 鸡兔同笼问题。已知鸡、兔总头数为 H,总脚数为 F,求鸡、兔各有多少只。

第 4 章　选择结构程序设计

本章学习目标

- 理解选择结构程序设计的基本思想。
- 熟练掌握 if…else 语句的使用方法。
- 熟练掌握 switch 语句的使用方法。

本章介绍选择结构程序设计的基本思想。首先介绍 C++ 中的相关运算符，接着讲解常用的条件语句 if…else 语句和 switch 语句，这是本章的重点，最后介绍使用 if…else 语句解决数学问题的技巧。

4.1　选择结构程序设计概述

前面学习了顺序结构程序设计，简单来说，就是程序按照语句的书写顺序依次执行。但在现实生活中，经常需要根据一些给定的条件进行判断，并根据判断后的不同结果进行不同处理。例如某班决定周日春游，如果周日下雨，取消春游。这种问题在程序设计中就属于选择结构。当程序需要根据条件决定执行哪些语句或不执行哪些语句时，就需要使用选择结构进行程序设计。选择结构也称为条件分支结构或分支结构。

选择结构中有单分支、双分支和多分支结构多种形式。在 C++语言中，实现选择结构的语句有 if 语句和 switch 语句。本章先概述与选择结构相关的运算，即关系运算和逻辑运算，接着概述 if 语句、if 语句的嵌套和 switch 语句，最后介绍相关的条件运算符。

4.2　关系运算符和逻辑运算符

在结构化程序设计中，需要为选择结构和循环结构指定判断条件，这些判断条件常常由关系运算和逻辑运算组成的表达式构成。

4.2.1　关系运算符

关系运算在人们生活中的应用比较多。所谓“关系运算”，实际上是“比较运算”，即将两个值进行比较，判断其比较的结果是否符合给定的条件。如果符合条件，判断结果为“真”，否则判断结果为“假”。在 C++ 中，通常用 1 表示“真”、用 0 表示“假”。

例如：$a=1$、$b=3$、$c=4$。

　　$a<b$　　值为 1

$b==c$　　　值为 0

$a+b>c$　　　值为 0

$a>c$　　　值为 0

C++语言提供了 6 种关系运算符：

(1) <　　　(小于)

(2) <=　　　(小于或等于)

(3) >　　　(大于)

(4) >=　　　(大于或等于)

(5) ==　　　(等于)

(6) !=　　　(不等于)

对于关系运算符的优先顺序有下面几点说明：

(1) 关系运算符<、<=、>、>=的优先级相同，关系运算符==、!=的优先级相同，并且前 4 种高于后两种。例如，“>”优先于“==”，其结合性是从左到右。

(2) 关系运算符的优先级低于算术运算符。

(3) 关系运算符的优先级高于赋值运算符。

用关系运算符将两个表达式连接起来的式子称为关系表达式。例如，下面的关系表达式都是合法的：

```
a > b、2 > 3、a == 6
```

关系表达式的值是一个逻辑值，即“真”或“假”。通常以 1 代表“真”(非 0 都代表“真”)，以“0”代表“假”。

对于关系运算需要注意以下几点：

(1) 关系运算等于符“==”不要误写成赋值运算符“=”。

例如，$a=3$ 是一个永真式，因为它的结果是 3，非 0 为真。

(2) 数学中的“$a<b<c$”不能按照该表达式书写。在 C++ 中，$a<b<c$ 表达式是合法的，但不是我们表达的结果。因为关系运算符的结合性是从左到右，因而它等价于$(a<b)<c$，即先运算 $a<b$，得到的结果为 0 或者 1，再运算 $0<c$ 或者 $1<c$，再终结果取决于 c 的值。对于这种情况，一般拆成$(a<b)$ && $(b<c)$的形式。

(3) 字符值的大小比较是用 ASCII 值进行比较的。

4.2.2 逻辑运算符

C++语言提供了 3 种逻辑运算符。

(1) ! 逻辑非(单目)：表示取操作数相反的值。

(2) && 逻辑与(双目)：表示两个操作数都为真时，结果为真，否则为假。

(3) || 逻辑或(双目)：表示两个操作数都为假时，结果为假，否则为真。

“!”逻辑非是“一目(元)运算符”，只要求有一个运算量，例如!0 的值为 1。“&&”和“||”是“双目(元)运算符”，它们要求有两个运算量(操作数)，如$(a>b)$&&$(b>c)$、$(a>b)$||$(b>c)$。其运算规则如表 4.1 所示。

表 4.1 逻辑真值表

a	*b*	!*a*	!*b*	*a* && *b*	*a* || *b*
非 0	非 0	0	0	1	1
非 0	0	0	1	0	1
0	非 0	1	0	0	1
0	0	1	1	0	0

逻辑运算符的优先顺序有下面两点说明：

(1) ！(非)→ &&(与) → ||(或)，即"!"为三者中优先级最高的运算符。

(2) 逻辑运算符中的"&&"和"||"低于关系运算符，"!"高于算术运算符。

例如：

$(a>b)$ && $(b>c)$ 相当于 $a>b$ && $b>c$

(!a)||$(a>b)$ 相当于 !a || $a>b$

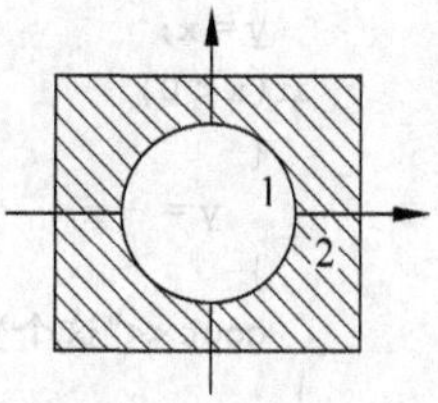

图 4.1 点落入阴影部分

用逻辑运算符将关系表达式或逻辑量连接起来的式子就是逻辑表达式。逻辑表达式的值应该是一个逻辑量"真"或"假"。通常，以 0 代表"假"，以非 0 代表"真"，即将一个非 0 的数值认作为"真"。

例如：描述点 a(x,y)落入图 4.1 所示的阴影部分的表达式。

解：(x * x+y * y>1)&& fabs(x)<2 && fabs(y)<=2

4.3 if 语句

if 语句又称为条件语句，它有简单 if 语句、if…else 语句和 if 语句的嵌套等形式，下面分别讨论。

4.3.1 简单 if 语句

简单 if 条件语句的基本格式为：

```
if(表达式)
{
   语句(组)
}
```

其中，if 是关键字。if 后面的圆括号中的表达式是 if 语句中的条件表达式，这个条件表达式的值只有"真"(1)和"假"(0)两种情况；花括号里面的复合语句只有当条件表达式的值为"真"时才执行，当条件表达式的值为"假"时花括号里面的复合语句不会执行。

在程序的书写上，用户要注意下面几点：

(1) if 后的一对圆括号不能省略，且圆括号和语句组之间不能有分号"；"，只有语句组中的语句后面才有分号。

(2) if、圆括号和语句之间可以插入一些空格以增强程序的可读性。

(3) if 结构中的语句(组)可以是一条也可以是多条，若是多条语句，必须将这些语句变成复合语句，即在这些语句的前后加上花括号"{}"；如果只是一条语句，花括号"{}"可以省略，但初学者最好不要省略，因为这是一种好的编程风格，可以增强程序的可读性。

if 语句的流程图如图 4.2 所示。从流程图可以看出，在执行 if 语句时首先要对表达式的值进行判断，若判断结果为真，执行{语句(组)}中的语句。

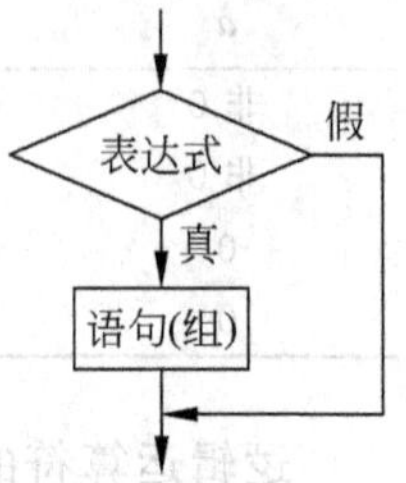

图 4.2　简单 if 语句

例题 4.1　求一个整数的绝对值。

```
#include <iostream.h>
void main()
{
   int x,y;
   cout <<"输入一个整数 x: ";          //提示输入一个整数 x
   cin >> x;
   y = x;
 if(x < 0)
   {
     y = -x;
   }
   cout <<"这个数的绝对值为: "<< y << endl;
}
```

程序运行结果：

```
输入一个整数 x: -3   //测试值
这个数的绝对值为: 3
```

大家知道，

$$|x|=\begin{cases} x & x\geqslant 0 \\ -x & x<0 \end{cases}$$

因此，在 if 语句中，当 x 为负整数时，$y=-x$ 才会被执行。

例题 4.2　某电子商务网站规定：购物金额小于 100 元时，收取 5 元快递费；大于等于 100 元时，免费配送。求一笔订单的实际支付金额。

```
#include <iostream.h>
void main()
{
   float x,y;
   cout <<"购物的总金额为: ";
   cin >> x;                              //输入购物金额
   y = x;
   if(x < 100)
   {
     y = x + 5;
   }
   cout <<"您应付 "<< y << " 为这个订单."<< endl;
}
```

程序运行结果：

```
购物的总金额为: 83
您应付  88  为这个订单.
```

和例题 4.1 一样，当购物金额 x 大于等于 100 元时，实际支付金额等于购物金额；只有当购物金额 x 小于 100 元时，才执行"y＝x＋5;"这条语句，即实际支付金额比购物金额多出 5 元快递费。

例题 4.3 有一段公路限速 80 千米/小时，当驾驶员超速经过该路段时，不仅要被罚款 200 元，还要扣 3 分。编程判断速度是否超速，并输出罚款金额和所扣分数。

```
#include <iostream.h>
void main()
{
  int speed;
  int fine = 0,mark = 0;
  cout <<"请输入速度:";
  cin >> speed;
  if(speed > 80)
    {
     fine = 200;
     mark = 3;
    }
  cout <<"罚款: "<< fine <<"元"<< endl;
  cout <<"扣分: "<< mark <<"分"<< endl;
}
```

程序运行结果：

```
请输入速度:140   //测试数据
罚款: 200 元
扣分: 3 分
```

注意，这时 if 语句中的{}不能省略，如果省略，将变成：

```
if(speed > 80)
   fine = 200;
   mark = 3;
```

请读者思考：有什么不同？答案是：如果省略，虽然语法上没有任何错误，但程序要完成的功能就变了。因为 C++认为该 if 语句只到"fine＝200；"就结束了，"mark＝3;"这条语句就与条件"speed＞80"无关了。该程序完成的功能就变为无论是否超速，都需要扣 3 分！显然和程序要解决的问题不符。

例题 4.4 将两个数按照从大到小的顺序输出。

```
#include <iostream.h>
void main()
{
    int a,b,temp;
    cout <<"请输入两个整数: "<< endl;
    cin >> a >> b;
    if(a > b)
    {
        temp = a; a = b; b = temp;
    }
```

```
    cout<<"两个数按照从大到小的顺序为: "<< endl;
    cout << a <<'\t'<< b << endl;
}
```


程序运行结果：

```
请输入两个整数:
3 8   //测试数据
```

两个数按照从大到小的顺序为：

```
8  3
```

4.3.2 if…else 语句

if…else 条件语句的基本格式为：

```
if(表达式)
{
  语句(组)1
}
else
{
  语句(组)2
}
```

在 if…else 语句中，用户需要注意以下几点：

(1) if、else 是关键字。

(2) if 后()里的是条件表达式，这个条件表达式的值只有"真"(1)和"假"(0)两种情况，程序需要根据这个条件表达式的真和假来选择执行哪个语句(组)。

(3) 当条件表达式的值为"真"时，选择执行 if 后的{}里的语句(组)1，语句(组)2 不会被执行；当条件表达式的值为"假"时，选择执行 else 后{}里的语句(组)2，这时语句(组)1 不会被执行。

(4) 在 if…else 双分支结构中，语句(组)1 和语句(组)2 不可能都被执行。

(5) 整个 if…else 语句是一条单语句。

if…else 语句的流程图如图 4.3 所示。它的执行过程如下：

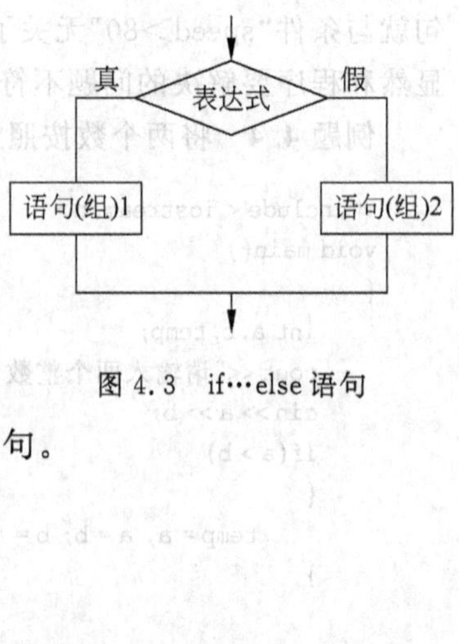

图 4.3　if…else 语句

(1) 计算条件表达式。

(2) 判断条件表达式的值是否为真，如果为真，执行 if 和 else 之间的语句(组)1，接着执行下面的第(4)步。

(3) 如果判断条件表达式的值为假，执行 else 后的语句(组)2，接着执行下面的第(4)步。

(4) 语句(组)1 或语句(组)2 执行完毕，意味着选择语句 if…else 语句执行结束，将接着执行 if…else 后面的语句。

例题 4.5　判断一个数是奇数还是偶数。

```
#include < iostream.h>
```

```
void main()
{
  int x;
  cout <<"请输入 x:";
  cin >> x;
  if(x % 2 == 0)
    {
     cout << x <<"是偶数"<< endl;
    }
  else
    {
     cout << x <<"是奇数"<< endl;
    }
}
```

程序运行结果：

```
请输入 x:123
123 是奇数
```

下面用 if…else 语句来改写例题 4.1。

```
# include < iostream.h >
void main()
{
  int x,y;
  cout <<"请输入 x: ";
  cin >> x;
  if(x >= 0)
  {
    y = x;
  }
  else
  {
    y = - x;
  }
  cout <<"x 的绝对值是: "<< y << endl;
}
```

例题 4.6　输入一个年份，判断该年是否为闰年。如果是，打印该年是闰年，否则打印该年不是闰年。

闰年的条件是符合下面两者之一：

(1) 能被 4 整除，但不能被 100 整除。

(2) 能被 4 整除，又能被 400 整除。

```
# include < iostream.h >
void main()
{
   int y;
   cout <<"请输入一个年份: "<< endl;
   cin >> y;
```

```
    if((y % 4 == 0 && y % 100!= 0)|| y % 400 == 0)
        cout << y <<"是闰年"<< endl;
    else
        cout << y <<"不是闰年"<< endl;
}
```

程序运行结果：

```
请输入一个年份：
2014
2014 不是闰年
```

4.3.3 if 语句的嵌套

在实际生活中不仅只有简单分支和双分支结构，多分支的情况也经常出现。比如从上海到杭州，我们可以选择乘坐火车、飞机或是大巴。再比如将百分制成绩转化为相应的"优、良、中、及格、不及格"等级成绩，就出现了 5 路分支。这时可以用多分支 if 语句来描述、解决这类问题。其实，这就是 if 语句的语句组中包含有其他的 if 语句，这样就构成了 if 语句的嵌套使用。

if 语句的嵌套的基本格式为：

```
if(条件表达式 1)
    {
      if(条件表达式 2)
        { 语句组 1 }
      else
        { 语句组 2 }
    }
else
      if(条件表达式 3)
        { 语句组 3 }
      else
        { 语句组 4 }
}
```

在 if 和 else 对中，C++规定，else 总是与写在它前面的、靠得最近的、没有与其他 if 配对的 if 配对。if 语句的嵌套有许多其他格式，即在 if 体内、else 体内嵌套 if 语句。例如，只在 else 后面嵌套 if 语句的格式如下：

```
if(条件表达式 1)
   {语句组 1}
else if(条件表达式 2)
    {语句组 2}
…
else if(条件表达式 n)
    {语句组 n}
[else
    {语句组 n + 1}]
```

在 if 语句的嵌套程序中不论有多少个分支，只要根据条件判断选择其中一个分支，就不再执行其他的分支判断和操作，直接执行 if 语句后面的语句。

例题 4.7 输入一个百分制成绩，输出其对应的等级成绩。

分析：成绩在 90 分以上（含 90）为优秀，成绩在 80（含）～90 分之间为良好，成绩在 70（含）～80 分之间为中等，成绩在 60（含）～70 分之间为及格，成绩低于 60 分为不及格。

```
#include <iostream.h>
void main()
{
  int x;
  cout <<"请输入百分制成绩 x:";        //为简单起见,假设百分制成绩都是整数
  cin >> x;
  if(x >= 90)
    {
     cout <<"优秀"<< endl;
    }
  else if(x >= 80 && x < 90)
    {
     cout <<"良好"<< endl;
    }
  else if(x >= 70 && x < 80)
    {
     cout <<"中等"<< endl;
    }
  else if(x >= 60 && x < 70)
    {
     cout <<"及格"<< endl;
    }
  else
    {
     cout <<"不及格"<< endl;
    }
}
```

程序运行结果：

```
请输入百分制成绩 x:95
优秀
```

请读者思考：if 语句可否改为以下形式？

```
if(x >= 90)
    {
     cout <<"优秀"<< endl;
    }
  else if(x >= 80)
    {
     cout <<"良好"<< endl;
    }
  else if(x >= 70)
    {
     cout <<"中等"<< endl;
```

```
    }
  else if(x >= 60)
    {
     cout <<"及格"<< endl;
    }
  else
    {
     cout <<"不及格"<< endl;
    }
}
```

注意只有在不满足条件“x>=90”(即 $x<90$)时才会判断第二个条件“x>=80 && x<90”,因此第二个条件完全可以简化为“x>=80”,第二段程序可以与前一个 if 语句等同。

例题 4.8 输入一个字符,判断是大写字母、小写字母、数字字符还是其他字符。

分析:字符在'A'~'Z'之间为大写字母,字符在'a'~'z'之间为小写字母,字符在'0'~'9'之间为数字字符,其余判断为其他字符。

```
#include <iostream.h>
void main()
{
  char c;
  cout <<"请输入一个字符:";
  cin >> c;
  if(c >= 'A' && c <= 'Z')
    {
     cout <<"这是一个大写字母"<< endl;
    }
  else if(c >= 'a' && c <= 'z')
    {
     cout <<"这是一个小写字母"<< endl;
    }
  else if(c >= '0' && c <= '9')
    {
     cout <<"这是一个数字字符"<< endl;
    }
  else
    {
     cout <<"这是一个其他字符"<< endl;
    }
}
```

程序运行结果:

```
请输入一个字符:A
这是一个大写字母
```

请读者思考:判断字符是否在'A'~'Z'之间,条件表达式能否写成'A'<=c<='Z'? 答案是不能。

例题 4.9 计算下列算式：

$$y=\begin{cases}3x-1 & x>0\\1 & x=0\\2x+1 & x<0\end{cases}$$

编写程序如下：

```
#include < iostream.h >
void main()
{
  int x,y;
  cout <<"请输入 x:";
  cin >> x;
  if(x > 0)
    y = 3 * x - 1;
  else
    {if(x < 0)
         y = 2 * x + 1;
     else
         y = 1;
     }
  cout << y << endl;
}
```

可见，在 if…else 语句中，else 后的语句组是一个 if…else 语句，即在 if 语句中嵌套了另外一个 if 语句。还要注意的是，不论是单分支 if 语句、双分支 if…else 语句、多分支 if…else if…else 语句都是单语句。因此，例题 4.7 中嵌套的 if 语句中的{}也可以省略。

在此用 if 语句的嵌套来改写例题 4.7，程序如下：

```
#include < iostream.h >
void main()
{
  int x;
  cout <<"请输入百分制成绩 x:";
  cin >> x;
  if(x >= 90)
     cout <<"优秀"<< endl;
  else
    if(x >= 80)
        cout <<"良好"<< endl;
    else
        if(x >= 70)
            cout <<"中等"<< endl;
        else
            if(x >= 60)
               cout <<"及格"<< endl;
            else
               cout <<"不及格"<< endl;
}
```

前面说过，在 if 语句的嵌套中，else 总是和离它最近的、尚未和 else 匹配的 if 语句进行匹配。请看下面的例子：

```
#include <iostream.h>
void main()
{
    int a = 3,b = 4,c = 5,d = 2;
if(a > b)
if(b > c)
cout << d++<< endl;
else
cout <<++d << endl;
cout << d << endl;
}
```

在这个例子中，程序员没有注意缩进书写的风格，那么 else 后面的语句和哪个 if 匹配呢？根据前面提到的原则，显然是和“if(b>c)”匹配。因此，这个程序表达下面的意思：

```
#include <iostream.h>
void main()
{
    int a = 3,b = 4,c = 5,d = 2;
if(a > b)
{
    if(b > c)
      cout << d++<< endl;
    else
      cout<<++d << endl;
  }
cout << d << endl;
}
```

由于第一个 if 语句中的条件“a>b”不成立，因此只需执行最后一条 cout 语句，输出结果是 2。

可见，养成良好的编码书写习惯可以增加程序的可读性，易于及时发现错误。

例题 4.10　给出一个不多于 5 位的正整数，要求求出它是几位数，并分别打印出每一位数字。

```
#include <iostream.h>
void main()
{
  int num;
  int gw, sw, bw, qw, ww, ws;
  cout <<"请输入一个整数(0～99999)"<< endl;
  cin >> num;
    gw = num % 10;
    sw = (num % 100)/10;
    bw = (num % 1000)/100;
    qw = (num % 10000)/1000;
    ww = (num % 100000)/10000;
```

```
  if(num > 9999)
  { ws = 5; cout << ww <<" "<< qw <<" "<< bw <<" "<< sw <<" "<< gw << endl; }
 else
   if(num > 999)
   { ws = 4; cout << qw <<" "<< bw <<" "<< sw <<" "<< gw << endl; }
   else
      if(num > 99)
      { ws = 3; cout << bw <<" "<< sw <<" "<< gw << endl; }
      else
         if(num > 9)
         { ws = 2; cout << sw <<" "<< gw << endl; }
         else
         { ws = 1; cout << gw << endl; }
   cout <<"该数的位数为: "<< ws << endl;
}
```

程序运行结果：

```
请输入一个整数(0～99999)
12345
1  2  3  4  5
该数的位数为: 5
```

4.4 switch 语句

switch 语句是单条件、多分支的开关语句。它的格式如下：

```
switch(表达式)
{
  case 值 1: 语句组 1; break;
  case 值 2: 语句组 2; break;
  …
  case 值 n: 语句组 n; break;
  default: 语句组 n+1;
 }
```

switch 后面圆括号中的“表达式”的值必须是整型数据(包括字符型数据)。switch 语句可以包含任意数目的 case 子句，case 子句中的“值 1”、“值 2”、……、“值 n”称为标号，标号只能是整型常量或整型常量表达式(包括 char 型常量、char 型常量表达式)，这些值必须互不相同。

break 语句是跳转语句，用于结束当前 switch 语句的执行(即跳出 switch 语句)，break 语句是可选项(某 case 子句中可以有，也可以没有 break 语句)。

default 子句通常位于 case 子句的后面，在一个 switch 语句中最多只能有一个 default 子句。如果用户的选择项里无法匹配，系统会自动选择 default 子句执行。

switch 语句首先计算“表达式”的值，如果表达式的值与某个 case 后的“值 i”(标号)相同，就执行它后面的语句组 i；如果语句组 i 后有“break;”语句，那么执行 break 语句后就结束当前 switch 语句的执行；如果语句组 i 后没有“break;”语句，那么执行语句组 i 后继续执行其后的所有 case 冒号后的语句组(忽略其后的所有"case 值:"和"default:"),直到遇到 break 语句结束当前 switch 语句的执行,否则一直执行到 default 后面的语句组才结束当前 switch 语句的执行。

例题 4.11 将输入的百分制成绩转换成等级。

```
#include < iostream.h >
void main()
{
    int score,i;
    cout <<"请输入一个百分制成绩: "<< endl;
    cin >> score;
    i = score/10;
    switch(i)
    {
      case 10:
      case 9: cout <<"A"<< endl; break;
      case 8: cout <<"B"<< endl; break;
      case 7: cout <<"C"<< endl; break;
      case 6: cout <<"D"<< endl; break;
      default: cout <<"E"<< endl; break;
    }
}
```

程序运行结果:

```
请输入一个百分制成绩:
88
B
```

case 后面的值和冒号仅起到标号的作用,用作流程入口标识,其前后的次序不影响程序结果。break 是跳出 switch 结构的不可缺少的语句,一旦缺少,该语句后面的语句就会执行。多个 case 可以共有一组执行语句,此例中的"case 10:"和"case 9:"子句共用一个语句组。

请读者思考:能否写成下面这样?

```
switch (score)
{
  case score >= 90:
  …
}
```

这样是不行的,因为 switch 语句和 if 语句不同,switch 后面只能是整型常量表达式,if 后面是条件表达式(关系表达式或逻辑表达式)。

例题 4.12 用 switch 语句解决公积金问题,该程序的功能是根据输入的收入金额求出并且输出应该缴纳的公积金。公积金收取的规则是:收入金额少于 1000 的,按收入金额的 2%收取;收入金额大于等于 1000、少于 4000 的,按收入金额的 3%收取;收入金额大于等于 4000、少于 9000 的,按收入金额的 4%收取;收入金额大于等于 9000、少于 10 000 的,按收入金额的 5%收取;收入金额大于等于 10 000 的,按收入金额的 6%收取。

```
#include <iostream.h>
void main()
{
    int in,temp,r;
    float fee;
    cout << "请输入您的收入: ";
    cin >> in;
    temp = in/1000;      //按照 1000 为单位进行区间划分
    switch(temp)
    {
     case 0: r = 2; break;
     case 1: r = 3; break;
     case 2:
     case 3:
     case 4: r = 4; break;
     case 5:
     case 6:
     case 7:
     case 8:
     case 9: r = 5; break;
     default: r = 6;
    }
    fee = in * r / 100.0;
    cout << "公积金为: " << fee << endl;
}
```

程序运行结果：

```
请输入您的收入: 8000
公积金为: 400
```

4.5 条件运算符

C++还提供了一个条件运算符，可以针对简单的条件判断选择执行。该运算符的符号是“?:”。条件运算符“? :”是 C++中唯一的三目运算符，语法格式如下：

```
表达式 1 ?表达式 2: 表达式 3;
```

其中，表达式 1 是条件表达式，一般为关系表达式或逻辑表达式，其值为“真”或“假”；表达式 2 和表达式 3 为同一数据类型的表达式，或可以隐式转换为同一类型的表达式。事实上，条件运算符等效于一个简单的 if…else 语句。

条件运算的执行过程如下：

(1) 首先计算条件表达式 1 的值，判断其值为“真”还是“假”。

(2) 如果表达式 1 的值为“真”，计算表达式 2，并以表达式 2 的值作为运算结果；如果表达式 1 的值为“假”，计算表达式 3，并以表达式 3 的值作为运算结果。

可见，根据表达式 1 的值选择执行表达式 2 或者表达式 3，两个表达式只计算其中之一,类似于前面学过的双分支 if…else 语句。实际上,在简单判断时,条件运算符经常用于代替 if…else 语句的功能。

条件运算符"？:"的优先级比较低,仅高于赋值运算符。例如,"3>4？80+20:80−20"相当于"3>4？(80+20):(80−20)",运算结果为 60。

例题 4.13 写出下列程序的结果。

```
#include <iostream.h>
void main()
{
    int x = 1,y;
    y = x > 3?++x:x > 3?++x:x = x + 10;
    cout << x <<" "<< y << endl;
}
```

分析:条件运算符等效于一个 if…else 语句。"y=x>3？++x:x>3？++x:x=x+10;"等价于以下语句。

```
if(x > 3)
{
   y = ++x;
}
else
{
   if(x > 3)
     y = ++x;
   else
      y = (x = x + 10);
}
```

所以运行结果为 11　　11。

4.6 选择结构的应用

选择结构是程序设计中最重要的控制语句,选择结构的应用非常广泛,下面举例说明选择结构语句在数学计算上的应用。

例题 4.14 输入三条边,如果这三条边能构成三角形,就输出面积,否则输出"不能构成三角形"。

分析:假定三条边为 a、b、c,构成三角形的条件是任意两边之和大于第三边。求三角形的面积公式为 $area=\sqrt{s(s-a)(s-b)(s-c)}$,其中,$s=(a+b+c)/2$。

```
#include <iostream.h>
#include <math.h>
void main()
{
    double a,b,c,area,s;
    cin >> a >> b >> c;
    s = (a + b + c)/2;
```

```
    if(a + b > c && b + c > a && c + a > b && a > 0 && b > 0 && c > 0)
    {
        area = sqrt(s * (s - a) * (s - b) * (s - c));
        cout << "面积为: "<< area << endl;
    }
    else
        cout <<"不能构成三角形"<< endl;
}
```

程序运行结果：

```
5 12 13   //输入的测试数据
30
```

例题 4.15 求一元二次方程 $ax^2+bx+c=0$ 的根。

分析：

(1) 当 $a=0$ 时，方程不是二次方程；

(2) 当 $b^2-4ac=0$ 时，方程有两个相同的实根；

(3) 当 $b^2-4ac>0$ 时，方程有两个不相同的实根；

(4) 当 $b^2-4ac<0$ 时，方程有两个不相同的复数根。

```
#include "iostream.h"
#include "math.h"
void main()
{
    double a,b,c;
    double delta,x1,x2;
    int sign,stop;
    cout <<"输入 3 个系数 a(a!= 0),b,c"<< endl;
    cin >> a >> b >> c;
    delta = b * b - 4 * a * c;
    if(a == 0)
    {
        cout <<"a 不能等于 0! a = 0 不是一元二次方程"<< endl;
    }
    else
    {
        if(delta == 0)
        {
            cout <<"方程有两个实根: x1 = x2 = "<< - b/(2 * a)<< endl;
        }
        else
        {
            if(delta > 0)
                sign = 1;
            else
                sign = 0;
            delta = sqrt(fabs(delta));
            x1 = - b/(2 * a);
            x2 = delta/(2 * a);
```

```
            if(sign){
                cout <<"方程有两个不同的实根: x1 = "<< x1 + x2 <<" x2 = "<< x1 - x2 << endl;
            }
            else{
                cout <<"方程无实根,有两个不同的复数根: x1 = "<< x1 <<" + i"<< x2 <<"
x2 = "<< x1 <<" - i"<< x2 << endl;
            }
        }
    }
}
```

程序运行结果：

```
输入 3 个系数 a(a!= 0),b,c
1   -2  1        //输入的测试数据
方程有两个实根: x1 = x2 = 1
```

习　题　4

1. 单选题

(1) 下列能正确表示逻辑关系 $a \geqslant 10$ 或 $a \leqslant 0$ 的 C++语言表达式是(　　)。

A. $a>=10$ *or* $a<=0$　　B. $a>=0|a<=10$

C. $a>=10$ && $a<=0$　　D. $a>=10 \| a<=0$

(2) 为表示关系 $x \geqslant y \geqslant z$,应使用 C++语言表达式(　　)。

A. $(x>=y)$&&$(y>=z)$　　B. $(x>=y)$AND$(y>=z)$

C. $(x>=y>=z)$　　D. $(x>=y)$&$(y>=z)$

(3) 设"int A=3,B=4,C=5;",则下列表达式中,值为 0 的表达式是(　　)。

A. A&&B　　B. $A<=B$

C. $A||B+C$&&B　　D. !(($A<B$&&! C ||1)

(4) 设"int x=1, y=1;",表达式(! x||y−−)的值是(　　)。

A. 0　　B. 1　　C. 2　　D. −1

(5) 有以下程序段：

```
int a = 14,b = 15,x;
char c = 'A';
x = (a&&b) && (c<'B');
```

执行该程序段后,x 的值为(　　)。

A. true　　B. false　　C. 0　　D. 1

(6) 逻辑运算符两侧运算对象的数据类型(　　)。

A. 只能是 0 或者 1

B. 只能是 0 或非 0 正数

C. 只能是整型或字符型数据

D. 可以是任何类型的数据

(7) 若“int k=3；”,且有下面的程序片段：

```
if(k<=0)
    cout<<"####";
else
    cout<<"&&&&";
```

上面程序片段的输出结果是(　　)。

A. ####　　B. &&&&
C. ####&&&&　　D. 有语法错误,无输出结果

(8) 设“char CH；”,其值为 A,且有下面的表达式：

```
CH=(CH>='A'&& CH<='Z')?(CH+32):CH;
```

则表达式的值是(　　)。

A. A　　B. a　　C. Z　　D. z

(9) 与“y=(x>0? 1:x<0? -1:0);”的功能相同的 if 语句是(　　)。

A.
```
if (x>0) y=1;
else if(x<0)y=-1;
    else y=0;
```

B.
```
if(x)
if(x>0)y=1;
else if(x<0)y=-1;
    else y=0;
```

C.
```
y=1;
if(x)
if(x>0)y=1;
else if(x==0)y=0;
    else y=-1;
```

D.
```
y=0;
if(x>=0)
  if(x>0)y=1;
  else y=-1;
```

(10) 若要求在 if 后的一对圆括号中表示 a 不等于 0 的关系,则能正确表示这一关系的表达式为(　　)。

A. a<>0　　B. !a　　C. a=0　　D. a

(11) 有以下程序：

```
void main()
{
    float x=2.0,y;
    if(x<0.0) y=0.0;
    else
        if(x<10)
            y=1.0/x;
        else
            y=1.0;
        cout<<y<<endl;
}
```

该程序的输出结果是(　　)。

A. 0　　B. 0.25　　C. 0.5　　D. 1

(12) 有以下程序：

```
void main()
```

```
{
    int x = 1,a = 0,b = 0;
    switch(x)
    {
    case 0: b++;
    case 1: a++;
    case 2: a++; b++;
    }
    cout <<"a = "<< a <<"    b = "<< b << endl;
}
```

该程序的输出结果是（　　）。

A. $a=2$、$b=1$　　B. $a=1$、$b=1$　　C. $a=1$、$b=0$　　D. $a=2$、$b=2$

2. 填空题

(1) 表示条件 $10>X$ 或 $X<0$ 的 C++语言表达式是________。

(2) 表示"整数 x 的绝对值大于 5"时值为"真"的 C++语言表达式是________。

(3) 假设 w、x、y、z、m 均为 int 型变量，有以下程序段：

```
m = (w < x)?w:x;
m = (m < y)?m:y;
m = (m < z)?m:z;
cout << m << endl;
```

则该程序运行后，m 的值是________。

(4) 以下程序的输出结果是________。

```
void main()
{
    int a = 4,b = 5,c = 0,d;
    d = !a && !b || !c;
    cout << d << endl;
}
```

(5) 有以下程序：

```
void main()
{
    int a = 10,b = 21,m = 0;
    switch(a % 3)
    {
        case 0: m++; break;
        case 1: m++;
        switch(b % 2)
        {
          case 0: m++;
          default: m++;
        }
    }
    cout << m << endl;
}
```

程序运行后的输出结果是________。

(6) 以下程序运行后的输出结果是________。

```
void main()
{
    int x = 10,y = 21,t = 0;
    if(x == y)
        t = x; x = y; y = t;
    cout << x <<" "<< y << endl;
}
```

(7) 以下程序运行后的输出结果是________。

```
void main()
{
    int i = 7,j = 5;
    if(i!= j)
    {
        if(i >= j)
        {
            i++;
            cout << i << endl;
        }
    }
    else
    {
        j - = 2;
        cout << j << endl;
    }
    cout << i + j << endl;
}
```

(8) 当 $a=1$、$b=3$、$c=5$、$d=4$ 时，执行完下面一段程序后，x 的值是________。

```
void main()
{
    int a = 1,b = 3,c = 5,d = 4,x;
    if(a < b)
        if(c < d) x = 1;
        else
            if(a < c)
                if(b < d)
                    x = 2;
                else
                    x = 3;
            else
            x = 6;
        else
        x = 7;
    cout << x << endl;
}
```

3. 编程题

(1) 有两个整数 a、b,由键盘输入,输出其中最小的数。

(2) 编程输入整数 a 和 b,若它们的和大于 100,则输出两个数之差,否则输出两个数之和。

(3) 将输入的大写字母改成小写字母输出,其他字符不变,请编程实现。

(4) 编程实现,求下面数学函数中 y 的值。

$$y=\begin{cases}-10 & (x<10)\\ 5 & (x=10)\\ 20 & (x>10)\end{cases}$$

实验 4　选择结构程序设计实验

1. 实验目的

(1) 掌握选择结构的执行过程及用法。

(2) 掌握 if 语句的基本用法和 if 语句的嵌套。

(3) 了解 switch 基本语句。

(4) 学会使用选择结构设计程序解决实际问题。

2. 实验内容

(1) 输入 3 个数,求出并输出其中的最大数。

(2) 判断某一年 year 是否为闰年。闰年的条件是符合下面两者之一:

① 能被 4 整除,但不能被 100 整除。

② 能被 4 整除,又能被 400 整除。

编程实现。

(3) 给一个不多于 3 位的正整数,要求:

① 求出它是几位数;

② 分别打印出每一位数字;

③ 按逆序打印出各位数字,例如原数为 321,应输出 123。

(4) 任意输入一个小于等于 5 位数的正整数,输出其位数。

(5) 输入学生的分数 x,根据成绩的高低输出不同等级。

若 x 为:

90~100 分	输出“优”
80~89 分	输出“良”
70~79 分	输出“中”
60~69 分	输出“及格”
60 分以下	输出“不及格”

编程实现。

(6) 输入两个数字和一个运算符(+、-、*、/),输出运算结果。

第5章 循环结构程序设计

本章学习目标

- 理解循环结构程序设计的基本思想。
- 熟练掌握 for 循环语句、while 循环语句和 do…while 循环语句的使用方法。
- 熟练掌握循环嵌套的使用方法。
- 掌握 break 语句和 continue 语句的使用。

本章介绍循环结构程序设计的基本思想，首先介绍 for 循环语句、while 循环语句和 do…while 循环语句的使用方法，这是本章的重点；接着讲解循环语句的嵌套、break 语句和 continue 语句的使用；最后举例说明循环语句的应用。

5.1 循环结构程序设计概述

在实际生活中有许多具有规律性的重复操作，例如要在屏幕上显示 1000 次“This is a C++ program.”，需要写 1000 次以下语句：

```
cout << "This is a C++program. "<< endl;
```

这样编写程序，我们是无法接受的。C++提供了一种基本的控制语句，称为循环控制，用于实现一组语句的连续操作的执行次数。上面的问题可以用以下语句实现：

```
for(int i = 0;i < 100;i++)
        cout <<"This is a C++program. "<< endl;
```

循环结构是结构化程序设计的基本结构之一，它和顺序结构、选择结构共同作为各种复杂程序的基本构造单元。

在 C++语言中，实现循环结构的语句的形式主要有以下 4 种：

(1) 用 goto 语句和标号构成循环；

(2) 用 for 语句；

(3) 用 while 语句；

(4) 用 do…while 语句。

其中，后 3 种是基本的循环语句，goto 语句和标号能够实现循环结构，但是结构化程序设计方法主张限制使用 goto 语句，因为 goto 语句可能打破结构化设计的基本思想，可能造成程序流程的混乱，使阅读程序和调试程序都产生困难。因此，一般情况下不建议大家使用 goto 语句。

下面简单介绍用 goto 语句和标号构成循环结构。

用 goto 语句和标号构成的语句的基本格式如下：

```
goto <语句标号>;
```

其中，＜语句标号＞是一个标识符，它的命名规则与普通变量名相同，其作用是用来标记语句跳转的位置。goto 语句一般和 if 语句构成循环结构。

例题 5.1 用 goto 语句和 if 语句求解 1＋2＋3＋…＋100 以内自然数的和。

```
#include < iostream.h >
void main()
{
    int sum = 0, i = 1;
bz:
    if(i <= 100)
    {
        sum = sum + i;
        i = i + 1;
        goto bz;
    }
    cout <<"sum = "<< sum << endl;
}
```

5.2 基本的循环语句

循环控制语句的特点是根据给定的条件判断是否执行循环体，当条件为真的时候执行循环体，否则结束循环。C++程序设计语言提供了 3 种循环控制语句，即 for 循环语句、while 循环语句和 do…while 循环语句。它们都有自己的特征，编程者可以根据需要和习惯选择任何一种，三者的实现方式是可以相互替代的。

5.2.1 for 循环语句

for 循环语句的基本格式为：

```
for(表达式 1; 表达式 2; 表达式 3)
        { 语句 }
```

其中，for 是关键字，{ 语句 }是该循环语句的循环体，表达式 1 是循环初始化的条件，大部分是循环变量初始化，表达式 2 是判断循环是否执行的条件语句，表达式 3 是循环体变量增加或者减少的语句。for 循环语句的 N-S 图如图 5.1 所示，它的执行过程如下：

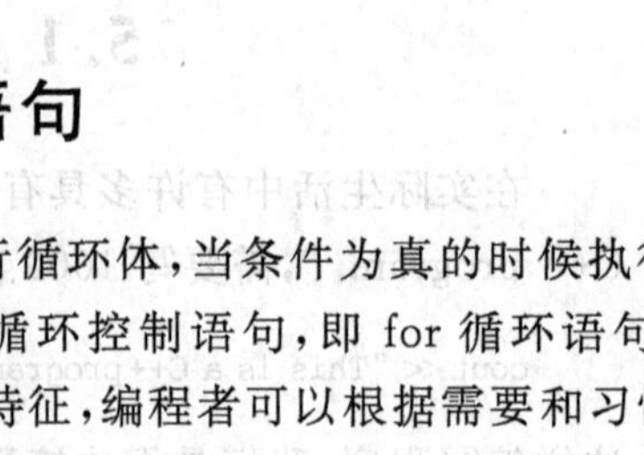

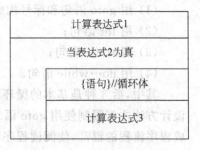

图 5.1 for 循环语句的 N-S 图

(1) 计算表达式 1，初始化数据。

(2) 计算表达式 2，判断其值是否为真，如果其值真，执行循环体语句，接着执行下面第(3)步；如果其值为假，则结束循环。

(3) 计算解表达式 3。这里主要是循环变量的变化，防止出现死循环。

(4) 转回上面第(2)步骤继续执行。

(5) 循环结束。

例题 5.2 用 for 循环语句求解 1＋2＋3＋…＋100 以内自然数的和。

```
#include < iostream.h>
void main()
{
    int i,sum = 0;
    for(i = 1;i < = 100;i++)          //循环变量是 i
        sum = sum + i;                //循环体只有一条语句，不需要{ }
    cout <<"1 + 2 + … + 100 = "<< sum << endl;
}
```

例题 5.3 用 for 循环语句求 $S_n = a + aa + aaa + \cdots + (aa\cdots a)_{n个a}$，其中最后一个数有 n 位，a 是一个数字。例如 2＋22＋222＋2222＋22222(此时 n＝5)，a 和 n 由键盘输入，注意结果不要超出 C++编程环境中的最大整数值。

```
#include "iostream.h"
void main( )
{
    int a,n,sum = 0,t;
    cout <<"请输入 a 和 n 的值: ";
    cin >> a >> n;
    t = a;
    sum = t;
    for(int i = 2;i <= n;i++)
    {
        t  =  t * 10 + a;
        sum  += t;
    }                                 //循环体是复合语句
    cout <<"sum = "<< sum << endl;
}
```

程序测试结果：

```
请输入 a 和 n 的值: 2 4  //测试数据
sum = 2468
```

for 循环语句的功能相当强大，除了标准用法外，还有一些特殊的用法。

for 语句的基本格式中的表达式 1、表达式 2 和表达式 3 可以省略一个或者两个，省略 3 个表达式也行。注意省略表达式 1 时，其后的分号不能省略。例如 for(i＝1;i＜＝100;i＋＋)省略表达式 1 变成了 for(;i＜＝100;i＋＋)，在执行时会跳过"求解表达式 1"这一步，其他不变，这时初始化工作可以放到 for 循环的前面。如果表达式 2 省略，即不判断循环条件，循环无终止地进行下去。也就是认为表达式 2 始终为真，出现了死循环，这是我们不希望的结果，我们可以在循环体内部加入条件语句终止循环。省略表达式 3 也可以，此时程序设计者应该在循环体内加入循环变量的变化(增加或者减少)，以保证循环能正常结束。例如for(i＝1;i＜＝100;i＋＋)省略表达式 3 变成了 for(i＝1;i＜＝100;) { i＋＋;…}的形式。

注意：不管省略哪个或哪些表达式，for 表达式中的两个分号都不能省略。

例题 5.4 用 for 循环语句求 $s=n!$（结果不要超出整数的最大值）。

```
#include < iostream.h >
void main()
{
    int s = 1,n,i = 1;
    cin >> n;
    for(; n > 5 || n < 0;)        //两个分号不能省略,本次循环的目的是使输入的 n 值在 0～5 之间
    {
        cout <<"请按要求输入数据: "<< endl;
        cin >> n;
    }
    if(n == 0) s = 1;
    else
        for(;i <= n;i++) //i 的初始化在变量的定义处,前面的分号不能省略
            s = s * i;
    cout << s << endl;
}
```

尽管 for 循环语句富有变化，但过分地利用这一特点会使 for 语句显得杂乱，可读性降低，建议大家在书写 for 循环语句时书写标准的 for 循环语句。

5.2.2 while 循环语句

while 循环语句的基本格式为：

```
while (表达式 1)
    { 语句 }
```

其中，while 是关键字，{ 语句 }是该循环语句的循环体，表达式 1 用于判断循环是否执行条件语句。while 循环语句用于实现“当型”循环结构，while 循环语句的 N-S 图如图 5.2 所示，它的执行过程如下：

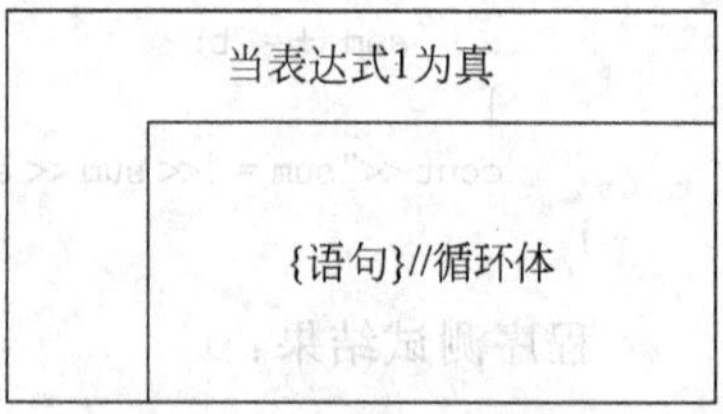

图 5.2 while 循环语句的 N-S 图

计算表达式 1，判断其值是否为真，如果其值为真，执行循环体语句，循环体内有循环变量的递增或者递减；如果其值为假，则结束循环。

用 while 循环语句实现例题 5.2，程序如下：

```
#include < iostream.h >
void main()
{
    int i,sum;
    i = 1; sum = 0;
    while(i <= 100)
    {
        sum = sum + i;
        i++;
    }
```

```
    cout <<"1 + 2 + … + 100 = "<< sum << endl;
}
```

例题 5.5 用迭代法求 $x=\sqrt{a}$，求平方根的迭代公式为 $x_{n+1}=\frac{1}{2}\left(x_n+\frac{a}{x_n}\right)(n\geqslant 0、a\geqslant 0)$，要求前后两次求出的 x 的差的绝对值小于 10^{-7}。

分析：在程序中，输入变量为 a，输出的结果是 x_{n+1}，为 a 的平方根。设定两个变量 x1 和 x2，令 x1＝a/2.0，根据迭代的思想，由 x1 求出 x2，然后将 x2 迭代 x1，不断的循环，直到 $|x1-x2|<10^{-7}$。

程序如下：

```
#include < iostream.h>
#include < math.h>
void main()
{
    double x1,x2,a;
    cout <<"请输入 a: ";
    cin >> a;
    while(a < 0)
    {
        cout <<"请输入非负数: ";
        cin >> a;
    }
    if(a == 0)
        x2 = 0;
    else
    {
        x1 = a/2.0;
        x2 = (x1 + a/x1)/2;
        while(fabs(x2 - x1)> 1e - 7)
        {
            x1 = x2;
            x2 = (x1 + a/x1)/2;
        }
    }
    cout <<"平方根: "<< x2 << endl;
}
```

while 循环语句也有一些特殊的用法。例如将循环变量放入表达式 1 中，当表达式 1 的值为 0 时终止循环，实现例题 5.2 可以用以下语句：

```
#include < iostream.h>
void main()
{
    int i,sum;
    i = 100; sum = 100;              //初始化数据
    while(i -- )                     //当 i 等于 0 的时候终止循环
        sum = sum + i;
    cout <<"1 + 2 + … + 100 = "<< sum << endl;
}
```

5.2.3 do…while 循环语句

do…while 循环语句的基本格式为：

```
do
        { 语句 }
while (表达式 1);
```

其中，do 和 while 都是关键字，{ 语句 }是该循环语句的循环体，表达式 1 是判断循环是否执行的条件语句。注意，while(表达式 1)后面的分号不能省略。do…while 循环语句用于实现“直到型”循环结构，do…while 循环语句的 N-S 图如图 5.3 所示。

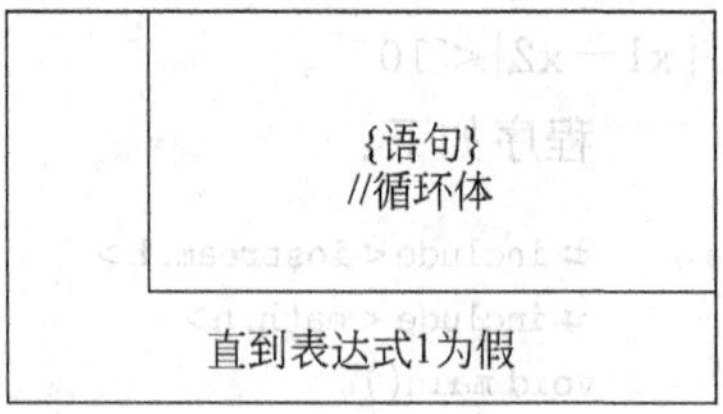

图 5.3　do…while 循环语句的 N-S 图

它的执行过程如下：先执行一次循环体语句，然后判断表达式 1，如果其值为真，重新执行循环体语句，如此反复，直到表达式 1 的值为假结束循环。

在 do…while 循环中，循环体至少要循环一次；在 while 循环中，循环体有可能一次都不循环，两种书写方式会导致不同的结果。

用 do…while 循环语句实现例题 5.2，程序如下：

```
#include <iostream.h>
void main()
{
    int i,sum;
    i = 1; sum = 0;
    do
    {
        sum = sum + i;
        i++;
    }while(i <= 100);              //分号不能省略
    cout <<"1 + 2 + … + 100 = "<< sum << endl;
}
```

例题 5.6　猴子吃桃问题。猴子第一天摘下若干个桃子，当即吃了一半，但不过瘾，又多吃了一个。第二天早上又将剩下的桃子吃掉一半，并多吃了一个。以后每天早上都吃了前一天剩下的一半零一个。到第 10 天早上想吃时，就只剩下一个桃子了。求第一天共摘了多少个桃子。

分析：x0 为某一天的桃子数，则该天的第二天桃子数为 x1＝x0/2－1，由此推出 x0＝2＊(x1＋1)，第 10 天只有 1 个，故 x1＝1，从第 10 天可以推到第一天，这是一个循环过程。

程序如下，运行结果为 1534 个桃子。

```
#include <iostream.h>
void main()
{
    int i,x0,x1;
    x1 = 1; i = 9;
```

```
    do
     {
        x0 = 2 * (x1 + 1);
        x1 = x0;
        i--;
     }while(i>=1);
    cout<<"第一天的桃子数为: "<<x0<<endl;
}
```

该程序还可以简化为以下的语句,同学们,请思考原因。

```
#include<iostream.h>
void main()
{
    int i,x;
    x = 1; i = 9;
    do
     {
        x = 2 * (x + 1);
        i--;
     }while(i>=1);
    cout<<"第一天的桃子数为: "<<x<<endl;
}
```

do…while 循环语句也有一些特殊的用法。例如将循环变量放入表达式 1 中,当表达式 1 的值为 0 时终止循环。实现例题 5.2 可以用下面的语句:

```
#include<iostream.h>
void main()
{
    int i,sum;
    i = 100; sum = 0;            //初始化数据,请同学们比较 while 循环初始化的变化
      //当 i 等于 0 的时候,终止循环
    do
    {
       sum = sum + i;
    }while(i--);
    cout<<"1 + 2 + … + 100 = "<<sum<<endl;
}
```

循环语句的 3 种基本格式可以相互替代,在表达功能上等价。在程序中,当需要写一个循环语句时,使用任何一种循环语句都是可以的。

5.3 循环语句的嵌套

在实际生活中,使用一个循环语句很难解决实际问题,甚至不能解决问题,这时,需要在一个循环语句中使用一个或者多个循环语句。在一个循环控制语句中包含其他循环控制语句的结构称为循环语句的嵌套。3 种循环控制语句可以相互嵌套,它们有 $3^2=9$ 种嵌套格式,用户可以灵活使用。

```
(1) for( ; ; )
      {
          for( ; ;)
          {
          …
          }
      }

(2) while()
       {
           while()
           {
               ...
           }
       }

(3) do
    {
        do
        {
        …
        }while();

    }while();
(4) for( ; ; )
    {
        while()
        {
        }
    }
(5) for( ; ; )
    {
        do
        {
        }while();
    }
(6) while()
    {
        for( ; ;)
        {
            …
        }
    }
(7) while()
    {
        do
        {
            …
```

```
    }while();
}
```

(8) do

```
    {
        for( ; ; )
        {
            …
        }
    }while()
```

(9) do

```
    {
        while()
        {
            …
        }
    }while();
```

例题 5.7 使用循环语句的嵌套输出九九乘法口诀表。

```
#include <iostream.h>
void main()
{
    int i,j;
    cout <<"九九乘法口诀表"<< endl;
    for(i = 1;i <= 9;i++)
    {
        for(j = 1;j <= i;j++)
            cout << j <<" × "<< i <<" = "<< i * j <<'\t';
        cout << endl;
    }
}
```

例题 5.8 使用循环语句的嵌套，编程解决下面的实际问题。两个乒乓球队进行比赛，各出三人，甲队为 a、b、c 三人，乙队为 x、y、z 三人，已抽签决定比赛名单，有人向队员打听比赛的名单，a 说他不和 x 比，c 说他不和 x、z 比，请输出三队赛手的名单。

分析：定义 i、j、k 是 $\{x、y、z\}$ 中的队员，设定 i 对应的是另一组的 a，j 对应的是另一组的 b，k 对应的是另一组的 z。接下来，就是一一匹配，看它们是否符合给定的条件。

```
#include <iostream.h>
void main()
{
    char i,j,k;    //i 代表 a 的对手; j 代表 b 的对手; k 代表 c 的对手
    for(i = 'x';i <= 'z';i++)
    {
        for(j = 'x';j <= 'z';j++)
        {
            if(i!= j)
                for(k = 'x';k <= 'z';k++)
                {
```

```
                if(k!= i && k!= j && i!= 'x' && k!= 'x' && k!= 'z')
                {
                    cout <<"a 的对手为"<< i << endl;
                    cout <<"b 的对手为"<< j << endl;
                    cout <<"c 的对手为"<< k << endl;
                }
            }
        }
    }
}
```

程序输出结果如下：

```
a 的对手为 z
b 的对手为 x
c 的对手为 y
```

5.4 break 语句和 continue 语句

在 switch 语句中，我们学习过 break 语句，它的作用是使语句跳出 switch 分支结构。break 语句也适用于循环控制语句，用于跳出循环结构，然后执行下面的语句。

break 语句的基本格式为：

```
break;
```

在循环控制语句中，其功能是中断循环程序的执行。通常，break 语句都和 if 语句配合使用。

例题 5.9 输入一个大于 3 的整数 n，判定它是否为素数(prime，又称质数)。

分析：素数是只能被 1 和它本身整除的数，我们可以采用遍历方法，从[$2\sim n-1$]内所有的整数去除 n，如果在该区间内有一个数能被 n 整除，那么 n 就不是素数，跳出循环；如果没有一个数被 n 整除，那么 n 就是素数。根据数学知识，这里的除数范围可以缩小到[$2\sim\sqrt{n}$]。

```
#include < iostream.h>
#include < math.h>
void main()
{
    int n,i;
    cout << "请输入一个大于 3 的整数: "<< endl;
    cin >> n;
    for(i = 2;i <= sqrt(n);i++)
        if(n % i == 0) break;
    if(i > sqrt(n))                    //循环到了 sqrt(n),没有跳出循环,应该是素数
        cout << n << "是素数" << endl;
    else
        cout << n << "不是素数" << endl;
}
```

程序测试结果：

```
请输入一个大于 3 的整数:
11  //测试数据
11 是素数
```

再输入 15 测试：

```
请输入一个大于 3 的整数:
15
15 不是素数
```

break 语句可以中断循环语句的执行，跳出循环语句，执行下面的语句。一条 break 语句只能跳出它所在的内循环，不能跳出所有的循环，要想跳出那个层次的循环，应该在该层次书写一条 break 语句。

例题 5.10 如果一个数恰好等于它的因子之和，这个数就称为"完数"。例如，6 的因子为 1、2、3，由于 6＝1＋2＋3，因此 6 是"完数"。编程找出 1000 之内的所有完数，并按下面的格式输出其因子。

1＋2＋3＝6

分析：这里使用 break 语句主要是对输出格式的控制，注意下面的 break 语句的使用位置。

```
#include <iostream.h>
void main()
{
    int x,i,j,sum = 0;
    for(x = 1;x <= 1000;x++)
    {
        sum = 0;
        for(i = 1;i <= x/2;i++)
        {
            if(x % i == 0) sum = sum + i;
        }
        if(sum == x)
        {
            for(i = 1;i <= x/2;i++)
                if(x % i == 0)
                {
                    cout << i;
                    for(j = i + 1;j <= x/2;j++)
                        if(x % j == 0)
                        {
                            cout <<" + ";
                            break;
                        }
                }
            cout <<" = "<< x << endl;
        }

    }
}
```

运行结果如图 5.4 所示。

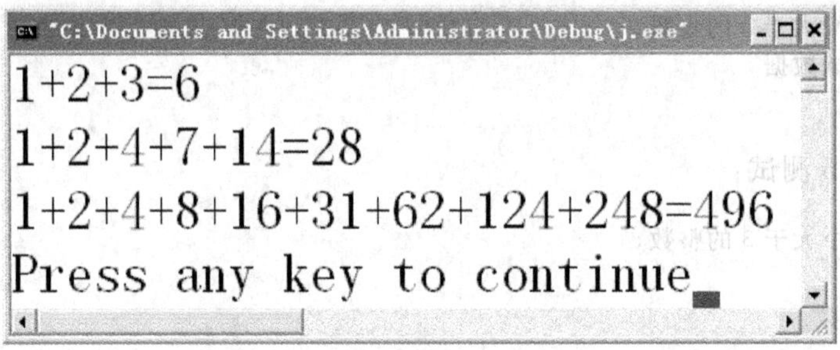

图 5.4　例题 5.10 程序的运行结果

continue 语句也是一种改变循环控制流程的语句，它的作用是结束本次循环，然后进行下一次循环条件的判断。它的基本格式为：

```
continue;
```

continue 语句通常和 if 语句配合使用，以达到程序预期的效果。

continue 语句和 break 语句都是改变循环控制流程的语句，它们的区别是，continue 语句只结束本次循环，而不是终止整个循环的执行，然后继续判断执行循环的条件，决定是否继续执行循环语句；break 语句则是结束整个循环过程，不再判断执行循环的条件是否成立。

例题 5.11　求 $n(n>0)$个自然数之和，去掉中间一个数（即 $n/2$）。

```
#include <iostream.h>
void main()
{
    int n,i,sum = 0;
    cin >> n;
    for(i = 1;i <= n;i++)
    {
        if(n/2 == i) continue;
        sum = sum + i;
    }
    cout << sum << endl;
}
```

5.5　循环语句程序举例

例题 5.12　输入两个正整数 m 和 n，求其最大公约数。

分析：假定 $m>n$，大家知道，1 是两者的公约数，但不一定是最大的。可以设定变量 i 从 1 到 n，逐一判断 i 是否为两者的公约数，并利用变量 r 暂存，r 最后的值即为它们的最大公约数。

```
#include <iostream.h>
void main()
```

```
{
    int m,n,i,r;
    cin>> m >> n;
    if(m< n) //该语句确保 m > n
    {
        r = m; m = n; n = r;
    }
    for(i = 1;i<= n;i++)
    {
        if(m % i == 0 && n % i == 0) r = i;
    }
   cout << m <<"和"<< n <<"最大公约数"<< r << endl;
}
```

用辗转相除法求最大公约数。

算法描述：m 对 n 求余为 r，若 r 不等于 0，则 n 替换 m、r 替换 n，继续求余，直到余数 $r=0$ 为止，此时的 n 为最大公约数。

```
#include < iostream.h >
void main()
{
    int m,n,i,r;
    cin>> m >> n;
    if(m< n)    //该语句确保 m > n
    {
        r = m; m = n; n = r;
    }
    r = m % n;
    while(r)
    {
        m = n;
        n = r;
        r = m % n;
    }
   cout <<"最大公约数"<< n << endl;
}
```

程序运行结果：

```
12 8  //测试数据
最大公约数 4
```

例题 5.13 求费波那西(Fibonacci)数列的前 40 个数，这个数列的第 1、2 两个数为 1、1，从第 3 个数开始，该数是其前面的两个数之和。即：

$$\begin{cases} F_1 = 1 & (n=1) \\ F_2 = 1 & (n=2) \\ F_n = F_{n-1} + F_{n-2} & (n \geqslant 3) \end{cases}$$

分析：由费波那西数列的通式可以定义 3 个变量，即 f1＝1、f2＝1、f3＝f1＋f2。从第 4 项开始，不断重复“f1＝f2；f2＝f3；f3＝f1＋f2”。

```
#include < iostream.h >
#include < iomanip.h >
void main()
{
     int f1,f2,f3;
     int i;
     f1 = 1; f2 = 1;
     f3 = f1 + f2;
     cout << setw(10)<< f1;
     cout << setw(10)<< f2;
     cout << setw(10)<< f3;
     for(i = 4;i < = 40;i++)
     {
         f1 = f2; f2 = f3;
         f3 = f1 + f2;
         cout << setw(10)<< f3;
         if(i % 5 == 0) cout << endl;          //5 个数在一行输出
     }
}
```

程序运行结果如下：

```
         1         1         2         3         5
         8        13        21        34        55
        89       144       233       377       610
       987      1597      2584      4181      6765
     10946     17711     28657     46368     75025
    121393    196418    317811    514229    832040
   1346269   2178309   3524578   5702887   9227465
  14930352  24157817  39088169  63245986 102334155
Press any key to continue
```

用户还可以采用如图 5.5 所示的算法。

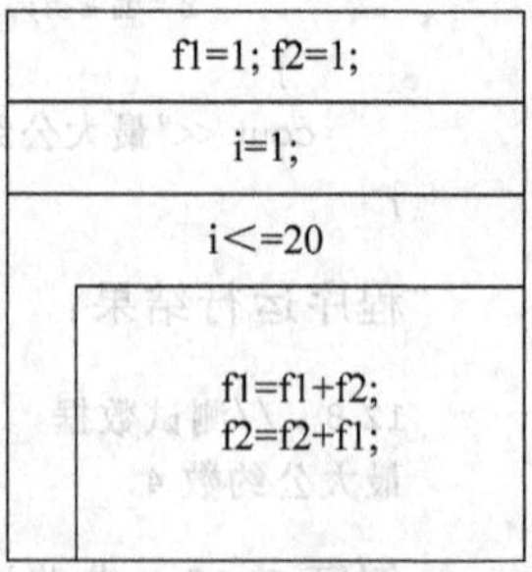

图 5.5　算法的 N-S 图

程序如下：

```
#include < iostream.h >
#include < iomanip.h >
void main()
{
     int f1,f2,i;

     f1 = 1; f2 = 1;
     for(i = 1;i < = 20;i++)
     {
         cout << setw(10)<< f1 << setw(10)<< f2;
         if(i % 2 == 0) cout << endl;
         f1 = f1 + f2;
         f2 = f2 + f1;
     }
}
```

例题 5.14　使用牛顿迭代法，求方程 $x^3+2x^2+3x+4=0$ 在 1 附近的实数根。

分析：牛顿迭代法又称牛顿切线法，主要用于求方程的近似解。牛顿切线法收敛快，适用性强。设 x_n 是 $f(x)=0$ 的根，选取 x_0 作为 x_n 初始近似值，过点 $(x_0, f(x_0))$ 做曲线 $y=f(x)$ 的切线 L，L 的方程为 $y=f(x_0)+f'(x_0)(x-x_0)$，求出 L 与 X 轴交点的横坐标，$x_1=x_0-f(x_0)/f'(x_0)$，称 x_1 为 x_n 的一次近似值，如果 $|x_1-x_0|$ 大于指定的精度，那么继续过点 $(x_1, f(x_1))$ 做曲线 $y=f(x)$ 的切线，并求该切线与 X 轴的横坐标，$x_2=x_1-f(x_1)/f'(x_1)$，称 x_2 为 x_n 的二次近似值，重复以上过程，直到 $|x_n-x(n-1)|$ 小于指定的精度，其中 $x_{n+1}=x_n-f(x_n)/f'(x_n)$，称为 x_n 的 $n-1$ 次近似值，x_n 即为方程的根，如图 5.6 所示。

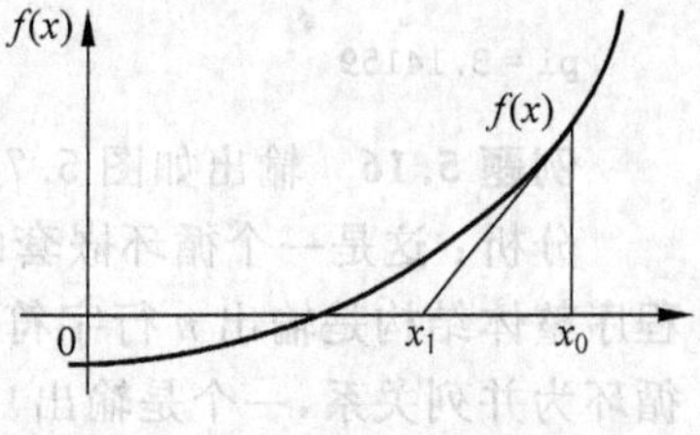

图 5.6　牛顿切线法示意图

```
#include < iostream.h >
#include < math.h >
void main()
{
    float x0, x1, f, f1;
    x0 = x1 = 1;
    do
    {
        x0 = x1;
        f = x0 * x0 * x0 + 2 * x0 * x0 + 3 * x0 + 4;        //原方程
        f1 = 3 * x0 * x0 + 2 * 2 * x0 + 3;                  //导数方程
        x1 = x0 - f/f1;                                     //迭代公式
    }while(fabs(x1 - x0)>= 1e - 9);
    cout << "方程的根为: " << x1 << endl;
}
```

程序运行结果如下：

```
方程的根为: - 1.65063
```

例题 5.15　利用 $\pi/4\approx1-1/3+1/5-1/7+\cdots$ 公式求 π 的近似值，直到最后一项的绝对值小于 10^{-7} 为止。

分析：在该公式中，容易找出每一项的特点，即 n 从 1 开始，每一项的分母是奇数递增，正负号交替。因此，可以设定通式为“n＝n＋2； s＝－s； t＝s/n”。

程序如下：

```
#include < iostream.h >
#include "math.h"
void main()
{
    int s = 1;
    double n = 1,t = 1, pi = 0;
    while(fabs(t)> 1e - 7)
    {
        pi = pi + t;
        n = n + 2;
        s = - s;
        t = s/n;
```

```
    }
    pi = pi * 4;
    cout <<"pi = "<< pi << endl;
}
```


程序运行结果如下：

```
pi = 3.14159
```

例题 5.16 输出如图 5.7 所示的图案，行数 n 从键盘输入。

分析：这是一个循环嵌套的应用，先确定输出的行数 n，它确定程序整体结构是输出 n 行字符，字符包括' '(空格)和'*'，嵌套内的循环为并列关系，一个是输出' '，另一个是输出'*'，每一行的' '和'*'个数不同，从该图中可以得到，第 i 行的' '个数为$n-i$，'*'个数为 $2*i-1$。

```
      *
    * * *
  * * * * *
* * * * * * *
```

图 5.7 输出的图案

程序如下：

```
#include < iostream.h >
void main()
{
    int n,i,j;
    cout <<"输入 n 的值：";
    cin >> n;
    for(i = 1;i < = n;i++)
    {
        for(j = 1;j <= n - i;j++)
            cout <<' ';
        for(j = 1;j <= 2 * i - 1;j++)
            cout <<" * ";
        cout << endl;
    }
}
```

5.6 循环语句在图形上的应用

循环语句在程序设计中是应用最重要的控制语句，循环语言的应用非常广泛，下面对循环语句在图形上的应用做简单的说明。

例题 5.17 利用循环语句实现空心的菱形，如图 5.8 所示。

0	1	2	3	4	5	6	7	8	9
1					*				
2				*		*			
3			*				*		
4		*						*	
5	*								*
1		*						*	
2			*				*		
3				*		*			
4					*				

图 5.8 空心菱形

分析：本题是打印'*'和' '的图形，由数学知识可以编写以下程序。

```
#include <iostream.h>
void main()
{
    int i,j,n;
    cin >> n;
    //上半部
    for(i = 1;i <= n;i++)
    {
        for(j = 1;j <= n + i - 1;j++)
         if(j == (n + 1 - i)||j == (n - 1 + i))
            cout <<" * ";
         else
            cout <<" ";
        cout << endl;
    }
    //下半部
    for(i = 1;i < n;i++)
    {
        for(j = 1;j <= 2 * n - 1 - i;j++)
            if(j == (i + 1)||j == (2 * n - 1 - i))
                cout <<" * ";
            else
                cout <<" ";
            cout << endl;
    }
}
```

在程序运行时，输入 $n=5$，结果如下：

```
        *
      *   *
    *       *
  *           *
*               *
  *           *
    *       *
      *   *
        *
```

例题 5.18 利用循环语句输出如图 5.9 所示的图形。

分析：这是一个循环嵌套问题，与例题 5.16 相似，不过，现在不是打印'*'，而是打印字符，根据英文字母 ASCII 编码顺序的特点，可以编写以下程序。

```
A
ABC
ABCDE
ABCDEFG
ABCDEFGHI
ABCDEFGHIJK
ABCDEFGHIJKLM
ABCDEFGHIJKLMNO
ABCDEFGHIJKLMNOPQ
ABCDEFGHIJKLMNOPQRS
```

图 5.9 字母图形

```
#include <iostream.h>
void main()
{
  for(int i = 1; i <= 10; ++i)
```

```
    {
      for(int j = 1; j <= 10 - i; ++j)
        cout <<" ";
      for(char ch = 'A'; ch <'A' + 2 * i - 1; ++ch)
        cout << ch;
      cout << endl;
    }
}
```

习　题　5

1. 单选题

(1) while(*x*)语句中的 *x* 与下面条件表达式等价的是(　　)。

A. *x* == 1　　B. *x*!= 0

C. *x*!= 1　　D. *x* == 0

(2) 已知"int i=0, x=0;",下面 while 语句执行的循环次数为(　　)。

```
while(!x && i < 3)
    { x++; i++;}
```

A. 4　　B. 2　　C. 3　　D. 1

(3) 在下面的循环语句中,出现死循环的是(　　)。

A. for(int x=0;x<3;) {x++; }

B. int k=0;
do { ++k; } while(k>=0);

C. int i=5;
while(i) { i--;}

D. int i=3;
for(;i;i--)
;

(4) 对于 while、do…while 循环结构,下面说法正确的是(　　)。

A. 只是表达形式不同

B. 条件成立时,它们有可能一次也不执行

C. while 结构中的语句至少执行一次

D. do…while 结构中的语句至少执行一次

(5) 以下不正确的是(　　)。

A. 语句 for(i=0; ; i++)表示无限循环

B. for(; ;)表示无限循环

C. for()表示无限循环

D. while(1)表示无限循环

(6) 有以下程序段:

```
int b = 0;
while(b = 1) b++;
```

while 循环执行的次数是(　　)。

A. 无限次　　B. 有语法错误,不能执行

C. 一次也不执行　　　　　　　　　　D. 执行一次

(7) 下面程序的运行结果是(　　)。

```
#include<iostream.h>
void main()
{
    int y=10;
    do
    {
        y--;
    }while(--y);
    cout<<y<<endl;
}
```

A. 0　　　　B. 1　　　　C. 8　　　　D. −1

(8) 下面程序将输出(　　)。

```
#include<iostream.h>
void main()
{
    int x=3,y;
    do
    {
        y=x--;
        if(!y) {cout<<"x"<<endl; continue; }
        cout<<"#";
    }while(x>=1 && x<=2);
}
```

A. ##　　　　　　　　　　B. 死循环

C. ###　　　　　　　　　D. 含有不合法的控制表达式

(9) 下面程序的运行结果是(　　)。

```
#include<iostream.h>
void main()
{
    int n=1;
    while(n++<=2)
        ;
    cout<<n;
}
```

A. 2　　　　B. 3　　　　C. 4　　　　D. 语法有错

(10) 下面程序的运行结果是(　　)。

```
#include<iostream.h>
void main()
{
    int k=10;
    while(k=0)
    {
```

```
        k = k - 1;
        cout << k << endl;
    }
}
```

A. while 循环执行 10 次　　B. 循环是无限循环

C. 循环体语句执行一次　　D. 循环体语句一次也不执行

(11) 下面有关 for 循环的描述正确的是(　　)。

A. for 循环只能用于循环次数已经确定的情况

B. for 循环是先执行循环体语句,后判断表达式

C. 在 for 循环中,不能用 break 语句跳出循环体

D. 在 for 循环的循环体语句中可以包含多条语句,但必须用花括号括起来

(12) 下面程序段的运行结果是(　　)。

```
#include <iostream.h>
void main()
{
    int i,j,k = 0;
    for(i = 0;i < 5;i++)
    {
        for(j = 0;j < 5;j++)
        {
            if(j % 2) break;
            k++;
        }
        k++;
    }
    cout << k << endl;
}
```

A. 0　　B. 10　　C. 20　　D. 30

2. 填空题

(1) 结构化程序设计的 3 种基本结构是顺序结构、选择结构和________。

(2) do…while 循环语句的基本格式为:

```
do
    { 语句 }
while (表达式 1);
```

当"表达式 1"的值为________时,结束循环。

(3) 下面 for 语句循环执行的次数为________。

```
#include <iostream.h>
void main()
{
    int i,j;
    for(i = 0,j = 5;i = j; i++)
    {
        j--;
```

```
        cout << i <<" "<< j << endl;
    }
}
```

(4) 计算 1～10 之间的奇数之和，请填充横线处的语句________。

```
#include <iostream.h>
void main()
{
int i, sum = 0;
for(i = 1; i <= 10; ________)
sum = sum + i;
cout <<"奇数之和为: "<< sum << endl;
}
```

(5) 下列程序的运行结果是________。

```
#include <iostream.h>
void main()
{
    int i = 1;
    while(i <= 10)
        if(++i % 3!= 1)
            continue;
        else
            cout << i <<'\t';
}
```

(6) 下列程序的运行结果是________。

```
#include <iostream.h>
void main()
{
    int i, j;
    for(i = 1, j = 1; i <= 100; i++)
    {
        if(j >= 10) break;
        if(j % 3)
        {
            j += 3;
        }
    }
    cout << i <<" "<< j << endl;
}
```

(7) 下列程序的运行结果是________。

```
#include <iostream.h>
void main()
{
    int i, j;
    for(i = 1, j = 5; i < j; i++)
    {
```

```
        j--;
    }
    cout << i <<" "<< j << endl;
}
```

(8) 下列程序的运行结果是________。

```
#include < iostream.h >
void main()
{
    int i,j;
    for(i = 4;i >= 1;i-- )
    {
        for(j = 1;j <= i;j++)
            cout <<" * ";
        for(j = 1;j <= 4 - i;j++)
            cout <<" # ";
        cout << endl;
    }
}
```

3. 编程题

(1) 求 100 以内偶数的和。

(2) 输入两个正整数 m 和 n,求其最大公约数和最小公倍数。

(3) 打印出所有的"水仙花数",所谓"水仙花数"是指一个 3 位数,其各位数字的立方和等于该数本身。例如,153 是一个水仙花数,因为 $15^3=1^3+5^3+3^3$。

(4) 求 100～200 之间的全部素数。

(5) 用二分法求下面的方程在－10～10 之间的根:

$$2x^3-4x^2+3x-6=0$$

(6) 求 $s=1+(1+2)+(1+2+3)+\cdots+(1+2+3+\cdots+n)$的值,$n$ 从键盘输入。注意,结果不要超出整数的最大值。

实验 5　循环结构程序设计实验

1. 实验目的

(1) 掌握循环语句的执行过程及用法。

(2) 初步掌握循环程序设计的基本技巧。

(3) 掌握用 while 语句、do…while 语句和 for 语句实现循环的方法。

(4) 学会单步跟踪的操作方法。

2. 实验内容

(1) 输出与下面类似的内容,其中行数为 n,从键盘输入。例如 $n=4$,图案如下:

```
*
* *
* * *
* * * *
Press any key to continue
```

(2) 输出字符'A'～'Z'对应的ASCII码值(十进制)，输出结果如下：

```
65  66  67  68  69
70  71  72  73  74
75  76  77  78  79
80  81  82  83  84
85  86  87  88  89
90  Press any key to continue
```

(3) 输入一行字符，分别统计出其中英文字母、空格、数字和其他字符的个数。

例如输入：Welcome to C++!

输出如下：

```
Welcome to C++!
字符个数 10   数字个数 0   空格个数 2   其他字符个数 3
Press any key to continue
```

(4) 输出与下面类似的内容，其中行数为 n，从键盘输入。例如 $n=8$，图案如下：

```
                  1
               2     2
            3     3     3
         4     4     4     4
      5     5     5     5     5
   6     6     6     6     6     6
7     7     7     7     7     7     7
8     8     8     8     8     8     8     8
Press any key to continue
```

(5) 有一个分数序列(2/1,3/2,5/3,8/5,13/8,21/13,…)，求出这个数列的前 20 项之和。

输出结果如下：

```
sum = 32.6603
Press any key to continue
```

(6) 使用循环语句求 $\cos(x)$的值。

$\cos(x)$的多项式求和公式为

$$\cos(x) = 1 - \frac{x^2}{2!} + \frac{x^4}{4!} + \cdots + (-1)^{n+1}\frac{x^{2n-2}}{(2n-2)!}$$

运行结果如下：

```
输入 x 的值: 60
cos(x) = 0.500171
Press any key to continue
```

第6章　数　组

本章学习目标

- 理解数组的基本概念。
- 熟练掌握一维数组和二维数组的使用方法。
- 熟练掌握字符数组的使用方法。
- 能够利用数组解决简单的矩阵问题。

本章介绍新的数据类型——数组，首先介绍数组的基本概念，详细说明一维数组、二维数组的定义与引用以及字符数组的定义与引用，然后对C++的字符串进行了简单的概述，最后举例说明数组的应用。

6.1　数组概述

在C++语言中除了整型(int)、浮点类型(float)、字符类型(char)等基本数据类型以外，用户还可以按照一定的规则进行数据类型的构造，创造出新的数据类型，例如数组、指针、结构体、链表等，通常把这种类型称为构造类型。

数组是具有相同数据类型元素的有序集合。数组中的每一个元素都属于同一个数据类型，用一个统一的数组名和下标来唯一地确定数组中的元素。数组中的每一个元素在内存中占用相同大小的内存单元，这些单元在内存空间中都是连续存放的。数组按照维数可以分为一维数组、二维数组、三维数组和多维数组等。

6.1.1　一维数组的定义与引用

和变量一样，要使用数组，必须先定义，然后才能使用。定义一维数组的一般格式为：

```
<类型说明符> 数组名[常量表达式];
```

其中，[ ]中的常量表达式必须是一个确定的大于0的整型数值，它表示一维数组元素的个数。例如：

```
int arr[10];
```

定义一个一维数组，它的数组名为arr，该数组有10个整型数组元素。

这里有几点说明：

(1) 数组名的命名规则和变量名的命名规则相同，遵循标识符的命名规则。

(2) 常量表达式表示元素的个数,即数组的长度。在常量表达式中可以包含数值常量和符号常量,不能包含变量。

(3) 数组的下标序号总是从 0 开始。例如,在 arr[10]中,10 表示 arr 数组有 10 个元素,下标从 0 开始,这 10 个元素是 arr[0]、arr[1]、arr[2]、arr[3]、arr[4]、arr[5]、arr[6]、arr[7]、arr[8]、arr[9]。这里的数组 arr 没有 arr[10]这个数组元素。因此,当定义数组长度为 n 时,它的下标范围是 $0\sim n-1$。

数组元素的引用格式为:

```
数组名[下标]
```

下标必须是确定的整型数值(大于等于 0)。C++语言规定只能逐个引用数组元素,不能一次引用整个数组。

例题 6.1 定义整型数组 a,它的长度为 10,将 1 到 10 顺序赋给数组元素,然后逆序输出。

```
#include <iostream.h>
void main()
{
    int a[10],i;
    for(i = 0;i < 10;i++)
        a[i] = i + 1;
    for(i = 9;i >= 0;i -- )
        cout << a[i]<<" ";
    cout << endl;
}
```

程序运行结果为:

```
10  9  8  7  6  5  4  3  2  1
```

说明:这里的 $a[i]$有确定的值,虽然 i 是变量,但是每次运行时,i 都是确定的整型数值。

例题 6.2 用数组求费波那西(Fibonacci)数列的前 20 个数,这个数列的第 1、2 两个数为 1、1,从第 3 个数开始,该数是其前面两个数之和。即:

$$\begin{cases} F_1 = 1 & (n-1) \\ F_2 = 1 & (n=2) \\ F_n = F_{n-1} + F_{n-2} & (n \geqslant 3) \end{cases}$$

分析:由费波那西数列的通式可以定义 3 个变量,其中,f1=1、f2=1、f3=f1+f2。利用数组得出 $a[i]=a[i-1]+a[i-2]$,其中 $i>2$。

```
#include <iostream.h>
void main()
{
    int a[21],i,j;
    a[1] = 1; a[2] = 1;
    for(i = 3;i <= 20;i++)
```

```
        a[i] = a[i-1] + a[i-2];
    for(i = 1;i <= 20;i++)
    {
        cout << a[i]<<'\t';
        if(i % 5 == 0)
            cout << endl;
    }
}
```

程序运行结果为：

```
1     1     2     3     5
8     13    21    34    55
89    144   233   377   610
987   1597  2584  4181  6765
```

说明：为了和人们的习惯一致，这里数组 a 定义了 21 个元素，第一个 $a[0]$没有用。

为了使程序简洁，在定义数组时，经常对数组元素初始化。对一维数组的初始化可以采用以下方法：

（1）在定义数组时，对数组元素赋以初值。例如：

```
int a[5] = {1,2,3,4,5};
```

将数组元素的初值依次放在一对花括号内，用逗号隔开。例如上面的初始化结果为 $a[0]=1$、$a[1]=2$、$a[2]=3$、$a[3]=4$、$a[4]=5$。

（2）可以只给一部分元素赋值。例如：

```
int a[5] = {0,1};
```

定义 a 数组有 5 个元素，但花括号内只提供两个初值，这表示只给前面两个元素赋初值，后面 3 个元素值为 0。

（3）如果想使一个数组中的所有元素值为 0，可以写成：

```
int a[5] = {0,0,0,0,0};
```

或者写成：

```
int a[5] = {0}
```

（4）在对所有数组元素赋初值时，[]内的数值可以省略。例如：

```
int a[] = {1,2,3,4,5}
```

等价于

```
int a[5] = {1,2,3,4,5};
```

（5）没有给出初始化的列表的数组，如果定义数组的存储类型为全局的或者静态的，则系统自动将所有的数组元素初始化为 0。如果存储类型为局部的，则数组元素的值为随机数值。

例题 6.3 定义数组 $a[5]$为局部变量、数组 $b[5]$为全局变量、数组 $c[5]$为静态变量，输出系统给出的它们初始化的值。

```
#include <iostream.h>
int b[5];
void main()
{
    int a[5];
    static int c[5];
    int i;
    for(i = 0;i < 5;i++)
        cout << a[i]<<" ";
    cout << endl;
    for(i = 0;i < 5;i++)
        cout << b[i]<<" ";
    cout << endl;
    for(i = 0;i < 5;i++)
        cout << c[i]<<" ";
    cout << endl;
}
```

程序运行结果为：

```
-858993460 -858993460 -858993460 -858993460 -858993460
0 0 0 0 0
0 0 0 0 0
```

例题 6.4 将一个正整数分解到数组中，然后正向和反向输出。

```
#include <iostream.h>
void main()
{
    int a[11];
    int n,i = 0,j;
    cout <<"输入一个正整数"<< endl;
    cin >> n;
    while(n)
    {
        a[i] = n % 10;
        n = n/10;
        i++;
    }
    cout <<"正向输出"<< endl;
    for(j = i - 1;j >= 0;j -- )
        cout << a[j]<<'\t';
    cout << endl;
    cout <<"反向输出"<< endl;
    for(j = 0;j < i;j++)
        cout << a[j]<<'\t';
    cout << endl;
}
```

程序运行结果为：

```
输入一个正整数
123456
正向输出
1  2  3  4  5  6
反向输出
6  5  4  3  2  1
```

例题 6.5 用起泡法对 10 个数进行排序(由小到大)。

排序算法是把一组无序的数据元素按照关键字的值递增(或递减)排列。排序算法是计算机领域中的一种重要的、基本的算法，排序算法有多种，起泡法就是其中的一种。

起泡法排序的思路是：对于由 n 个记录组成的记录序列，最多经过($n-1$)趟起泡排序，就可以使记录序列成为有序序列。在每一趟中将相邻两个数进行比较，将小的数值调到前面。由此画出起泡法排序的 N-S 图，如图 6.1 所示。

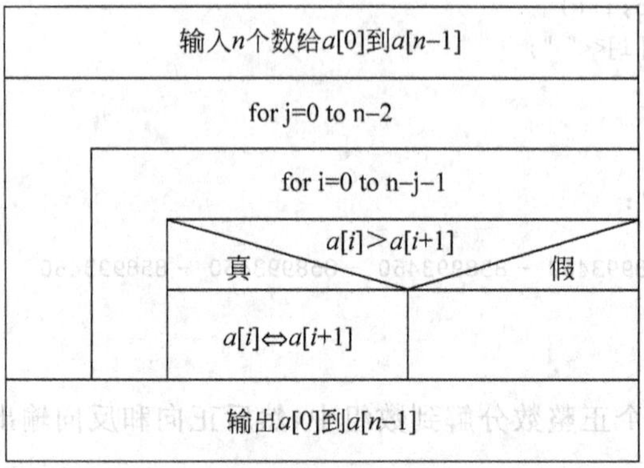

图 6.1 起泡法排序的 N-S 图

例如有 10 个数为 8 5 1 3 10 7 6 9 4 2，第一趟排序的结果如图 6.2 所示，从该图中可以看出，第一趟的结果是将最大的数交换到了最后一个位置。第二趟不必考虑最后一个数，相对来说，第二趟的结果是将最大的数交换到最后一个位置(这里的最大值实际上是数组的第二最大值，最后一个位置实际上是倒数第二个位置)，第二趟的结果如图 6.3 所示，以后以此类推。

第 1 次	5	8	1	3	10	7	6	9	4	2
第 2 次	5	1	8	3	10	7	6	9	4	2
第 3 次	5	1	3	8	10	7	6	9	4	2
第 4 次	5	1	3	8	10	7	6	9	4	2
第 5 次	5	1	3	8	7	10	6	9	4	2
第 6 次	5	1	3	8	7	6	10	9	4	2
第 7 次	5	1	3	8	7	6	9	10	4	2
第 8 次	5	1	3	8	7	6	9	4	10	2
第 9 次	5	1	3	8	7	6	9	4	2	10

图 6.2 第一趟的示意图

第1次 1	5	3	8	7	6	9	4	2	10
第2次 1	3	5	8	7	6	9	4	2	10
第3次 1	3	5	8	7	6	9	4	2	10
第4次 1	3	5	7	8	6	9	4	2	10
第5次 1	3	5	7	6	8	9	4	2	10
第6次 1	3	5	7	6	8	9	4	2	10
第7次 1	3	5	7	6	8	4	9	2	10
第8次 1	3	5	7	6	8	4	2	9	10

图 6.3 第二趟的示意图

程序如下：

```
#include "iostream.h"
void main()
{
    int i,j,arr[10],t;
    cout<<"输入需要排序的10个数:"<<endl;
    for(i=0;i<10;i++)
        cin>>arr[i];
    for(i=0;i<9;i++)
    {
        for(j=0;j<9-i;j++)
            if(arr[j]>arr[j+1])
            {
                t=arr[j]; arr[j]=arr[j+1]; arr[j+1]=t;
            }
    }
    cout<<"排序结果为:"<<endl;
   for(i=0;i<10;i++)
        cout<<arr[i]<<" ";
   cout<<endl;
}
```

程序运行结果为：

```
输入需要排序的10个数:
8 5 1 3 10 7 6 9 4 2
排序结果为:
1 2 3 4 5 6 7 8 9 10
```

例题 6.6 用选择法对10个数进行排序(由小到大)。

选择法排序的基本思路是：首先从数组的 n 个元素中找出最小的元素，将它与第一个位置(即 arr[0])交换，再从剩下的 $n-1$ 个元素中找出最小的元素，将它与第二个位置的元素(即 arr[1])交换，这样不断地重复 $n-1$ 趟，就实现了数据的排序。

需要排序的10个数为 8 5 1 3 10 7 6 9 4 2，选择排序的过程如下。

第1趟的结果为：

① 5 ⑧ 3 10 7 6 9 4 2

第 2 趟的结果为：

1 ② 8 3 10 7 6 9 4 ⑤

第 3 趟的结果为：

1 2 ③ ⑧ 10 7 6 9 4 5

第 4 趟的结果为：

1 2 3 ④ 10 7 6 9 ⑧ 5

第 5 趟的结果为：

1 2 3 4 ⑤ 7 6 9 8 ⑩

第 6 趟的结果为：

1 2 3 4 5 ⑥ ⑦ 9 8 10

第 7 趟的结果为：

1 2 3 4 5 6 ⑦ 9 8 10 //该趟不需要交换

第 8 趟的结果为：

1 2 3 4 5 6 7 ⑧ ⑨ 10

第 9 趟的结果为：

1 2 3 4 5 6 7 8 ⑨ 10 //该趟不需要交换

排序结果为：

12 3 4 5 6 7 8 9 10

程序如下：

```
#include "iostream.h"
void main()
{
    int i,j,arr[10],t,k;
    cout <<"输入需要排序的 10 个数: "<< endl;
    for(i = 0;i < 10;i++)
        cin >> arr[i];
    for(i = 0;i < 9;i++)
    {
        k = i;
        for(j = i + 1;j < 10;j++)
            if(arr[j]< arr[k])
                k = j;
        if(k!= i)
        { t = arr[i]; arr[i] = arr[k]; arr[k] = t;}
    }
   cout <<"排序结果为: "<< endl;
```

```
    for(i = 0;i < 10;i++)
        cout << arr[i]<<" ";
    cout << endl;
}
```

程序运行结果为：

```
输入需要排序的 10 个数:
8  5  1  3  10  7  6  9  4  2
排序结果为:
1  2  3  4  5  6  7  8  9  10
```

6.1.2 二维数组的定义与引用

在 C++语言中,数组的维数是通过[]的个数决定的。二维数组有两个[],它的一般定义格式为：

```
类型说明符 数组名[常量表达式 1][常量表达式 2]
```

例如：

```
int a[3][4];
```

定义 *a* 为 3×4(3 行 4 列)的数组,它的数组元素都为 int 型,数组的长度(元素个数)为 3×4=12 个,每一维数都是从 0 开始的。

在 C++语言中,二维数组中元素的排列顺序是按行存放,即在内存中先顺序存放第一行的元素,再存放第二行的元素。图 6.4 所示对 *a*[3][4]数组存放的顺序。

a[0][0]	*a*[0][1]	*a*[0][2]	*a*[0][3]
a[1][0]	*a*[1][1]	*a*[1][2]	*a*[1][3]
a[2][0]	*a*[2][1]	*a*[2][2]	*a*[2][3]

图 6.4　二维数组的存放顺序

二维数组的维数从左到右逐渐降低,我们可以把二维数组看作是一种特殊的一维数组,它的元素又是一个一维数组。例如,可以把 *a* 看作是一个一维数组,它有 3 个元素,即*a*[0]、*a*[1]、*a*[2],每个元素又是一个包含 4 个元素的一维数组,如图 6.5 所示。用户可以把*a*[0]、*a*[1]、*a*[2]看作是 3 个一维数组的名字。上面定义的二维数组可以理解为定义了 3 个一维数组,相当于“int a[0][4],a[1][4],a[2][4]”。此处把 *a*[0]、*a*[1]、*a*[2]看作一维数组名。

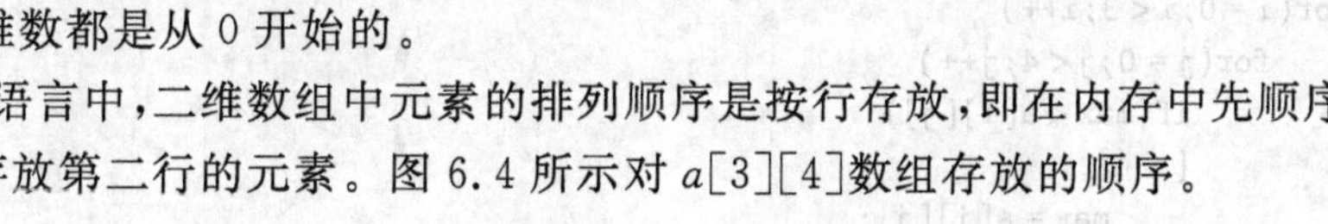

图 6.5　二维数组一维化示意图

一旦定义了二维数组,就可以对它进行引用了。二维数组的引用格式与一维数组类似,二维数组的元素的引用格式为：

数组名[下标1][下标2]

这里的下标1和下标2分别对应数组定义时的维数，它们是整型常量或者整型表达式，例如a[1][2]、a[2-1][2*2-1]等。在使用数组元素时，用户需要注意下标值应该在已定义的数组大小的范围内。经常出现的错误如下：

```
int a[3][4];
…
a[3][4] = 3;
```

定义a为3×4的数组，每一维的下标都是从0开始的，所以，它可以用的行下标值最大为2，列下标值最大为3，用a[3][4]超过了数组的范围。

例题6.7 有一个二维数组a[3][4]，求元素值最大的行号和列号。

```
#include "iostream.h"
void main()
{
    int a[3][4],i,j,max,ii,jj;
    for(i = 0;i < 3;i++)
        for(j = 0;j < 4;j++)
            cin >> a[i][j];
        max = a[0][0];
        ii = 0; jj = 0;
    for(i = 0;i < 3;i++)
        for(j = 0;j < 4;j++)
            if(max < a[i][j])
            {
                max = a[i][j];
                ii = i; jj = j;
            }
   cout <<"最大值为"<< max << endl;
   cout <<"所在的行号"<< ii <<"; 所在的列号"<< jj << endl;
}
```

程序运行结果为：

```
1 5 7 9
2 4 18 3
8 6 0 11
最大值为 18
所在的行号 1;   所在的列号 2
```

在程序设计中，经常把二维数组看成一个具有行和列的数据表，它在内存中是连续、依次存放的。二维数组的初始化一般以“行”为单位进行。“行”数据是由“{}”构成的，并且每一对“{}”依次对应第0行、第1行、第2行、……、第$n-1$行。

例如：

```
int a[3][4] = {{1,2,3,4},{5,6,7,8},{9,10,11,12}};
```

这种赋初值方法比较直观，把第1个花括号内的数据赋给第1行的元素，把第2个花括号内的数据赋给第2行的元素，即按行赋初值。

用户也可以将所有数据写在一个花括号内，按数组排列的顺序对各元素赋初值。例如"int a[3][4]={1,2,3,4,5,6,7,8,9,10,11,12};"的效果和前面相同。

二维数组的初始化也有一些特殊情况，下面做一下说明：

(1) 可以只对部分元素赋初值。

```
int a[3][4] = {{1},{3},{5}};
```

它的作用是只对各行第 1 列的元素赋初值，其余元素值自动为 0。赋初值后数组的各元素为：

```
1  0  0  0
3  0  0  0
5  0  0  0
```

这种方法在非 0 元素少时比较方便，不必将所有的 0 都写出来，只需要输入少量数据。

(2) 可以只对某几行元素赋初值。

① 对第 2 行不赋初值。

```
int a[3][4] = {{1},{},{5}};
```

赋初值后数组的各元素为：

```
1  0  0  0
0  0  0  0
5  0  0  0
```

② 对第 3 行不赋初值。

```
int a[3][4] = {{1},{3,4}};
```

赋初值后数组的各元素为：

```
1  0  0  0
3  4  0  0
0  0  0  0
```

(3) 对于二维数组初始化，最左边的方括号内的数据大小可以省略。特别是对全部元素都赋初值(即提供全部初始数据)，则定义数组时对第一维的长度可以不指定，但第二维的长度不能省。例如：

```
int a[3][4] = {1,2,3,4,5,6,7,8,9,10,11,12};
```

与下面的定义等价：

```
int a[][4] = {1,2,3,4,5,6,7,8,9,10,11,12};
```

系统会根据数据总个数分配存储空间，一共有 12 个数据，每行 4 列，当然可以确定为 3 行。

在二维数组初始化时也可以只对部分元素赋初值，而省略第一维的长度，但应分行赋初值，第二维的长度为行数中赋值最多的个数，例如"int a[][4]={{0,0,3},{},{0,9}};"。

这样的初始化，系统默认数组共有 3 行，数组的各元素为：

```
0  0  3  0
0  0  0  0
0  9  0  0
```


例题 6.8 打印出以下杨辉三角形(要求打印出 10 行),如图 6.6 所示。

```
#include <iostream.h>
void main()
{
    int a[11][11];
    int i,j;
    for(i = 1;i < 11;i++)
        {a[i][1] = 1; a[i][i] = 1;}
    for(i = 3;i < 11;i++)
        for(j = 2;j <= i - 1;j++)
            a[i][j] = a[i - 1][j - 1] + a[i - 1][j];
    for(i = 1;i < 11;i++)
    {
        for(j = 1;j <= i;j++)
            cout << setw(3)<< a[i][j]<<" ";
        cout << endl;
    }
}
```

```
1
1   1
1   2    1
1   3    3    1
1   4    6    4    1
1   5   10   10    5    1
1   6   15   20   15    6    1
1   7   21   35   35   21    7    1
1   8   28   56   70   56   28    8    1
1   9   36   84  126  126   84   36    9    1
```

图 6.6 杨辉三角形

例题 6.9 找出一个二维数组中的鞍点,即该位置上的元素在该行最大,在该列最小。当然,也可能没有鞍点(假定每一行的最小值具有唯一性、每一列的最大值也具有唯一性)。

```
#include <iostream.h>
#define M 3
#define N 4
void main()
{
    int a[M][N] = {1,2,3,4,4,5,3,6,3,5,6,7};
    int i,j,k,m,f,w = 0;
    int ii,jj,max;
    for(i = 0;i < M;i++)
    {
        k = 0;
```

```
        max = a[i][0];
        for(j = 0;j < N;j++)
            if(a[i][j]> max)
            {
                k = j;
                max = a[i][j];
            }
        for(m = 0,f = 1;m < M;m++)
                if(a[m][k]< max)
                    f = 0;
            if(f)
            {
                w = 1;
                ii = i;
                jj = k;
            }
    }
    if(w)
        cout <<"鞍点为\n"<<"i = "<< ii <<"\nj = "<< jj <<"\n"<< a[ii][jj]<< endl;
    else
        cout <<"没有鞍点\n";
}
```

程序运行结果为:

```
鞍点为
i = 0
j = 3
4
```

以上是二维数组的基础知识,在 C++语言中,对于数组的维数可以扩充到三维、四维等,这些高维数组的基本用法与二维数组类似。例如定义一个三维数组:

```
int arr[3][4][5];
```

可以理解为数组 arr 是由 3 个二维数组组成的,每个二维数组又由 4 个一维数组组成,共有 3×4×5=60 个数组元素,它们依次存放在内存空间中。

6.2 字符数组与字符串

6.2.1 字符数组的定义与引用

当定义数组的数据类型为 char 类型时,该数组称为字符数组。字符数组的每个元素都是一个字符,通常是以 ASCII 的形式存放的,在一定的范围内(0~255)可以当成整型数据来处理。

由于字符数组存放的是一个字符序列,它与字符串常量有着密切的关系,用户可以使用字符串常量初始化字符数组。因此,初始化字符数组有下面两种形式。

(1) 逐个字符对字符数组初始化,例如:

```
char str[9] = {'c','o','m','p','u','t','e','r'};
```


这是一种普通的初始化方法,建议数组长度大于字符的个数。若定义数组的长度小于或者等于初始化字符的个数,系统不会自动添加字符串结束符'\0'。在以数组名输出字符串时,会有异常的字符出现。

(2) 用字符串常量初始化,例如:

```
char str[] = {"computer"};
```

其中,花括号可以省略,即:

```
char str[] = "computer";
```

这样定义的结果与第一种方式相同。字符串总是以'\0'作为结束标志,虽然它不是字符串的内容,但却占据了一个存储单元。因此,当字符数组用字符串常量进行初始化时,要注意数组的长度应包括字符串的结束符'\0'。例如,在"char str[]="computer";"定义中,数组str的长度是9,而不是8。

字符串常量可以初始化字符数组,但是不能将字符串常量直接赋值给一个字符数组。例如,下面的语句是错误的:

```
char str[9];
str = "computer";
```

这样的赋值是错误的,赋值操作必须通过下面的字符串函数来处理。

例题 6.10 初始化二维字符数组,统计字母'j'出现的次数。

```
#include <iostream.h>
void main()
{
    char str[2][20] = {"jin smu","computer jsj"};
    int i,j,n = 0;
    for(i = 0;i < 2;i++)
        for(j = 0;str[i][j]!= '\0';j++)
            if(str[i][j] == 'j')
                n++;
    cout <<"出现 j 的次数为: " << n <<"次"<< endl;
}
```

程序运行结果为:

```
出现 j 的次数为: 3 次
```

字符数组的输入和输出可以采用下面两种形式:

(1) 逐个字符输入和输出,与整型数组相同。

(2) 将整个字符串输入和输出。对于一维数组而言,在cin中只需给出数组名,输出时,在cout中也只需给出数组名;对于二维数组而言,在cin中只需给出每一行的数组名和行下标,输出时,在cout中也只需给出每一行的数组名和行下标。

例题 6.11 输入 3 个字符串到二维数组 str[3][40],统计每个字符串中字符的个数。

```
#include < iostream.h >
void main()
{
    char str[3][40];     int n,i,j;
    for(i = 0;i < 3;i++)
        cin >> str[i];
    for(i = 0;i < 3;i++)
    {   n = 0;
        for(j = 0;str[i][j]!= '\0';j++)
            n++;
        cout <<"第"<< i <<"行"<< n <<"字符"<< endl;
    }
}
```

程序运行结果为:

```
jin
smucs
computer
第 0 行 3 字符
第 1 行 5 字符
第 2 行 8 字符
```

在输入字符串时,若遇到空格或者回车键,系统会认为字符串结束,接下来的非空格的字符将作为下一个字符串的开始。如果要输入一行(内含空格)作为字符串送到字符数组中,则要使用函数 cin.getline(char * str,int size,char='\n')。其第一个参数是字符数组,用于存放整行文本;第二个参数是读取的最大字符个数,第三个参数是作为分界界限的字符,默认是\n,即换行符。

例题 6.12 输入一行字符,统计其中有多少个单词,单词之间用空格隔开。

解题思路:判断新的单词,可以由空格到非空格的变化来决定设定 word 是新单词出现的标志,如果 word 为 0,表示没有出现新单词,如果出现新单词,需要把 word 赋值为 1。基本思路如图 6.7 所示。

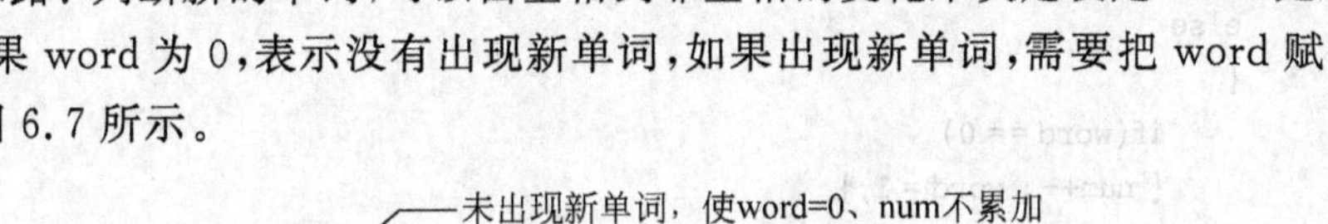

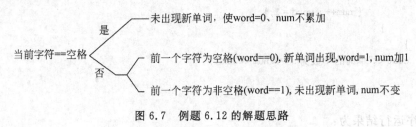

图 6.7 例题 6.12 的解题思路

根据上面的分析,可以画出如图 6.8 所示的 N-S 图。

程序如下:

```
#include < iostream >
#include < string >
using namespace std;
```

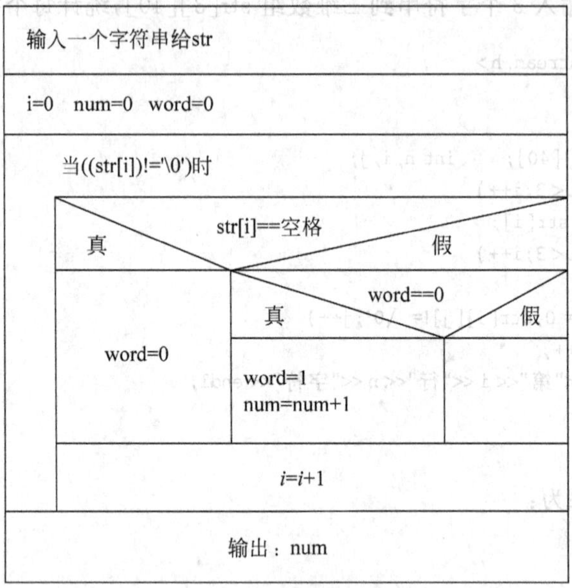

图 6.8 例题 6.12 的 N-S 图

```
void main()
{
    char str[80];
    int i,j,word = 0,num = 0;
    cin.getline(str,80);
    for(i = 0;i < strlen(str);i++)
    {
        if(str[i] ==' ')
        {
          word = 0;
        }
        else
        {
            if(word == 0)
            { num++; word = 1;}
        }
    }
    cout <<"单词的个数为: "<< num << endl;

}
```

程序运行结果为：

```
welcome to C++
单词的个数为: 3
```

6.2.2 字符串

在 C++语言中，字符串可以用字符数组来处理。C++还提供了一种处理字符串的数据类型，即 string 类型，利用它可以定义字符串变量。实际上，string 类型不是 C++的基本类型，它是在 C++标准库中定义的一个字符串类，利用该类可以定义字符串对象(即字符串变量)。下面，从使用的角度来说明字符串变量的使用。

定义字符串变量的格式如下：

```
string <字符串名> = "初始化的字符串";
```

引用字符串变量与引用一般变量类似，直接用字符串名即可。不过，在头文件中要用到 string.h，必须声明命名空间 std。

例题 6.13 定义一个字符串变量 str，从键盘上输入字符串，以字符数组形式输出。

```
#include <iostream>
#include <string>
using namespace std;
void main()
{
    string str;
    cin >> str;
    for(int i = 0;str[i]!= '\0';i++)
        cout << str[i];
    cout << endl;
}
```

程序运行结果为：

```
computer(测试数据为 computer)
computer
```

字符串可以直接运行相关的运算符号。

(1) 字符串的复制用赋值运算符“＝”。

(2) 字符串的连接用加号“＋”。

(3) 字符串的大小比较用关系运算符，例如＞、＞＝、＜、＜＝、！＝等。

例题 6.14 输入 3 个字符串，比较字符串的大小，按照由小到大的顺序输出。

```
#include <iostream>
#include <string>
using namespace std;
void main()
{
    string str1,str2,str3,str;
    cout <<"输入各行字符串"<< endl;
    cin >> str1;
    cin >> str2;
    cin >> str3;
    if(str1 > str2)
    { str = str1; str1 = str2; str2 = str; }
    if(str1 > str3)
    { str = str1; str1 = str3; str3 = str; }
    if(str2 > str3)
    { str = str2; str2 = str3; str3 = str; }
```

```
    cout<<"排序后的结果为: "<< endl;
    cout << str1 << endl;
    cout << str2 << endl;
    cout << str3 << endl;
}
```

程序运行结果为：

```
输入各行字符串
smu
computer
cs
```

排序后的结果为：

```
computer
cs
smu
```

6.2.3 字符数组处理函数

C++系统提供了一些字符数组处理函数，这些函数为用户处理字符数组带来了方便和快捷。下面介绍一些常用的字符数组处理函数的功能和使用方法。

1. 字符数组的复制函数

(1) 函数原型：void strcpy(char [], const char[]);

功能：strcpy 函数是将第二个字符数组中的字符串复制到第一个字符数组中，第二个字符数组可以是字符串常量。

(2) 函数原型：void strncpy(char [], const char[],lint len);

功能：strncpy 函数是将第二个字符数组中的前 n 个字符复制到第一个字符数组中。

例题 6.15 字符数组的复制。

```
#include < iostream.h >
#include < string.h >
void main()
{
  char str1[20] = "computer cs";
  char str2[20],str3[9];
  strcpy(str2,str1);
  cout << str2 << endl;
  strncpy(str3,str1,8);
  str3[8] = '\0';
  cout << str3 << endl;
}
```

程序运行结果为：

```
computer cs
computer
```

2. 字符数组的比较函数

(1) 函数原型：int strcmp(const char [], const char[]);

功能：strcmp 函数是比较两个字符数组的大小，这里的两个参数可以是字符串常量。比较的结果为：

① 如果字符串 1 等于字符串 2，函数返回值为 0。

② 如果字符串 1 大于字符串 2，函数返回值为 1。

③ 如果字符串 1 小于字符串 2，函数返回值为－1。

(2) 函数原型：int strncmp(const char [], const char[],int n);

功能：strcmp 函数是比较两个字符数组前 n 个字符串的大小，这里的两个参数可以是字符串常量，比较的结果与 strcmp 函数相同。

例题 6.16 将一组同学的姓名存放到二维字符数组中，从中找出某位同学是第几位同学。

```
#include < iostream.h >
#include < string.h >
void main()
{
char stu[5][30] = {"张三","徐敏","李四","","王兵"};
char str[30];
int i,bz = 0;
cin >> str;
for(i = 0;i < 5;i++)
if(strcmp(stu[i],str) == 0)
{ bz = 1; break; }
if(bz == 1)
cout << str << i + 1 <<"位上"<< endl;
else
cout <<"没有"<< str <<"同学"<< endl;
}
```

程序运行结果为：

```
徐敏(测试数据)
徐敏 2 位上
```

3. 字符数组的长度函数

函数原型：int strlen(const char []);

功能：strlen 函数用于求字符数组的长度，即字符数组中有效字符的个数，不包括'\0'。这里的参数可以是字符串常量。

例题 6.17 求字符串的长度。

```
#include < iostream.h >
#include < string.h >
void main()
{
    char str1[] = "computer";
    char str2[80];
```

```
    cin>>str2;
    cout<<str1<<"长度为: "<<strlen(str1)<<endl;
    cout<<str2<<"长度为: "<<strlen(str2)<<endl;
    cout<<"smu"<<"长度为: "<<strlen("smu")<<endl;
}
```

程序运行结果为：

```
(测试数据)
computer 长度为: 8
cs 长度为: 2
smu 长度为: 3
```

4. 字符数组的连接函数

函数原型：void strcat(const char [],const char []);

功能：strcat 函数用于将第二个字符数组的字符串连接到第一个字符数组中,第一个字符数组的长度要满足需求。这里的第二个参数可以是字符串常量。

例题 6.18 求字符串的连接。

```
#include <iostream.h>
#include <string.h>
void main()
{
    char str1[20] = "computer";
    char str2[6] = "   smu";
    strcat(str1,str2);
    cout<<str1<<endl;
}
```

程序运行结果为：

```
computer smu
```

5. 字符数组的大小字母转换函数

(1) 将大写字母转换为小写字母的函数原型：void strlwr(const char []);

功能：strlwr 函数用于将字符数组中的字符由大写字母转换为小写字母,这里的参数可以是字符串常量。

(2) 将小写字母转换为大写字母的函数原型：void strupr(const char []);

功能：strupr 函数用于将字符数组中的字符由小写字母转换为大写字母,这里的参数可以是字符串常量。

例题 6.19 字符数组中字符大小写的转换。

```
#include <iostream.h>
#include <string.h>
void main()
{
    char str[20] = "computer";
    strupr(str);
    cout<<str<<endl;
```

```
strlwr(str);
cout << str << endl;
}
```

程序运行结果为：

```
COMPUTER
computer
```

例题 6.20 编写程序，判断一个字符串是否为另一个字符串的子串，如果是，返回子串在主串中第一次出现的位置，不能使用系统函数。

```
#include <iostream.h>
#include <string.h>
void main()
{
    char s1[80],s2[80];
    int i,j,k,inti = -1;
    cout <<"请输入源字符串："<< endl;
    cin.getline(s1,80);
    cout <<"请输入子字符串："<< endl;
    cin.getline(s2,80);
   for(i = 0;s1[i]!= '\0';i++)
    {
        for(j = i,k = 0;s1[j]!= '\0'&& s2[k]  ==  s1[j];j++,k++)
            ;
        if(s2[k] == '\0')
            inti = i;
    }
    if(inti!= -1)
        cout << s2 <<"为"<< s1 <<"的子串"<<"位置为："<< inti + 1 << endl;
    else
        cout << s2 <<"不是"<< s1 <<"的子串"<< endl;
}
```

程序运行结果为：

```
请输入源字符串：
computer
请输入子字符串：
put
put 为 computer 的子串位置为：4
```

6.3 数组在矩阵中的应用

二维数组经常被看成一个具有行和列的数据表，而数学中的矩阵是表示行和列的表达式，因此，二维数组最典型的应用就是矩阵的运算。

例题 6.21 将矩阵转置输出。

分析：本题将二维数组的行和列进行了交换。

```
#include <iostream.h>
void main()
{
    int a[2][3];
    int b[3][2];
    int i,j;
    for(i = 0;i < 2;i++)
        for(j = 0;j < 3;j++)
            cin >> a[i][j];
    cout <<"原来的矩阵为: "<< endl;
    for(i = 0;i < 2;i++)
    {
        for(j = 0;j < 3;j++)
            cout << a[i][j]<<" ";
        cout << endl;
    }
    for(i = 0;i < 2;i++)
        for(j = 0;j < 3;j++)
            b[j][i] = a[i][j];
        cout <<"转置后的矩阵为: "<< endl;
    for(i = 0;i < 3;i++)
    {
        for(j = 0;j < 2;j++)
            cout << b[i][j]<<" ";
        cout << endl;
    }
}
```

程序运行结果为：

```
1 2 3
4 5 6
```

原来的矩阵为：

```
1 2 3
4 5 6
```

转置后的矩阵为：

```
1 4
2 5
3 6
```

例题 6.22 有下面两个矩阵，求两个矩阵的乘积。

$$\boldsymbol{a}=\begin{pmatrix}1 & 2 & 3\\ 4 & 5 & 6\end{pmatrix}\qquad \boldsymbol{b}=\begin{pmatrix}1 & 2 & 3\\ 4 & 5 & 6\\ 7 & 8 & 9\end{pmatrix}$$

分析：只有当矩阵 $\boldsymbol{a}$ 的列数与矩阵 $\boldsymbol{b}$ 的行数相等时 $\boldsymbol{a}\times\boldsymbol{b}$ 才有意义。一个 $m\times n$ 的矩阵 $\boldsymbol{a}(m,n)$ 去乘一个 $n\times p$ 的矩阵 $\boldsymbol{b}(n,p)$，会得到一个 $m\times p$ 的矩阵 $\boldsymbol{c}(m,p)$。一个矩阵就是一个二维数组。一个 m 行 n 列的矩阵可以乘以一个 n 行 p 列的矩阵，得到的结果是一个 m 行

p 列的矩阵,其中的第 i 行第 j 列位置上的数等于前一个矩阵第 i 行上的 n 个数与后一个矩阵第 j 列上的 n 个数对应相乘后所有 n 个乘积的和。

```
#include <iostream.h>
#include <iomanip.h>
void main()
{
    int a[2][3],b[3][3],c[2][3] = {0};
    int i,j,k;
    cout <<"请输入矩阵 a 的值: "<< endl;
     for(i = 0;i < 2;i++)
         for(j = 0;j < 3;j++)
             cin >> a[i][j];
    cout <<"请输入矩阵 b 的值: "<< endl;
    for(i = 0;i < 3;i++)
         for(j = 0;j < 3;j++)
             cin >> b[i][j];
    //矩阵相乘
    for(i = 0;i < 3;i++)
         for(j = 0;j < 3;j++)
         {
             c[i][j] = 0;
             for(k = 0;k < 3;k++)
                 c[i][j] = c[i][j] + a[i][k] * b[k][j];
         }
    cout <<"相乘后矩阵 c 的值: "<< endl;
    for(i = 0;i < 2;i++)
    {
        for(j = 0;j < 3;j++)
             cout << c[i][j]<<" ";
        cout << endl;
    }
}
```

程序运行结果为:

```
请输入矩阵 a 的值:
1 2 3
4 5 6
请输入矩阵 b 的值:
1 2 3
4 5 6
7 8 9
相乘后矩阵 c 的值:
30 36 42
66 81 96
```

例题 6.23 将螺旋方阵存放在 $n \times n$ 的二维数组中,并输出显示,结果如图 6.9 所示(假设 $n=6$)。

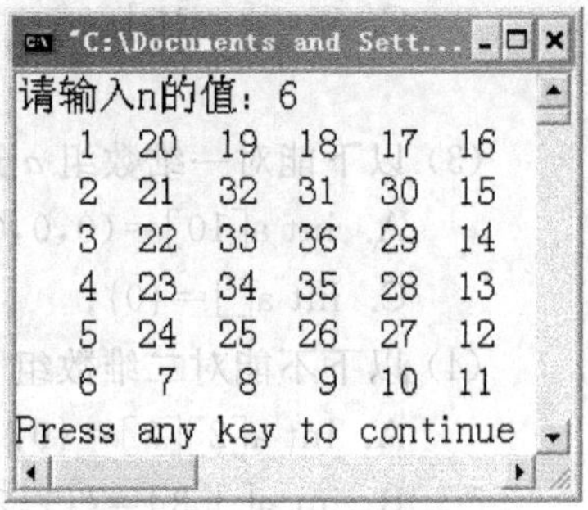

图 6.9 $n=6$ 时的螺旋方阵

```
#include <iostream.h>
```

```
#include <iomanip.h>
void main()
{
    int a[10][10],value = 1;
    int i,j,k,n;
    cout <<"请输入 n 的值: ";
    cin >> n;
    for(k = 0;k <(n + 1)/2;k++)
    {
        for(i = k;i < n - k;i++)
            a[i][k] = value++;
        for(i = k + 1;i < n - k;i++)
            a[n - k - 1][i] = value++;
        for(i = n - k - 2;i >= k;i -- )
            a[i][n - k - 1] = value++;
        for(i = n - k - 2;i > k;i -- )
            a[k][i] = value++;
    }
   for(i = 0;i < n;i++)
   {
    for(j = 0;j < n;j++)
        cout << setw(4)<< a[i][j];
        cout << endl;
   }
}
```

习　题　6

1. 单选题

(1) 在 C 语言中，引用数组元素时，其数组下标的数据类型允许是(　　)。

A. 变量

B. 字符串

C. 整型常量或整型表达式

D. 任何类型的表达式

(2) 以下一维数组 a 的定义正确的是(　　)。

A. int a(10);　　　　B. int n=10, a[n];

C. int a[-10];　　　　D. #define n 10
int a[n];

(3) 以下能对一维数组 a 进行正确初始化的语句是(　　)。

A. int a[10]=(0,0,0,0,0);　　　　B. int a[10]={};

C. int a[]={0};　　　　D. int a[10]={1} * 10;

(4) 以下不能对二维数组 a 进行正确初始化的语句是(　　)。

A. int a[2][3]={0};

B. int a[][3]={{1,2},{0}};

C. int a[2][3]={{1,2},{3,4},{5,6}};

D. int a[][3]={1,2,3,4,5,6};

(5) 定义“int a[][3]={1,2,3,4,5,6,7}；”,则数组 *a* 的第一维的大小为(　　)。

A. 3　　B. 4　　C. 2　　D. 无法确定

(6) 在下述对 C++语言字符数组的描述中,有错误的是(　　)。

A. 字符数组可以存放字符串

B. 字符数组中的字符串可以进行整体输入与输出

C. 可以在赋值语句中通过赋值运算符“=”对字符数组整体赋值

D. 字符数组的下标从 0 开始

(7) 给出下面的定义：

```
char a[] = "abcd";
char b[] = {'a','b','c','d'};
```

则下列说法正确的是(　　)。

A. 数组 *a* 与数组 *b* 等价

B. 数组 *a* 和数组 *b* 的长度相同

C. 数组 *a* 的长度小于数组 *b* 的长度

D. 数组 *a* 的长度大于数组 *b* 的长度

(8) 下面程序的输出结果为(　　)。

```
#include <iostream.h>
#include <string.h>
void main()
{ char st[20] = "hello\0\t\\";
  cout << strlen(st);
  cout << sizeof(st)<< endl;
  cout << st;
}
```

A. 520　　B. 1220　　C. 520　　D. 1120

Hello　　hello\0\t\\　　hello\t　　hello \

(9) 下面程序段运行后的输出结果是(　　)。

```
#include <iostream.h>
void main()
{
    int i,j,x = 0;
        int a[8][8] = {0};
    for(i = 0;i < 3;i++)
        for(j = 0;j < 3;j++)
            a[i][j] = 2 * i + j;
    for(i = 0;i < 8;i++)
        x += a[i][j];
    cout << x << endl;
}
```

A. 9　　B. 不确定值　　C. 18　　D. 0

（10）有以下程序：

```
#include <iostream.h>
void main()
{
    char a[30],b[30];
    cin>>a;
    cin.getline(b,30);
    cout<<a<<endl;
    cout<<b<<endl;
}
```

程序运行时若输入：

how are you? I am fine<回车>

则输出结果是（　　）。

A. how are you?
   I am fine

B. how
   are you? I am fine

C. how are you? I am fine

D. how are you?

（11）有以下程序：

```
#include <iostream.h>
void main()
{
    int k[30] = {12,324,45,6,768,98,21,34,453,456};
    int c = 0,i = 0;
    while(k[i])
    {
        if(k[i] % 2 == 0 ||k[i] % 5 == 0)
            c++;
        i++;
    }
    cout<<c<<" "<<i<<endl;
}
```

则输出结果是（　　）。

A. 7 8　　B. 8 8　　C. 10 10　　D. 8 10

（12）有以下程序：

```
#include <iostream.h>
#include <string.h>
void main()
{
    char a[3][20] = {{"china"},{"smu"},{"cs"}};
    char str[60] = {0};
    int i;
    for(i = 0;i<3;i++)
        strcat(str,a[i]);
    i = strlen(str);
```

```
    cout << i << endl;
}
```

则输出结果是(　　)。

A. 60　　B. 59　　C. 11　　D. 10

2. 填空题

(1) 数组的下标序号总是从________开始的。

(2) 下列程序的运行结果为________。

```
#include <iostream.h>
void main()
{
    char s[] = {"012xy"};
    int i,n = 0;
    for(i = 0;s[i]!= '\0';i++)
        if(s[i]>= 'a' && s[i]<= 'z')
            n++;
    cout << n << endl;
}
```

(3) 下列程序的运行结果为________。

```
#include <iostream.h>
#include <string.h>
void main()
{
    char p[20] = {'a','b','c','d'},q[] = "abc",r[] = "abcde";
    strcat(p,r);
    strncpy(p,q,2);
    cout << strlen(p)<< endl;
}
```

(4) 下列程序的运行结果为________。

```
#include <iostream.h>
void main()
{
    int i;
    int a[3][3] = {1,2,3,4,5,6,7,8,9};
     for(i = 0;i < 3;i++)
        cout << a[2 - i][i];
     cout << endl;
}
```

(5) 下列程序的运行结果为________。

```
#include <iostream.h>
void main()
{
    int a[4][4] = {{1,4,3,2},{8,6,5,7},{3,7,2,5},{4,8,6,1}},i,j,k,t;
    for(i = 0;i < 4;i++)
```

```
    for(j = 0;j < 3;j++)
        for(k = j + 1;k < 4;k++)
            if(a[j][i]> a[k][i])
                {t = a[j][i];a[j][i] = a[k][i];a[k][i] = t;}        /* 按列排序 */
  for(i = 0;i < 4;i++)
      cout << a[i][i];
  cout << endl;
}
```

(6) 下面程序的功能是输出数组 s 中最大元素的下标,请填空。

```
#include < iostream.h>
#include < string.h>
void main()
{
    int k, p,s[ ] = {1, - 9, 7, 2, - 10, 3};
    for(p = 0, k = p; p < 6; p++)
    if(s[p]> s[k])
        ________
    cout << k << endl;
}
```

(7) 下面程序的功能是求出数组 x 中各相邻两个元素的和依次存放到 a 数组中,然后输出,请填空。

```
#include < iostream.h>
#include < string.h>
void main()
{
    int x[10],a[9],i;
    for(i = 0; i < 10; i++)
        cin >> x[i];
    for(________; i < 10; i++)
        a[i - 1] = x[i] + ________;
    for(i = 0; i < 9; i++)
        cout << a[i]<< endl;
}
```

(8) 下列程序的运行结果为________。

```
#include < iostream.h>
void main()
{
    int a[4][4] = {{1,2,3,4},{5,6,7,8},{9,10,11,12},{13,14,15,16}};
    int i = 0,j = 0,s = 0;
    while(i++< 4)
    {
        if(i == 2||i == 4)
            continue;
        j = 0;
        do
        {
```

```
            s+ = a[i][j];
            j++;
        }while(j<4);
    }
    cout << s << endl;
}
```

(9) 下列程序的运行结果为________。

```
#include <iostream.h>
void main()
{
    int i,a[5] = {0};
    for(i = 1;i <= 4;i++)
    {
        a[i] = a[i-1] * 2 + 1;
        cout << a[i]<<" ";
    }
    cout << endl;
}
```

(10) 下列程序的运行结果为________。

```
#include <iostream.h>
void main()
{
    char a[5][10] = {"one","two","three","four","five"};
    int i,j;
    char t;
    for(i = 0;i < 4;i++)
        for(j = i+1;j < 5;j++)
            if(a[i][0]> a[j][0])
            {
                t = a[i][0];
                a[i][0] = a[j][0];
                a[j][0] = t;
            }
    cout << a[1]<< endl;
}
```

3. 编程题

(1) 设有一个已排好序的数组,现输入一个数,要求按原来的排序规律将它插入到数组中。

(2) 求一个 3×3 矩阵的对角线元素之和。

(3) 编程求二维数组周边元素之和。

(4) 有一行电文,已按下面的规律译成密码:

a→Z a→z

b→Y b→y

c→X c→x

…

即第 1 个字母变成第 26 个字母，第 i 个字母变成第(26－i＋1)个字母，非字母字符不变。要求编写程序将密码译回原文，并打印出密码和原文。

(5) 合并两个有序数组，合并后使其仍然有序。

(6) 编写一个程序，计算一个字符串中子串出现的次数。

(7) 有 15 个数按由大到小的顺序存放在一个数组中，输入一个数，要求用折半查找法找出该数是数组中第几个元素的值。如果该数不在数组中，则输出"无此数"。

(8) 编写程序，判断一个数是否为回文数。如果一个数从正的方向读和从反的方向读，结果相同，则该数为回文数，例如 1、22、676、1234321 等都是回文数。

实验 6　数组实验

1. 实验目的

(1) 掌握一维数组的定义及其元素的引用方法。

(2) 掌握利用一维数组实现一些常用算法的基本技巧。

(3) 掌握二维数组的定义及应用。

(4) 掌握字符数组和字符串函数的使用。

(5) 掌握有关二维数组的基本编程技巧。

(6) 学会使用数组解决实际问题。

2. 实验内容

(1) 找出一维数组中最大的元素。

(2) 用筛选法求 100 之内的素数。

基本思路：公元 3 世纪，希腊天文学家、数学家 Eratosthenes 提出的方法。

① 将 2～N 之间的数列出来；

② 确定第一个素数(2)，从 3 开始，删除它的所有倍数；

③ 下一个没有删除的数为素数，即 3，从 4 开始，删除它的所有倍数；

④ 如此操作，最后留下的数即为素数。

(3) 将一个数组的值逆序存放。例如原来的顺序为 1,2,3,4,5,6,7,8,9,10，要求改为 10,9,8,7,6,5,4,3,2,1。

(4) 用选择法排序，要求按从大到小的顺序排列。

(5) 编程求二维数组周边元素之和。

(6) 输入一个 $n \times n$ 矩阵的各元素的值，求出两条对角线上的元素值之和。

(7) 编程实现 $\boldsymbol{B}=\boldsymbol{A}+\boldsymbol{A}'$，即把矩阵 $\boldsymbol{A}$ 加上 $\boldsymbol{A}$ 的转置，存放到矩阵 $\boldsymbol{B}$ 中，并将结果输出。

(8) 将一个正整数存放到一个数组中，并实现输出。

(9) 有 n 个整数，使其前面的数向后移动 m 位，后面的 m 位变成前面的 m 个数。

(10) 将正整数转换为"英文表示字符串"。

(11) 插入排序算法的实现。

(12) 给出年、月、日，计算该日是该年的第几天。

第7章 函数

本章学习目标

- 理解函数的基本概念。
- 熟练掌握函数的调用方法。
- 理解数组名作为函数参数的含义。
- 了解变量的存储类型和作用域。

本章介绍与函数有关的知识，首先对函数的定义与调用方法进行了深入的分析(递归调用是程序设计常用的方法，本章通过经典的例题概述了递归思想)，然后对数组名和数组元素作函数参数进行了分析比较，最后介绍了变量的存储类型和作用域。

7.1 函数的定义与调用

C++语言虽然提供了丰富的库函数，但并不能完全满足程序设计的所有需要，在很多情况下，函数必须由用户来编写。用户编写的函数称为自定义函数。另外，函数必须先定义后使用。

7.1.1 函数的定义

C++语言中函数的定义格式如下：

```
函数类型 函数名(数据类型 形式参数 1,数据类型 形式参数 2, …)
{
    函数体;
}
```

说明：

(1) 函数类型使用 C++语言提供的数据类型标识符(基本数据类型、构造数据类型或指针类型)，用于说明函数返回值的类型。函数也可以没有返回值，此时需要使用 void 类型符将其定义为空类型。

(2) 函数名是由用户命名的、唯一标识一个函数的名字。

(3) 各个函数必须单独定义，不能嵌套定义，即不能在一个函数内部再定义其他函数。当函数有返回值时，在函数名的前面应加上返回值的类型说明，必要时还应说明其存储方法。

(4) 形式参数可以是 0 个、1 个或多个，表示该函数被调用时所需的一些必要信息。对于无参函数，形式参数部分应为“空”或“void”。对于有参函数，形式参数的定义与变量的定义形式相似，但当需要定义多个形式参数时，每个参数均以“数据类型 参数名”的形式定义，参数之间以逗号分隔。

(5) 函数体是一组放在一对花括号中的语句。函数体一般包括声明部分和执行部分，声明部分主要用于定义函数中除了形式参数以外还需要使用的变量，执行部分主要使用程序的 3 种基本结构进行设计。在函数体中必须通过 return 语句指定函数的返回值，并且返回值的类型应该与函数类型相同或者兼容。

例题 7.1 编写一个程序，从键盘输入立方体的长、宽、高，在屏幕上输出立方体的体积。

程序如下：

```
#include <iostream.h>
float volume (float a, float b, float c)
{
    float v;
      v = a * b * c;
    return (v);
}
int main()
{
    float a,b,c,v;
    cin >> a >> b >> c;
    v = volume(a,b,c);
    cout << v;
    return 0;
}
```

说明：

(1) 一个 C++语言程序必须有一个且只有一个名为 main 的函数，即主函数。无论 main 函数位于程序的什么位置，在运行时总是从 main 开始执行。

(2) 一个 C++语言程序可以由一个或多个函数组成，该程序中包含 main 和 volume 两个函数。

(3) 在 C++语言中函数与函数之间是相互独立的，不能嵌套定义。

(4) 除 main 函数之外，函数是通过调用来执行的。即使在程序中定义了函数，如果未调用也不能执行。特别需要注意的是，任何函数都不能调用 main 函数。

(5) 自定义函数必须先定义后使用，该程序中的 volume 函数就是自定义函数。

(6) main 函数中的“volume(a,b,c);”就是自定义函数的调用。

(7) volume 函数中的“return(v);”语句表示将自定义函数计算的结果返回给 main 函数。

7.1.2 函数的调用

函数在定义之后，需要通过调用来使用函数的功能。函数调用是指从一个函数内部转去执行另一个函数，以实现控制转移和相互间的数据传递。一般来说，在调用函数时通过给出实际参数实现数据传递，当被调用函数执行完毕后，控制返回到前面调用它的地方。

1. 函数调用的一般形式

函数调用的一般形式如下：

```
函数名(实参表列);
```

如果是调用无参函数，则“实参表列”可以没有，但括号不能省略。如果实参表列包括多个实参，则各实参之间用逗号隔开。实参与形参的个数应相等，且类型一致。实参与形参按顺序对应，一一传递数据。

2. 函数调用的方式

在 C++语言中，函数调用按函数在程序中出现的位置来分可以有以下 3 种调用方式。

1) 以函数调用语句形式调用(函数语句)

当函数调用不要求返回值时，可由函数调用加上分号来实现，该函数调用作为一个独立的语句使用。

例如：

```
printstr();
```

2) 以函数表达式的一个运算对象形式调用(函数表达式)

函数调用作为一个运算对象直接出现在一个表达式中。

例如：

```
e = max(a,b) * min(c,d);
```

该赋值语句包含两个函数调用，每个函数调用都是表达式的一个运算对象，因此要求函数返回一个确定的值参加表达式的运算，这种表达式称为函数表达式。其中，max(a,b) * min(c,d)就是函数表达式。

3) 以函数调用中的一个实际参数形式调用(函数参数)

将函数调用放在另一个函数调用的实际参数表中，以其值作为该函数调用的一个实参，传递给被调用函数的形参。

例如：

```
void main()
{
  cout << min(max(a,b), max(c,d));
}
```

函数调用关系为 main 函数调用 min 函数，max 函数作为 min 函数的参数出现，其值成为 min 函数调用的一个实参。

3. 对被调用函数的使用说明

在调用函数时，用户应注意以下几点：

(1) 被调用函数必须是已存在的函数，可以是自定义函数，也可以是库函数。

(2) 在主调函数中，要对被调函数先做声明。所谓声明，是指向编译系统提供必要的信息，包括函数类型、函数名等，以便编译系统在对函数调用时进行检查。因为函数(函数名)作为一个标识符，在使用前必须先定义，未经定义的标识符将会产生系统错误。如果被调函数在主调函数之后，必须在主调函数中对被调函数加以说明，如果被调函数在主调函数之前出现，则在主调函数中对被调函数可以不做声明。

函数声明的一般形式如下(函数声明也称为函数原型)：

```
函数类型 函数名(参数类型 1,参数类型 2,…);
```

或

```
函数类型 函数名(参数类型 1,参数名 1,参数类型 2,参数名 2,…);
```

例如：

```
#include <iostream.h>
int max(int a,int b);            //函数声明
int main()
{
    int r = 3,s = 5,t;
    t = max(r,s);                //函数调用
    cout << t << endl;
    return 0;
}
int max(int a, int b)            //函数定义
{
    if(a >= b) return a;
    return b;
}
```

程序在运行时从 main 函数开始，如果遇到调用一个用户定义的函数 max，则去查找这个 max 函数的定义，然后运行 max 函数。运行完以后，回到调用 max 函数的地方，继续后面的语句，直到程序结束。

注意：函数声明和函数定义是不同的。函数定义包括指定函数名、函数形参及类型、函数体及函数值的类型等，它是一个完整且独立的函数单位，是通过编程来实现的。函数声明则是对已定义的函数的返回值进行类型说明，它仅仅包括函数名和函数类型，以及形参的类型、个数和顺序等。当函数定义位于函数调用之前时，可不做函数声明。

例如：

```
#include <iostream.h>
float count(int n)
{ float s;
  …
  return(s);
}
void main()
{ float s;
  …
  s = count(10);
}
```

例题 7.2 编写一个程序，用来计算输入的两个整数的乘积，计算乘积需要用户自定义有返回值的函数来实现。

```
#include< iostream.h>
int mul(int a, int b)            //求积函数
{
  int sum;
  sum = a * b;
  return sum;
}
void main()
{
  int a,b;
  cout << "请输入两个整数:\n";
  cin >> a >> b;
  int c = mul(a,b);
  cout << "两个整数的乘积为: " << c << endl;
}
```

7.2 函数的嵌套调用和递归调用

7.2.1 函数的嵌套调用

C++语言中的函数定义是相互独立的，函数和函数之间没有从属关系，即一个函数内部不允许包含另一个函数的定义。一个函数既可以被其他函数调用，同时，它也可以调用其他函数，这就是函数的嵌套调用。函数的嵌套调用为自顶向下、逐步求精及模块化的结构化程序设计技术。例如：

```
int f1()
{…
}
int f2()
{…
  f1();
}
void main()
{ …
  f2();
}
```

程序从 main()函数开始执行，当遇到 f2()时，程序跳到 f2()执行语句，在 f2()中遇到了 f1()，程序跳到 f1()，执行 f1()结束后，回到 f2()，执行 f2()结束后，回到 main()，继续执行 main 函数下面的语句，直到程序结束。

例题 7.3 编写一个程序，计算 $s=2^2!+3^2!$。

分析：本题可编写两个函数，一个是用来计算平方值的函数 f1，另一个是用来计算阶乘值的函数 f2。主函数先调 f1 计算出平方值，再在 f1 中以平方值作为实参，调用 f2 计算其阶乘值，然后返回 f1，再返回主函数，在循环程序中计算累加和。

```
#include< iostream.h>
long f1(int p)
```

```
{
    int k;
    long r;
    long f2(int);
    k = p * p;
    r = f2(k);
    return r;
}
long f2(int q)
{
    long c = 1;
    int i;
    for(i = 1;i <= q;i++)
      c = c * i;
    return c;
}
void main()
{
    int i;
    long s = 0;
    for (i = 2;i <= 3;i++)
      s = s + f1(i);
    cout << s << endl;
}
```

程序运行结果为：

```
362904
```

在该程序中，函数 f1 和 f2 均为长整型，都在主函数之前定义，故不必再在主函数中对 f1 和 f2 加以说明。在主程序中，执行循环程序依次把 i 值作为实参调用函数 f1 求 i^2 值。在 f1 中又发生了对函数 f2 的调用，这时是把 i^2 的值作为实参去调用 f2，在 f2 中完成求 i^2! 的计算。f2 执行完毕后把 c 值（即 i^2!）返回给 f1，再由 f1 返回主函数实现累加。至此，由函数的嵌套调用实现了题目的要求。由于数值很大，所以函数和一些变量的类型都为长整型，否则会造成计算错误。

7.2.2 函数的递归调用

一个函数在它的函数体内调用它自身称为递归调用，这种函数称为递归函数。C++语言支持函数的递归调用。在递归调用中，主调函数也是被调函数。执行递归函数将反复调用其自身，每调用一次就进入新的一层。当一个问题具有递归关系时，采用递归调用方式可以使程序更加简洁。C++语言的递归调用分为直接递归调用和间接递归调用两种类型。

(1) 直接递归调用：一个函数可直接调用该函数本身的情况称为直接递归调用。

(2) 间接递归调用：一个函数可间接地调用该函数本身的情况称为间接递归调用。例如，在函数 f1 中调用另外一个函数 f2，而函数 f2 又引用（调用）了函数 f1，这就是间接递归调用。

在函数的递归调用中，一个重要的问题是，当函数自己调用自己时，要保证当前函数中变量的值不丢失，以便在返回时保证程序的正确性。在递归调用时，系统将自动把函数中当前变量的值保留下来，在新的一轮调用过程中，系统会为本次调用的函数所用到的变量和形参开辟存储单元，存储相关的数据。因此，递归调用的层次越多，同名变量(即每次递归调用时的当前变量)所占用的存储单元也就越多。

当最后一个函数调用运行结束时，系统将逐层释放调用时所占用的存储单元。在每次释放本次所调用的存储单元时，程序的执行流程会返回到上一层的调用点，同时用当时调用函数进入该层时函数中的变量和形参为所占用存储单元中的数据。

例如，有函数 f 如下：

```
int f(int x)
{
  int y;
  z = f(y);
  return z;
}
```

这个函数是一个递归函数，但是运行该函数将无休止地调用其自身，这当然是不正确的。为了防止递归调用无终止地进行，必须在函数内有终止递归调用的语句。常用的方法是加一个条件判断语句，在满足某种条件后就不再做递归调用了，然后逐层返回。下面举例说明递归调用的执行过程。

例题 7.4 用递归法计算 $n!$。

分析：用递归法计算 $n!$ 可以用下列公式。

当 n 为 0、1 时，$n!=1$。

当 $n>1$ 时，$f(n)=n\times f(n-1)$。

按公式可编写以下程序：

```
#include <iostream.h>
long fac(int n)
{
      long f;
      if(n<0)
cout<<"n<0,输入错误!";
      else if(n==0||n==1)
f=1;
      else f=n*fac(n-1);
      return f;
}
void main()
{
      int n;
      long y;
      cout<<"请输入一个整数: ";
      cin>>n;
      y=fac(n);
      cout<<n<<"!="<<y<<endl;
}
```

程序中给出的函数 fac 是一个递归函数。主函数调用 fac 后即进入函数 fac 执行，如果 $n<0$，n 为 0 或 1 时都将结束函数的执行，否则递归调用 fac 函数自身。由于每次递归调用的实参为 $n-1$，即把 $n-1$ 的值赋予形参 n，最后当 $n-1$ 的值为 1 时再进行递归调用，形参 n 的值也为 1，将使递归终止，然后可逐层退回。

下面分析程序执行的过程。设执行本程序时输入 5，即求 5!。在主函数中的调用语句即为 $y=\text{fac}(5)$，进入 fac 函数后，由于 n 的值不等于 0 或 1，故应执行 $f=n\times\text{fac}(n-1)$，即 $f=5\times\text{fac}(5-1)$。该语句对 fac 做递归调用，即 fac(4)。进行 4 次递归调用后，fac 函数的形参取得的值变为 1，故不再继续递归调用而开始逐层返回主调函数。fac(1)的函数返回值为 1，fac(2)的返回值为 $2\times1=2$，fac(3)的返回值为 $3\times2=6$，fac(4)的返回值为 $4\times6=24$，最后返回值 fac(5)为 $5\times24=120$。

函数递归调用是 C++语言的重要特点之一。当一个问题具有递归关系时，采用递归调用处理方式可以使所要解决的问题易于表达，程序也更简洁。

递归调用的缺点是需要消耗较多的存储空间并且效率较低。首先，由于递归调用需要系统堆栈，所以它的空间消耗要比非递归代码大很多。其次，递归函数会带来大量的重复计算，例如 $n!$ 程序，每一次递归函数调用都会带来前面的重复计算，大大降低了效率。此外，函数的每一次调用都需要进行保留现场、传递参数以及恢复现场等操作。

例题 7.5 Hanoi 塔问题。一块板上有 3 根针，即 A 针、B 针和 C 针。A 针上套有 n 个大小不等的圆盘，大的在下，小的在上，如图 7.1 所示。现在要把这 n 个圆盘从 A 针移动到 C 针上，但每次只能移动一个圆盘，移动可以借助 B 针进行。在任何时候，任何针上的圆盘都必须保持大盘在下，小盘在上。编程求移动步骤。

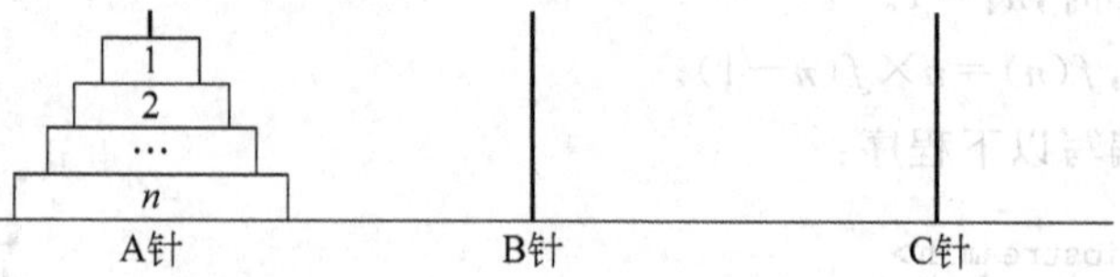

图 7.1 Hanoi 塔问题模型

按题意可编写以下程序：

```
#include< iostream.h>
char A, B, C;
int main()
{
    int n;
    void hanoi(int,char,char,char);
    cout <<"请输入 A 针上的盘子数目: ";
    cin >> n;
    hanoi(n,'A','B','C');
    return 0;
}
void move(char A,char C)
{
     cout << A <<" ->"<< C << endl;
}
void hanoi(int n, char A, char B, char C)
```

```
{
    if(n == 1)
        move(A,C);
    else
    {
          hanoi(n - 1,A,C,B);
          move(A,C);
          hanoi(n - 1,B,A,C);
    }
}
```

设 A 针上有 n 个盘子。

如果 $n=1$,则将圆盘从 A 针直接移动到 C 针。

如果 $n=2$,则先将 A 针上的 $n-1$(等于 1)个圆盘移到 B 针上;再将 A 针上的一个圆盘移到 C 针上;最后将 B 针上的 $n-1$(等于 1)个圆盘移到 C 针上。

如果 $n=3$,则首先将 A 针上的 $n-1$(等于 2,令其为 n)个圆盘移到 B 针(借助于 C 针),步骤如下:

(1) 将 A 针上的 $n-1$(等于 1)个圆盘移到 C 针上;

(2) 将 A 针上的一个圆盘移到 B 针;

(3) 将 C 针上的 $n-1$(等于 1)个圆盘移到 B 针。

然后,将 A 针上的一个圆盘移到 C 针。

最后,将 B 针上的 $n-1$(等于 2,令其为 n)个圆盘移到 C 针(借助 A 针),步骤如下:

(1) 将 B 针上的 $n-1$(等于 1)个圆盘移到 A 针;

(2) 将 B 针上的一个盘子移到 C 针;

(3) 将 A 针上的 $n-1$(等于 1)个圆盘移到 C 针。

至此,完成了 3 个圆盘的移动过程。

从上面的分析可以看出,当 n 大于等于 2 时,移动过程可以分解为以下 3 个步骤:

(1) 把 A 针上的 $n-1$ 个圆盘移到 B 针上;

(2) 把 A 针上的一个圆盘移到 C 针上;

(3) 把 B 针上的 $n-1$ 个圆盘移到 C 针上。

由此可见,规模为 n 的汉诺塔问题可以写成两个规模为 $n-1$ 的汉诺塔问题的和。也就是说,若用 $H(n)$表示规模为 n 的汉诺塔问题解,则 $H(n)=2*H(n-1)+1$。

7.3　函数的重载

函数重载是指在同一作用域内可以有一组具有相同函数名、不同参数列表的函数,这组函数被称为重载函数。重载函数通常用来命名一组功能相似的函数,这样做减少了函数名的数量,对于提高程序的可读性有很大的好处,下面通过一个例子来体会一下。

例题 7.6　实现一个打印函数,既可以打印整型数据,也可以打印字符串。

在 C++中,可以编写下面的程序:

```
#include < iostream.h >
void print(int i)
```

```
    {
        cout <<"print an integer :"<< i << endl;
    }
    void print(string str)
    {
        cout <<"print a string :"<< str << endl;
    }
    int main()
    {
        print(12);
        print("hello world!");
        return 0;
    }
```

程序在执行过程中会根据具体的参数决定是调用 print(int) 函数还是 print(string) 函数。因此，主函数中的 print(12)会去调用 print(int)函数，而 print("hello world")会去调用 print(string)函数。

这里需要强调的是，根据重载函数的条件，当两个函数的参数列表中的参数个数、各参数的数据类型和顺序都一样，仅函数的返回值不同时，不能视为重载。例如 int func(int a, char b)和 float func(int c, char d)就不能构成重载，因为它们的参数个数、各参数的类型和顺序完全一样。

如果要编写一个重载函数，首先需要给同一个函数名写上多种函数原型；其次，要给这些函数原型分别写出函数的定义。编译器依靠函数声明时参数列表中的参数个数、各参数的数据类型和顺序来判断到底运行哪个函数。因此，当重载函数的参数列表完全相同的时候，编译器无法判断应该运行哪个函数从而导致出错。

例题 7.7 实现一个求绝对值函数，对整型数据和浮点型数据求绝对值。

```
#include< iostream.h >
int abs(int a);                              //参数为整型数据时的函数原型
float abs(float a);                          //参数为浮点型数据时的函数原型
int main()
{
    int a = -5,b = 3;
    float c = -2.4f,d = 8.4f;
    cout <<"a = "<< abs(a)<< endl <<"b = "<< abs(b)<< endl;
    cout <<"c = "<< abs(c)<< endl <<"d = "<< abs(d)<< endl;
    return 0;
}
int abs(int a)                               //函数定义
{
    cout <<"int abs" << endl;                //显示运行了哪个函数
    return (a >= 0?a: -a);                   //如果 a 大于等于 0 则返回 a,否则返回 -a
}
float abs(float a)
{
    cout <<"float abs" << endl;
    return (a >= 0?a: -a);
}
```

运行结果：

```
int abs
int abs
a = 5
b = 3
float abs
float abs
c = 2.4
d = 8.4
```

7.4 数组与函数

在调用有参函数时，需要提供实参。实参可以是常量、变量或表达式。此外，数组也可以作为函数的参数进行数据传递。数组用作函数参数有两种形式，一种是把数组元素（下标变量）作为实参使用；另一种是把数组名作为函数的形参和实参使用。

7.4.1 数组元素作为函数参数

数组元素就是下标变量，它与普通变量并无区别。因此，它作为函数实参使用与普通变量是完全相同的，在发生函数调用时，把作为实参的数组元素的值传递给形参。这里需要注意的是，数组元素只能用作函数实参，不能用作形参。因为形参在函数调用时临时分配存储空间，不可能为一个数组元素单独分配存储空间（数组是一个整体，在内存中占一段连续的存储空间）。在用数组元素作为函数实参时，把实参的值传给形参，这是"值传递"方式。数据传递的方向是从实参传到形参，单向传递。

例题 7.8 输入 5 个数，要求输出其中值最大的数以及该数的序号。

可以定义一个数组 a，长度为 5，用来存放 5 个数。设计一个函数 max，用来求两个数中的较大者。在主函数中定义一个变量 m，m 的初值为 $a[0]$，每次调用 max 函数后返回的值存放在 m 中。依次将数组元素 $a[1]$ 到 $a[4]$ 与 m 比较，最后得到的 m 值就是 5 个数中的最大者。

```
#include < iostream.h >
void main()
{
    int max(int x,int y);
    int a[5],m,n,i;
    cout <<"输入数组 a:\n";
    for (i = 0;i < 5;i++)
        cin >> a[i];
    cout <<'\n';
    for(i = 1,m = a[0],n = 0;i < 5;i++)
    {
        if (max(m,a[i])> m)
        {
            m = max(m,a[i]);
            n = i;
```

```
        }
    }
    cout <<"值最大的数是: "<< m << endl;
    cout <<"该数的序号是: "<< n + 1 << endl;
}
int max(int x, int y)
{
    return(x > y?x:y);
}
```

假设通过键盘输入的 5 个数分别是 2 5 6 3 1,则输出结果为:

```
值最大的数是: 6
该数的序号是: 3
```

7.4.2 数组名作为函数参数

除了可以用数组元素作为函数参数外,还可以用数组名作为函数参数(包括实参和形参)。应当注意的是,用数组元素作为实参时,向形参变量传递的是数组元素的值,而用数组名作为函数实参时,向形参(数组名或指针变量)传递的是数组首元素的地址。用数组名作为函数参数时,要求形参和对应的实参都必须是类型相同的数组,都必须有明确的数组说明。当形参和实参不一致时,会发生错误。

当数组名作为函数参数时,需要对其类型进行相应的说明。例如:

```
int fun(int array[10])
{
    …
}
```

其中,形参 array 被说明为具有 10 个元素的一维整型数组。

为了提高函数的通用性,C++语言允许在对形参数组说明时不指定数组的长度,而仅给出类型、数组名和一对花括号,以便允许同一个函数可以根据需要来处理不同长度的数组。为了使程序能了解当前处理的数组的实际长度,往往需要用另一个参数来表达数组的长度。例如:

```
int fun(int array[ ], int n)
{
    …
}
```

其中,用形参 *n* 来表示 array 数组的实际长度。

例题 7.9 将一个数组的元素逆序后重新存储。

```
#include < iostream.h>
void inverse(int b[ ], int n)
{   int i;
    for(i = 0; i < n/2; i++)
    { int t = b[i];
      b[i] = b[n - 1 - i];
```

```
            b[n - 1 - i] = t;
        }
    }
    void main( )
    {   int a[7] = { 7, 2, 5, 4, 3, 6, 1};
        cout <<"原始数组元素为: "<< endl;
        for(int i = 0; i < 7; i++)
            cout << a[i]<<'\t';
        cout <<'\n';
        inverse(a,7);
        cout <<"逆序后的数组元素为: "<< endl;
        for(i = 0; i < 7; i++)
            cout << a[i]<<'\t';
        cout <<'\n';
    }
```

运行结果：

```
原始数组元素为:
7 2 5 4 3 6 1
逆序后的数组元素为:
1 6 3 4 5 2 7
```

由于数组名就是数组的首地址，因此数组名作为函数参数时所进行的传递是地址传递，而不是值传递，即不是把实参数组的每一个元素的值都赋给形参数组的各个元素。这是因为形参数组并不存在，编译系统无法为形参数组分配内存空间。在该例中，实参数组 *a* 的首地址赋给了形参数组 *b*，形参数组取得该首地址之后也就等于拥有了实在的数组。实际上，此时的形参数组 *b* 和实参数组 *a* 为同一数组，共同拥有一段内存空间。因此，inverse 函数进行的逆序操作最终改变了实参数组 *a* 中各个元素的存储顺序。

7.5　变量的存储类型与作用域

在 C++语言中，变量的存储类型决定该变量分配的存储区类型，而存储区类型决定该变量的作用域和生存期（变量值的存在时间）。

7.5.1　变量的存储类型

函数被调用前期形参并未被分配相应的存储空间，直到函数被调用时系统才为形参分配相应的存储空间，并将实参传递过来的值存放其中，而当函数调用结束后，形参的存储空间又被系统收回。这里其实隐含了一个变量的生存期问题，变量的生存期与变量的存储方式密切相关。在 C++语言中变量有两种类型，即静态存储变量和动态存储变量。

1. 静态存储变量

所谓静态存储变量，是指在程序运行期间分配固定的存储空间的变量。静态存储变量的格式如下：

```
static 数据类型名 变量名[ = 初始化常数表达式];
```

例如：

```
static int a = 6;
```

静态存储变量的存储空间在整个程序运行期间是固定的，即使在退出静态存储变量所在的函数后，这些变量也不释放存储空间的内容。下次再进入函数时，静态局部变量仍使用原来的存储空间，并且将这些存储空间的值保留下来，因此可以继续使用存储空间中原来的值。由此可知，静态局部变量的生存期(即时域)一直持续到程序运行结束。

静态局部变量的初值是在编译时赋予的，在程序运行期间不再赋予，即程序运行期间不再执行。例如，对于“static int a=6;”，在编译时已给 a 赋值 6，在程序执行期间该定义语句不再被执行。对于未赋初值的静态局部变量，C++语言编译程序自动给它赋初值 0。静态局部变量 a 的值只能在本函数中使用，在其他函数中是不能使用的。

2. 动态存储变量

在程序运行期间，动态存储变量的存储空间由系统根据需要进行动态分配。默认情况下，函数中定义的局部变量和形参都属于动态存储变量。在函数被调用时，系统才为这类变量动态地分配存储空间，函数调用结束后，这些变量所占据的存储空间即被释放。因此，动态存储变量的值在函数调用后就无法使用了，即变量的生存期并不等于程序的整个执行期。每次调用函数时，系统都会为这些变量重新分配存储空间，这就意味着如果在一个程序中两次调用同一个函数，系统分配给这个函数中的局部变量和形参的存储空间可能是不同的。

动态存储变量有两种，即自动类型变量(auto)和寄存器变量(register)。

自动类型变量只能是局部类型的变量，建立和撤销这些变量都是由系统在程序执行过程中自动进行的。由于自动变量每次调用时都会重新分配存储单元，所以，未初始化的自动变量的值是随机的。

对于寄存器变量，编译器不为这类变量分配内存空间，而是直接使用 CPU 的寄存器，以便提高对这类变量的存取速度。寄存器变量一般用于控制循环次数等不需要长期保存值的变量。

7.5.2 变量的作用域

根据作用域的不同，变量可以分为局部变量和全局变量。

1. 局部变量

在一个函数内部定义的变量称为局部变量，也称内部变量。局部变量的作用域是在本函数内部。也就是说，局部变量只有在定义它的函数内部可以使用，不能在其他函数中使用。

例题 7.10 函数内部局部变量的使用示例。

```
#include <iostream.h>
void fun()
{
  int t = 5;              // fun()函数中的局部变量 t
  cout <<"fun()函数中的 t = "<< t << endl;
}
int main()
```

```
{
  float t = 4.5;            //main()函数中的局部变量 t
  cout <<"main()函数中的 t = "<< t << endl;
  fun();
  cout <<"main()函数中的 t = "<< t << endl;
  return 0;
}
```

运行结果：

```
main()函数中的 t = 4.5
fun()函数中的 t = 5
main()函数中的 t = 4.5
```

可见，在调用 fun()函数时，fun()函数内部的局部变量 t 的定义和赋值仅限于该函数本身，调用结束后对 main()函数中的局部变量 t 没有任何影响。

此外，在一个函数内部，还可以在复合语句中定义局部变量，其作用域只限于该复合语句。下面是一个在复合语句中定义局部变量的例子。

例题 7.11 输入两个整数，请按从大到小的顺序保存并输出。

```
#include < iostream.h >
int main()
{
    int a,b;
    cout <<"请输入两个整数：";
    cin >> a >> b;
    cout <<"a = "<< a <<'\t'<<"b = "<< b << endl;
    if(b >= a)
    {
      int t;                              //复合语句中的局部变量 t
      t = a; a = b; b = t;                //交换 a 和 b 的值
    }
    cout <<"a = "<< a <<'\t'<<"b = "<< b << endl;
    return 0;
}
```

上述程序若在最后一个 cout 语句处增加 cout<<t<<endl，则编译时会提示"未定义标识符"错误，因为变量 t 的作用域仅限于复合语句中，在其他地方不可见。

一般要求将局部变量的定义放在函数的开始，尽量不要在函数中间定义局部变量。复合语句中的局部变量一般用于小范围内的临时变量。因为函数中的局部变量只在本函数中有效，所以可以在不同函数中定义同名的局部变量且不会带来混乱。

2. 全局变量

全局变量又称为外部变量，它是在函数之外定义的变量，其作用范围为从定义的位置开始到本源程序文件的结束。全局变量可定义在程序开头，也可定义在中间位置，该全局变量在定义处之后的任何位置都是可以访问的。通过全局变量可以在多个函数间共享数据。全局变量存放在全局数据区，编译器会自动将该区的变量置 0，因此，如果用户在定义时不显式地给出全局变量的初值，则等效于初值为 0。

例题 7.12 多个函数共享全局变量示例。

```
#include <iostream.h>
int n = 10;                                //定义一个全局变量 n
void fun()
{
    n * = 3;
}
int main()
{
    n * = 2;
    cout << n << endl;
    fun();
    cout << n << endl;
    return 0;
}
```

运行结果：

```
20
60
```

程序从 main 函数开始执行，执行完"n * =2;"语句后，变量 n 的值变为 20，因此这时候输出 n 的值为 20。此后调用 fun()函数，在执行"n * =3;"语句时，变量 n 传递过来的值为 20。执行完该语句后，变量 n 的值变为 60，因此，fun()函数调用结束后变量 n 的值也是 60。

对于全局变量的使用，用户应该注意以下几点：

(1) 在一个函数内部不仅可以使用本函数定义的局部变量，还可以使用在此函数之前定义的全局变量。

(2) 全局变量可以作为一种数据传递的渠道，使函数间的数据传递变得十分方便，并且通过全局变量还可以使函数返回多个数据。不过，过多地使用全局变量会降低函数的独立性和通用性，因此建议尽量少用全局变量。

(3) 如果在一个文件中有与全局变量同名的局部变量，那么在局部变量起作用的范围内全局变量不起作用。

习　题　7

1. 单选题

(1) 以下函数定义正确的是(　　)。

A. double fun(int x,int y)
　{z=x+y; return z;}

B. double fun(int x,int y)
　{int z; }

C. fun(x,y)
　{int x y; double z; z=x+y;
　return z;}

D. double fun(int x,int y)
　{double z=0; return z;}

(2) 若调用一个函数，且此函数中没有 return 语句，则下列说法正确的是(　　)。

A. 该函数没有返回值

B. 该函数返回若干个系统默认值

C. 能返回一个用户所希望的函数值　　　　　D. 返回一个不确定的值

(3) 以下说法不正确的是(　　)。

A. 实参可以是常量、变量或表达式

B. 形参可以是常量、变量或表达式

C. 实参可以为任意类型

D. 形参和实参类型不一致时以形参类型为准

(4) C++语言规定,函数返回值的类型是(　　)。

A. return 语句中的表达式类型　　　　　B. 调用该函数时的主调函数类型

C. 调用该函数时由系统临时指定　　　　D. 在定义函数时所指定的函数类型

(5) 若用数组名作为函数调用的实参,传递给形参的是(　　)。

A. 数组的首地址　　　　　　　　　　B. 数组中的第一个元素的值

C. 数组中的所有元素的值　　　　　　D. 数组元素的个数

(6) 如果在一个函数的复合语句中定义了一个变量,则该变量(　　)。

A. 只在该复合语句中有定义　　　　　B. 在该函数中有定义

C. 在本程序范围内有定义　　　　　　D. 为非法变量

(7) 关于函数声明,以下说法不正确的是(　　)。

A. 如果函数定义出现在函数调用之前,可以不加函数原型声明

B. 若在所有函数定义之前,在函数外部已做了声明,则各个主调函数不必再做函数原型声明

C. 函数在调用之前,一定要声明函数原型,以保证编译系统进行全面的调用检查

D. 标准库不需要函数原型声明

(8) 以下说法不正确的是(　　)。

A. 全局变量、静态变量的初值是在编译时指定的

B. 静态变量如果没有指定初值,则其初值为 0

C. 局部变量如果没有指定初值,则其初值不确定

D. 函数中的静态变量在函数每次调用时都会重新设置初值

2. 填空题

(1) del 函数的作用是删除有序数组 a 中的指定元素 x,n 为数组 a 的元素个数,函数返回删除后的数组 a 中元素的个数,请填空使程序完整。

```
int del(int a[10], int n, int x)
{ int p = 0, i;
  while(x >= a[p]&&p < n) ________;
  for (i = p - 1; i < n; i++) ________;
  return (n - 1);
}
```

(2) avg 函数的作用是计算数组 array 的平均值并返回,请填空使程序完整。

```
float avg(float array[ ], int n)
{ int i;
  float avgr, sum = 0;
  for (i = 0; ________; i++)
```

```
        sum += ________;
    avgr = sum/n;
    ________;
}
```

(3) 函数fun的功能是将长整型数中偶数位置上的数依次取出，构成一个新数返回。例如，当s中的数为3265817时，则返回的数为268，请填空使程序完整。

```
long fun(long s)
{
  long t, sl = 1;
    int d;
    t = 0;
   while (s > 0)
    {
      d = s % 10;
      if (________)
      {
        t = ________+ t;
        sl * = 10;
      }
    ________;
  }
  return (t);
}
```

3. 编程题

(1) 设计一个函数，要求输入3个整数，求其中的最大整数。请编写完整的程序。

(2) 编程求下面式子的值，其中n^i用函数实现，且设参数n的默认值为2。

$$n^1 + n^2 + \cdots + n^{10}, n = 1、2、3$$

(3) 有5个人围坐在一起，问第5个人多大年纪，他说比第4个人大两岁；问第4个人，他说比第3个人大两岁；问第3个人，他说比第2个人大两岁，问第2个人，他说比第1个人大两岁，第1个人说自己10岁，请用递归函数编程求出第5个人多大年纪。

实验7 函数实验

1. 实验目的

(1) 掌握定义函数的方法。

(2) 掌握函数的嵌套调用和递归调用。

(3) 掌握函数重载的方法。

(4) 掌握数组作为函数的参数以及数据传递方式。

2. 实验内容

(1) 编写一个函数，将华氏温度(f)转化成摄氏温度(c)，转换公式为$c=(5/9)(f-32)$。

(2) 斐波纳契数列(Fibonacci Sequence)又称黄金分割数列，指的是这样一个数列：1、1、2、3、5、8、13、21……，在数学上，斐波纳契数列用以下递归方法定义：$F_0=0, F_1=1,$

$F_n = F_{n-1} + F_{n-2}(n>=2, n\in N*)$。请用递归函数计算斐波那契数列第 n 项的值。

(3) 利用重载函数编写一个程序，求两个整数或 3 个整数中的最大数。如果输入两个整数，程序就输出这两个整数中的最大数；如果输入 3 个整数，程序就输出这 3 个整数中的最大数。

(4) 用冒泡法对 5 个数由小到大排序，排序功能请在自定义函数中实现。

(5) 定义一个函数，实现用筛选法输出 1 到 100 之间所有素数的功能。

第8章 编译预处理

本章学习目标

- 理解宏的基本概念。
- 理解文件包含的含义。
- 了解条件编译。

预处理功能是C++语言具有的功能，它是在对源程序正式编译前由预处理程序完成的。程序员在程序中用预处理命令来调用这些功能。本章概述了3种预处理功能，即宏定义、文件包含和条件编译，它们分别用宏定义命令、文件包含命令、条件编译命令来实现。使用预处理功能便于程序的修改、阅读、移植和调试，也便于实现模块化程序设计。

8.1 编译预处理概述

C++编译器带有预处理器。编译器在编译源文件之前，首先要启用预处理器对源文件进行预先处理，然后编译器开始编译经预处理器预处理后的源文件。C++语言允许在程序中使用预处理命令，但这些预处理命令不是C++语言的组成部分，不能直接对它们进行编译，必须在对程序进行通常的编译之前，先对程序中这些特殊的命令进行"预处理"，即根据预处理命令对程序做相应的处理。经过预处理后，程序不再包括预处理命令。最后，再由编译程序对预处理后的源程序进行通常的编译处理，得到可以执行的目标代码。C++提供的预处理功能主要有3种，即宏定义、文件包含和条件编译，它们分别用宏定义命令、文件包含命令和条件编译命令来实现。

8.2 宏的定义

宏定义是用一个指定的标识符来代替一个字符串，C++中的宏定义是通过宏定义命令＃define实现的，它有两种形式，即不带参数的宏定义和带参数的宏定义。

8.2.1 不带参数的宏定义

不带参数的宏定义的基本格式为：

```
#define 宏 字符串
```

预处理器在执行宏指令时将程序中出现的"宏"用"字符串"替换，这一过程称为宏展开。

例题 8.1 求圆周长和圆面积。

```
#include <iostream.h>
#define PI 3.14
void main()
{
  float r;
  float c,s;
  cout<<"请输入圆的半径(cm): ";
  cin>>r;
  c=2*PI*r;
  s=PI*r*r;
  cout<<"圆周长为"<<c<<"厘米"<<endl;
  cout<<"圆面积为"<<s<<"平方厘米"<<endl;
}
```

在例题 8.1 开头，有一条宏定义“#define PI 3.14”，它定义了“宏”，“宏名”是 PI，“宏值”为字符串 3.14。预处理器在进行宏展开时，将程序中出现两次的 PI 替换为 3.14，称为将宏 PI 替换为宏值 3.14。

这样做的好处是什么呢？使用宏定义的好处就是便于代码的维护和理解。比如，如果要求计算圆周长和面积时圆周率取得更精确些(例如取 3.14159)，那么只需修改前面的预处理指令即可，后面的代码部分完全不必修改。

在宏定义中，用户需要注意以下几点：

(1) 宏名必须符合标识符的命名规则，即由字母、数字和下划线组成，且不能以数字开头。

(2) 宏定义中的字符串是数字字符时(即宏值是数字字符)，该宏定义中的“宏”就是符号常量。

(3) 除非特殊需要，宏定义语句末尾不加“；”。

(4) 宏定义的有效范围从定义处到源文件结束，故一般写在函数的外部。

(5) 可以用#undef 预处理指令来终止#define 定义，即提前终止宏的有效范围。

(6) 宏名不可以是关键字或者重名。

(7) 宏名一般用大写字符串表示，以便与变量名区分，也可以用小写字符串。

8.2.2 带参数的宏定义

带参数的宏定义命令的一般格式如下：

```
#define  宏名(参数表)      宏体
```

其中，宏名是一个标识符，参数表中的参数可以是多个，参数之间用逗号隔开。宏体是被替换的字符串，在替换时，先进行参数的替换，然后将替换后的字符串进行宏体替换。

例如：

```
#define SUM(a,b) (a+b)
```

这里定义了一个带参数的宏 SUM，它有两个参数 a 和 b，与函数的参数不同的是，宏定义中的参数没有类型。程序中的 SUM(1,2)将被替换为(1+2)，程序中的 SUM(x,1.5*2)将被替换为(x+1.5*2)。

“宏名”和“(参数表)”之间没有空格。若加入了空格,则变成:

```
#define SUM (a,b) (a + b)
```

可以将预处理器理解成不带参数的宏 SUM,用字符串“(a,b) (a+b)”去替换程序中的 SUM。

用户在使用带参数的宏定义时要特别小心,因为宏只做简单替换。

例题 8.2 定义带参数的宏,求一个数的平方。

```
#include < iostream.h>
#define SQUARE(r) r * r
void main()
{
  int a = 2,b = 3,d;
  d = SQUARE(a);
  cout << a <<"的平方为"<< d << endl;
  d = SQUARE(a + b);
  cout << a + b <<"的平方为"<< d << endl;
}
```

输出结果如下:

```
2 的平方为 4
5 的平方为 11
```

为什么会这样呢?

因为宏只是做简单替换,所以“d=SQUARE(a+b);”这条语句展开时,宏定义中的 *r* 用“a+b”替换,展开如下:

```
d = a + b * a + b
```

由于“*”的优先级比“+”高,因此当“a=2,b=3”时:

```
d = a + b * a + b = 2 + 3 * 2 + 3 = 2 + (3 * 2) + 3 = 11
```

在此把宏定义改为#define SQUARE(r) (r)*(r),程序的运行结果为:

```
2 的平方为 4
5 的平方为 25
```

例题 8.3 定义带参数的宏,实现求两个数中最大的一个数。

```
#include < iostream.h>
#define MAX(x,y) (x)>(y)?(x):(y)
void main()
{
  int a,b,m;
  cin >> a >> b;
  m = MAX(a,b);
  cout <<"最大的数为: "<< m << endl;
}
```

程序运行结果：

```
3 5            //测试数据
最大的数为：5
```

8.3 文件包含预处理

文件包括的作用是让编译预处理器把一个源文件嵌入到当前文件中。在C++程序中，开头一般都会有这样一条指令——＃include <iostream.h>，这就是一条文件包含预处理指令。

文件包含预处理指令的格式为：

```
#include <文件名> 或者 #include "文件名"
```

编译器在编译之前将＃include预处理指令中指定的文件复制到源文件中，即用该文件替换这条指令。一条＃include命令只能包含一个文件，若想包含多个文件需要用多条包含命令来一一指定。使用文件包含指令的好处是可以实现代码的复用。

那么，在这条指令中，文件名用尖括号（<>）和用引号（""）有什么区别呢？

在使用尖括号时，预处理指令包含的文件需要存放在编译器指定的固定文件夹中，比如VC++ 6.0的安装文件夹为C:\VC6.0，那么该指定文件夹为C:\VC6.0\VC98\INCLUDE。如果没找到该文件，就会报错。

在使用引号时，编译器首先在当前工作的文件夹中寻找该预处理指令指定的文件，如果在当前工作的文件夹中没有找到，再到编译器指定的固定文件夹（如C:\VC6.0\VC98\INCLUDE）中去找。可见，使用引号的查找范围更大一些。但如果是"iostream.h"这样的系统自带的文件，使用尖括号时的运行速度更快。

例题8.4 定义一个求3个数的平均数的函数av，保存在头文件avh.h内，在主函数内实现该函数。

头文件avh.h：

```
float av(float x, float y, float z)
{
    return (x + y + z)/3.0;
}
```

主函数：

```
#include < iostream.h >
#include "avh.h"
void main()
{
  float a,b,c;
  cin >> a >> b >> c;
  cout <<"3 个数的平均值为："<< av(a,b,c)<< endl;
}
```

程序运行结果：

```
1 2 4
3 个数的平均值为：2.333 33
```

8.4 条件编译

根据一定的条件去编译源文件的不同部分，这就是“条件编译”。利用条件编译可以使同一个源程序在不同的条件下产生不同的目标代码，从而实现不同的功能，达到用户的目的。常用的条件编译命令有下面 3 种形式。

(1) 第 1 种形式：

```
#ifdef 标识符
      程序段 1
[#else
      程序段 2]
#endif
```

它的含义是，如果标识符已被 # define 命令定义过，则编译程序段 1，否则编译程序段 2。

(2) 第二种形式：

```
#ifndef 标识符
      程序段 1
[#else
      程序段 2]
#endif
```

它的含义是，如果标识符没有被 # define 命令定义过，则编译程序段 1，否则编译程序段 2。

(3) 第 3 种形式：

```
#if 表达式 1
      程序段 1
[#elif 表达式 2
      程序段 2
      ...]
  [#else
      程序段 n]
#endif
```

其中，# if、# elif、# else 和 # endif 是关键字。它的含义是，如果表达式 1 为真编译程序段 1，否则如果表达式 2 为真编译程序段 2，……，如果各表达式都不为真编译程序段 n。

例题 8.5 利用条件编译，输入一行字母字符，根据需要设定条件编译，使之能将字母全改成大写输出，否则小写输出。

```
#include <iostream.h>
#define Mark 1
```

```
void main( )
{
    char c;
    do
    {
        cin.get(c);
        #ifdef Mark
            if (c>='a'&& c<='z')
                c=c-32;
        #else
            if (c>='A'&&c<='Z')
                c=c+32;
        #endif
        cout<<c;
    }
    while (c!='\n');
}
```

程序运行结果：

```
abcABC123              //输入的测试数据
ABCABC123
```

习　题　8

1. 单选题

(1) 下面叙述中不正确的是(　　)。

A. 预处理命令行都必须以＃号开始

B. C++程序在执行过程中对预处理命令行进行处理

C. 在程序中凡是以＃号开始的语句行都是预处理命令行

D. 以下是正确的宏定义

```
#define IBM_PC
```

(2) 下列有关宏替换的叙述不正确的是(　　)。

A. 宏替换不占用运行时间　　B. 宏名无类型

C. 宏替换只是字符替换　　D. 宏名必须用大写字母表示

(3) 在宏定义 ＃define PI 3.14159 中，用宏名 PI 代替一个(　　)。

A. 单精度数　　B. 双精度数　　C. 字符串　　D. 常量

(4) 在文件包含预处理语句的使用形式中，当＃include 后面的文件名用" "(双引号)括起来时，寻找包含文件的方式是(　　)。

A. 直接按系统设定的标准方式搜索目录

B. 先在源程序所在的目录搜索，再按系统设定的标准方式搜索

C. 仅搜索源程序所在的目录

D. 仅搜索当前目录

(5) 以下程序的输出结果是(　　)。

```
#include <iostream.h>
#define f(x) x * x
void main()
{
    int a = 6,b = 2,c;
    c = f(a)/f(b);
    cout << c << endl;
}
```

A. 9　　　B. 6　　　C. 36　　　D. 18

(6) 设有以下程序：

```
#include <iostream.h>
#define N 2
#define M N + 1
#define NUM 2 * M + 1
void main()
{
    int i;
    for(i = 1;i <= NUM;i++)
        cout << i << endl;
}
```

该程序中 for 循环执行的次数是(　　)。

A. 5　　　B. 6　　　C. 7　　　D. 8

2. 填空题

(1) C++语言提供的预处理命令功能主要有 3 种,即________、________、________。为了与一般的 C++语句相区别,这些命令以符号 # 开头。

(2) 请写出以下程序段的输出结果________。

```
#include <iostream.h>
#define min(x,y) (x)<(y)?(x):(y)
void main()
{
    int i = 10,j = 15,k;
    k = 10 * min(i,j);
    cout << k << endl;
}
```

(3) 设有以下宏定义：

```
#define sw(z,x,y) { z = x; x = y; y = z; }
```

以下程序段通过宏调用实现变量 a、b 的内容交换,请填空。

```
void main()
{
    float a = 5,b = 16,c;
    sw(________,a,b);
```

```
    cout << a << " " << b << endl;
}
```

(4) 以下程序的输出结果是________。

```
#include <iostream.h>
#define M(x,y,z) x * y + z
void main()
{
    int a = 1,b = 2,c = 3;
    cout << M(a + b,b + c,c + a)<< endl;
}
```

3. 编程题

(1) 用带参数的宏定义实现两个浮点数的乘法。

(2) 书写宏,求两个数(或表达式)的积,测试数据如下。

① 3 和 5：结果为 15(s1＝s(2,3);)。

② 1＋2 和 2＋3：结果也为 15(s1＝s(1＋2,2＋3);)。

实验 8　编译预处理实验

1. 实验目的

(1) 掌握宏定义的方法,特别是带参数的宏定义方法。

(2) 掌握文件包含的处理方法,了解条件编译。

2. 实验内容

(1) 输入两个整数,求它们的余数,用带参数的宏来实现。

(2) 编写一个带参数的宏,实现从 3 个数中找出最小的数。

(3) 编写一个带参数的宏,输入圆的半径,求圆的面积。

(4) 编写一个程序,用条件编译方式实现以下功能：输入一行文字,用#define 命令控制英文字母的加密,将字母变成它后面的第 4 个字母,例如,w、x、y、z 变成 a、b、c、d,其他字符不变。请编程实现。

第9章　结构体和共用体

本章学习目标

- 掌握结构体类型的定义和使用方法。
- 了解共用体类型的定义和使用方法。
- 了解枚举类型和 typedef 声明类型的定义和使用方法。

本章首先介绍结构体的概念和特点，说明结构体变量的定义及初始化方法；然后介绍结构体数组的使用方法，结构体变量在函数中的应用；接着介绍共用体的概念和使用；最后简单地介绍了枚举类型和 typedef 声明类型的定义和使用方法。

9.1　结构体类型

C++虽然提供了很多基本的数据类型(例如 int、float、double、char 等)供用户使用，但在很多情况下，用户需要将一些不同类型的数据组合成一个整体，以便于引用。这些组合在一个整体中的数据是互相联系的。例如，一个大学生的基本信息包括学号、姓名、年龄和专业，虽然它们分别属于不同的数据类型，但是它们之间存在着密切的联系，因为每一组信息隶属于一个学生。

为了解决这一问题，在 C++中提供了结构体类型。一个结构体类型的变量可以表示一个数据处理对象包含的所有数据，与简单变量一样可以用其构造结构体类型的数组，也可以作为函数的参数或返回值，从而克服了使用简单数据类型编写复杂数据类型的问题。

9.1.1　结构体类型的定义与初始化

结构体是一种构造数据类型。结构体是由不同的数据类型的数据组成的，组成结构体的每个数据称为该结构体的数据成员或者成员变量，简称成员。

在程序中使用结构体时，首先要对结构体进行描述，这称为结构体的定义。

声明结构体类型的一般形式为：

```
struct 结构名
{
  数据类型 成员名 1 ;
  数据类型 成员名 2 ;
  数据类型 成员名 3 ;
  …
  数据类型 成员名 n ;
};
```

结构体类型声明是以关键字 struct 开始的，结构名是一个合法有效的标识符，定义一个结构名，该结构名就是一种数据类型，与 int、float、double、char 等数据类型的用法相同。成员的数据类型可以是基本类型，也可以是数组、结构体等。

结构体类型的声明仅是一个数据类型的说明，在编译时不会为其分配内存空间，只有在定义了结构体变量后，编译时才会为该变量分配内存空间。

例如，定义一个大学生基本信息的结构体类型：

```
struct student
{
 int sid;
 char name[30];
 int age;
 char dept[50];
 };
```

该程序中声明了结构体类型，可以用它定义该结构体类型的变量。在 C++ 中，定义结构体变量有下面 3 种形式。

(1) 先声明结构体类型，再定义结构体变量。

这种定义形式与基本数据类型定义变量相同，即：

```
struct 结构体名 结构体变量;
```

其中，struct 是可以省略的。例如：

```
struct student stu1; 或者 student stu1;
```

这里定义结构体变量 stu1，它是上面定义的结构体 struct student 的变量。在定义了 stu1 之后，系统为其分配了内存空间，该变量占了(4＋30＋4＋50＝88)88 个字节。

(2) 在声明结构体类型的同时定义结构体变量。

这种定义的形式为：

```
struct 结构体名
{
  成员列表;
} <结构体变量名列表>;
```

例如，用该形式定义(1)中的结构体变量 stu1：

```
struct student
{
      int sid;
      char name[30];
      int age;
      char dept[50];
} stu1;
```

(3) 在声明结构体类型时省略结构体名，直接定义结构体变量。

这种定义的形式为：

```
struct
{
```

```
    成员列表;
  } <结构体变量名列表>;
```

例如,用该形式定义(1)中的结构体变量 stu1:


```
struct
{
    int sid;
    char name[30];
    int age;
    char dept[50];
} stu1;
```

与其他类型变量一样,对结构体变量可以在定义时指定初值。其基本方式是在定义结构体变量后面加上"={<初值列表>};"。花括号中的初值按结构体成员变量的定义顺序依次给成员变量赋初值。如果初值的数量少于成员变量,系统给后面的成员变量的初值指定默认的初值。

例如:

```
struct
{
 int sid;
 char name[30];
 int age;
 char dept[50];
} stu1 = {1001,"张三",18,"计算机"} ;
```

9.1.2 结构体变量的引用

在定义了结构体变量后就可以引用该变量了,引用结构体变量的格式如下:

```
结构体变量名.成员名
```

其中,"."是成员(分量)运算符,它是将结构体变量和它的成员相关联的运算符。该运算符的优先级很高。注意,不能将一个结构体变量作为一个整体输入和输出,只能对结构体变量中的各个成员分别输入和输出。但是,同类型的结构体变量之间可以相互赋值。

例题 9.1 定义一个学生基本信息结构体类型,包括学号、姓名、年龄和专业,定义该结构体类型的变量,实现变量的赋值和输出。

程序如下:

```
#include < iostream.h >
struct students
    {
     int sid;
     char name[30];
     int age;
     char dept[50];
    };
void main()
```

```
{
  struct students stu;
  cin >> stu.sid >> stu.name >> stu.age >> stu.dept ;
  cout <<"学号:      "<< stu.sid << endl;
  cout <<"姓名:      "<< stu.name << endl;
  cout <<"年龄:      "<< stu.age << endl;
  cout <<"专业:      "<< stu.dept << endl;
  struct students stu1;
  stu1 = stu;                  //同类型的结构体变量之间可以相互赋值
  cout <<"学号:      "<< stu1.sid << endl;
  cout <<"姓名:      "<< stu1.name << endl;
  cout <<"年龄:      "<< stu1.age << endl;
  cout <<"专业:      "<< stu1.dept << endl;
}
```

结构体变量的成员可以像普通变量一样进行各种运算。

例题 9.2 定义二维空间点的结构体类型，利用该结构体定义两个结构体变量，求两点之间的距离。

程序如下：

```
#include < iostream.h >
#include < math.h >
struct point
    {
     double x;
     double y;
    };
void main()
{
  point p1,p2;
  cin >> p1.x >> p1.y;
  cin >> p2.x >> p2.y;
  cout <<"p1、p2 之间的距离为:";
  cout << sqrt((p1.x - p2.x) * (p1.x - p2.x) + (p1.y - p2.y) * (p1.y - p2.y))<< endl;
}
```

结构体成员可以是结构体，如果成员本身又属于一个结构体类型，在引用时需要用多个成员运算符，一级一级地找到最低的一级的成员。并且，只能对最低级的成员进行赋值或存取以及运算。

9.1.3 结构体数组

数组是具有相同数据类型的元素的有序集合。如果数据类型为结构体类型，那么该数组就是结构体数组。结构体数组的定义、引用方式与前面的结构体变量的定义、引用方式相同。

定义结构体数组和定义结构体变量的方法相似，也有 3 种定义结构体数组的方法，分别是在定义结构体类型完毕后定义结构体数组、在定义结构体类型的同时定义结构体数组、省略结构体名时定义结构体数组。

结构体数组初始化的一般形式是在定义数组的后面加上"={初值表列};",其方法与普通数组的初始化方法类似。结构体数组初始化有两种方式,一是将每个数组元素的成员值用花括号括起来,再将整个数组的全部数组值用一对花括号括起来;二是在一个花括号内依次列出各个元素的成员值。相比而言,第一种方式的可读性好一些。

一旦定义了结构体数组,就可以在程序中引用结构体数组了,引用结构体数组的格式如下:

结构体数组名[下标表达式].成员名

例题 9.3 利用例题 9.1 的结构体类型定义结构体数组,求若干个学生的平均年龄。

```
#include <iostream.h>
struct students
    {
     int sid;
     char name[30];
     int age;
     char dept[50];
    };
float avg(struct students stu[],int n)
{
    float av = 0;
    for(int i = 0;i < n;i++)
        av = av + stu[i].age ;
    av = av/n;
    return av;
}
void main()
{
    struct students stu[3] = {{1001,"张三",19,"计算机"},{1001,"李四",20,"计算机"},{1001,
"王一",19,"计算机"}};                                        //结构体数组的初始化
    cout <<"3 个同学平均年龄为: "<< avg(stu,3)<< endl;
}
```

例题 9.4 定义学生结构体类型,包括学号,3 门课程的成绩、总成绩和平均成绩,结构体数组初始化 3 个学生的学号、3 门课程的成绩,要求输出每个学生的所有信息。

```
#include <iostream.h>
struct students
{
    int sid;
    float score[3];
    float sum;
    float ave;
};
void main()
{
    int i;
    struct students stu[3] = {
        {1001,{85,90,90}},
```

```
        {1002,{70,80,90}},
        {1003,{80,90,80}}};
    cout <<"学号 "<<" 成绩 1"<<" 成绩 2"<<" 成绩 3"<<" 总成绩 "<<" 平均成绩"<< endl;
    for(i = 0;i < 3;i++)
    {
        stu[i].sum = stu[i].score[0] + stu[i].score[1] + stu[i].score[2];
        stu[i].ave = stu[i].sum /3;
      cout << stu[i].sid <<" "<< stu[i].score[0]<< " "<< stu[i].score[1]<<" "<< stu[i].score
[2]<<" "<< stu[i].sum <<" "<< stu[i].ave << endl;
    }
}
```

程序运行结果如下：

```
学号  成绩 1  成绩 2  成绩 3  总成绩  平均成绩
1001  85     90     90     265    88.3333
1002  70     80     90     240    80
1003  80     90     80     250    83.3333
Press any key to continue
```

9.1.4 结构体变量与函数

结构体变量可以作为函数的形参和实参，结构体变量作为函数的形参时，要求调用的实参也是同类型的结构体变量。实参传递给形参仍然是值传递。结构体变量也可以作为函数的返回类型，这时，函数的返回类型是结构体类型。

例题 9.5 利用结构体作为函数的参数，实现两个复数的加法和减法。

```
# include < iostream.h>
struct complex
{
    double r;            //实部
    double i;            //虚部
};
struct complex add(struct complex c1,struct complex c2)
{
    struct complex tempc;
    tempc.r = c1.r + c2.r ;
    tempc.i = c1.i + c2.i ;
    return tempc;
}
struct complex sub(struct complex c1,struct complex c2)
{
    struct complex tempc;
    tempc.r = c1.r - c2.r ;
    tempc.i = c1.i - c2.i ;
    return tempc;
}
void main()
{
    struct complex cp1 = {10,8},cp2 = {3,4},cp3;
```

```
    cout <<"两个复数相加的结果为: "<< endl;
    cp3 = add(cp1,cp2);
    cout << cp3.r <<" + "<< cp3.i <<"i"<< endl;
    cout <<"两个复数相减的结果为: "<< endl;
    cp3 = sub(cp1,cp2);
    cout << cp3.r <<" + "<< cp3.i <<"i"<< endl;
}
```

程序运行结果：

```
两个复数相加的结果为:
4 + 6i
两个复数相减的结果为:
- 2 +- 2i
```

在该程序中，函数 add(struct complex c1，struct complex c2)和函数 sub(struct complex c1，struct complex c2)的形参都是结构体变量，所有的实参必须采用结构体变量，而且这两个函数的返回类型也是结构体类型。

例题 9.6 利用结构体类型书写复数输入函数和输出函数。

```
#include <iostream.h>
struct complex
{
    double r;
    double i;
};
struct complex input()                  //输入函数,返回类型为结构体类型
{
    struct complex c;
    cin >> c.r >> c.i;
    return c;
}
void pr(struct complex c)               //输出函数,形参为结构体类型
{
    cout << c.r <<" + "<< c.i <<"i"<< endl;
}
void main()
{
    struct complex myc;
    myc = input();
    pr(myc);
}
```

程序运行结果如下：

```
3 5  //从键盘输入的数据
3 + 5i
Press any key to continue
```

9.2 共用体类型

9.2.1 共用体类型的定义

C++继承了 C 语言的共用体类型,它是一种新的数据类型。共用体类型和结构体类型的定义类似,不同的是共用体类型的成员变量共享一块内存单元,变量所占的内存长度等于最长成员的长度。

定义共用体类型变量的一般形式为:

```
union 共用体名
{
    成员表列;
}变量表列;
```

其中,union 是 C++声明共用体类型的关键字。例如,定义一个 data 的共用体类型:

```
union data
{
    int i;
    double f;
    char ch;
};
```

共用体变量的定义也有 3 种形式,与结构体相同。最常见的形式为先声明一个 union data 类型,然后定义为 union data 类型变量。例如定义上面共用体的变量:

```
union data u1,u2;
```

共用体和结构体的定义形式相似,但它们的含义是不同的。结构体变量所占的内存长度是各成员占的内存长度之和,每个成员分别占用其自己的内存单元,而共同体变量所占的内存长度等于最长的成员的长度。例如,上面定义的共用体变量 u1、u2 各占 8 个字节,而不是各占 4+1+8=13 个字节。

共用体在同一个内存块中,可以用来存放几种不同类型的成员,但在某一时刻只能存放其中的一种。也就是说,在某一时刻,只有一个成员起作用,其他成员不起作用。因此,在对共用体变量初始化时,只能初始化一个成员变量。

例题 9.7 初始化上面的 union data 共同体变量 u1.i,输出它的结果。

```
#include < iostream.h >
union data
{
        int i;
        double f;
        char ch;
};

void main()
{
    union data u1 = {65};
```

```
    cout << u1.i << endl;
    cout << u1.ch << endl;
}
```


程序运行结果如下：

```
65
A
```

u1.ch 的值是 A，因为 ASCII 是 65。注意，这里不能这样初始化：

```
union data u1 = {65,12.3,'A'};
```

9.2.2 共用体变量的引用

在定义了共用体变量后，就可以引用共用体变量了，引用共用体变量有两种方式，即引用共用体成员和引用整体。

引用共用体成员的基本格式如下：

```
共用体变量名.成员名
```

其中，“.”是成员（分量）运算符，它是将共用体变量和它的成员相关联的运算符。

例题 9.8 定义一个共用体，将一个正整数转化为二进制代码输出。

```
#include <iostream>
using namespace std;
union data
{
    int ch[11];
    int i;
};
void main()
{
    union data u1;
    cin >> u1.i;
    int j = 0,a,k;
    k = u1.i;
    while(k/2!= 0)
    {
        u1.ch[j] = k % 2;
        j++;
        k = k/2;
    }
    u1.ch[j] = k;
    for(a = j;a >= 0;a -- )
        cout << u1.ch[a]<<" ";
    cout << endl;

}
```

程序运行结果如下：

```
68              //测试数据
1 0 0 0 1 0 0
Press any key to continue
```

例题 9.9 设计一个共用体，描述学校人员信息，如果是教师，则为工号(整数型)、姓名和年龄；如果是学生，则为学号(字符串)、姓名和年龄，实现输入和输出。

```
#include <iostream.h>
struct person
{
    union
    {
        int tid;
        char sid[12];
    };
    char name[30];
    int age;
};
void main()
{
    struct person stu,teacher;
    cout<<"输入学生信息"<<endl;
    cin>>stu.sid;
    cin>>stu.name;
    cin>>stu.age;
    cout<<"输出学生信息"<<endl;
    cout<<stu.sid<<" "<<stu.name<<" "<<stu.age<<endl;
    cout<<"输入教师信息"<<endl;
    cin>>teacher.tid;
    cin>>teacher.name;
    cin>>teacher.age;
    cout<<"输出教师信息"<<endl;
    cout<<teacher.tid<<" "<<teacher.name<<" "<<teacher.age<<endl;
}
```

程序运行结果如下：

```
输入学生信息
CS20130001 张三 19
输出学生信息
CS20130001 张三 19
输入教师信息
201301 李四 35
输出教师信息
201301 李四 35
```

9.3 枚举类型和 typedef 声明类型

为了限制变量的取值范围，可以定义枚举类型。所谓"枚举"是指将变量的值一一列举出来，变量的值只限于列举出来的值的范围。定义枚举类型的一般格式如下：

```
enum <枚举类型名> {枚举常量列表};
```

其中,enum 是关键字,是声明枚举类型的说明符。枚举常量列表由若干个枚举常量组成,中间用逗号隔开。例如:

```
enum week{sun,mon,tue,wed,thu,fri,sat};
```

声明了一个枚举类型 enum week,可以用此类型来定义变量。枚举变量定义的格式如下:

```
enum <枚举类型名> <枚举变量列表>;
```

例如:

```
enum week w1;
```

w1 被定义为枚举变量,它的值只能是 sun 到 sat 之一。例如:

```
w1 = mon; w1 = sun;
```

是正确的。

其中,sun、mon、…、sat 等称为枚举元素或枚举常量,是一种标识符。枚举元素作为常量,它们是有值的,C++语言编译按定义时的顺序使它们的值为 0、1、2、…。用户也可以改变枚举元素的值,在定义时由程序员指定,例如"enum week{sun=7,mon=1,tue,wed,thu,fri,sat};"定义 sun 为 7,mon=1,以后顺序加 1,sat 为 6。但是,不能直接将一个整数赋给一个枚举变量,因为它们不属于同一数据类型。

例题 9.10 定义星期的枚举类型,输入枚举常量,输出它是星期的第几天。

```
#include <iostream>
#include <string>
using namespace std;
void main()
{
    enum week{sun,mon,tue,wed,thu,fri,sat};
    enum week w1;
    string str;
    int i;
    cin>> str;
    if(str == "sun") i = 1;
    if(str == "mon") i = 2;
    if(str == "tue") i = 3;
    if(str == "wed") i = 4;
    if(str == "thu") i = 5;
    if(str == "fri") i = 6;
    if(str == "sat") i = 7;
    cout << str <<"是一星期的第"<< i <<"天"<< endl;
}
```

程序运行结果如下:

```
thu //输入字符串
```

```
thu 是一星期的第 5 天
Press any key to continue
```

在 C++ 中可以使用 typedef 声明新的类型名来代替已有的类型名，使得相同的类型具有不同的类型名，能够提高程序的可读性等。注意，用 typedef 只是对已经存在的类型增加一个类型名，并没有创造新的类型。

使用 typedef 的基本格式如下：

```
typedef <基本数据类型> <新的类型名>;
```

例如：

```
typedef int Int;
typedef unsigned int UInt;
```

定义"int i；"与定义"Int i；"是等价的。

对于复杂的数据类型，例如结构体，也可以使用 typedef 来定义新的类型名。例如：

```
typedef struct student
{
    int sid;
    char name[30];
    int age;
    char dept[50];
} Stu;
```

在此声明了新类型名 Stu，它代表上面指定的一个结构体类型，这时就可以用 Stu 定义变量了：

```
Stu stu1;
```

注意：如果没有 typedef，则 Stu 是定义的结构体变量。

例题 9.11 定义一个日期结构体类型，使用 typedef 声明该结构体为 Date，描述年、月、日。设计函数 dayofyear(Date day)，求 day 是该年的第几天。

```
#include <iostream.h>
typedef struct DATE
{
    int y;
    int m;
    int d;
} Date;
int dayofyear(Date day)
{
    int sumday = 0;
    int arrm[13] = {0,31,28,31,30,31,30,31,31,30,31,30,31};
    for(int i = 0;i < day.m;i++)
        sumday += arrm[i];
    sumday += day.d ;
    if((day.y % 4 == 0 && day.y % 100!= 0)||day.y % 400 == 0)
        sumday++;
    return sumday;
```

```
}
void main()
{
    Date d1;
    cout<<"输入年月日"<<endl;
    cin>>d1.y>>d1.m>>d1.d;
    cout<<"该日期是本年的第 "<<dayofyear(d1)<<"天"<<endl;
}
```

程序运行结果如下：

(1) 测试数据 2014 3 1。

```
输入年月日
2014 3 1
该日期是本年的第 60 天
```

(2) 测试数据 2012 3 1。

```
输入年月日
2012 3 1
该日期是本年的第 61 天
```

习 题 9

1. 单选题

(1) 结构体是用户定义的(　　)。

A. 变量　　B. 常量　　C. 数据类型　　D. 函数

(2) 在 C++语言中，结构体类型变量在程序执行期间(　　)。

A. 所有成员一直驻留在内存中　　B. 部分成员驻留在内存中

C. 只有一个成员驻留在内存中　　D. 没有成员驻留在内存中

(3) 相同结构体类型的变量之间可以(　　)。

A. 相加　　B. 赋值　　C. 比较大小　　D. 地址相同

(4) 以下对结构体变量 stu1 中的成员 age 的引用正确的是(　　)。

```
#include<string.h>
struct student
{
int age;
int num;
}stu1;
```

A. stu1.age　　B. student.age

C. age　　D. student stu1.age

(5) 下列结构体变量定义有(　　)处错误。

```
struct
    {
      int x;
```

```
    char y;
    double x;
}x,y,z
```

A. 1　　B. 2　　C. 3　　D. 4

(6) 下列对结构体变量赋值的描述中，(　　)是错误的。

A. 结构体变量可以使用初始值表对它进行初始化

B. 可以给一个结构体变量的各个成员赋值

C. 可以将一个已知的结构体变量名赋值给同类型的结构体变量

D. 可以将任意已知的结构体变量名赋值给一个结构体变量

(7) 下列定义错误的是(　　)。

```
union abc
{
   int abc;
   double abc1;
} abc;
```

A. 共用体类型与变量同名　　B. 成员名相同

C. 共用体类型、变量和成员名都相同　　D. 成员名和变量名相同

(8) 下列运算符中优先级最高的是(　　)。

A. +　　B. *　　C. ++　　D. .

(9) 设有以下说明语句，下面叙述不正确的是(　　)。

```
struct stu { int a ; float b ;} stu1;
```

A. struct 是结构体类型的关键字

B. struct stu 是用户定义的结构体类型

C. stu1 是用户定义的结构体类型名

D. a 和 b 都是结构体成员

(10) 下面对 typedef 的叙述不正确的是(　　)。

A. 用 typedef 可以定义多种类型名，但不能定义变量

B. 用 typedef 可以增加新类型

C. 用 typedef 只是将已存在的类型用一个新的标识符来代表

D. 使用 typedef 有利于程序的通用和移植

(11) 设有定义语句“enum t1 {a1, a2 = 7, a3, a4 = 15} time; ”，则枚举常量 a2 和 a3 的值分别为(　　)。

A. 1 和 2　　B. 2 和 3　　C. 7 和 2　　D. 7 和 8

(12) 在一个结构体中，不允许(　　)作为结构体成员。

A. 数组　　B. 另一个结构体　　C. 常量　　D. 整型变量

2. 填空题

(1) 在 C++中，结构体类型及由结构体类型所定义的结构体变量中，________占内存空间。

(2) 在结构体声明中最后用________作为结束标志。

(3) 结构体类型变量的字节数等于________。

(4) 下列程序的运行结果为________。

```
#include <iostream.h>
struct abc
{
    int a, b, c;
};
main()
{
    struct abc s[2] = {{1,2,3},{4,5,6}};
      int t;
      t = s[0].a + s[1].b;
      cout << t << endl;
}
```

(5) 下面的程序用来输出结构体变量 ex 所占存储单元的字节数,请填空。

```
#include <iostream.h>
struct st
{
    char name[20];
    double score;
};
main()
{
    struct st ex;
    cout <<"ex size:"<<__________<< endl;
}
```

(6) 共用体类型是 C++ 的一种新的数据类型,共用体类型变量所占的内存长度________。

(7) 下列程序的结果是________。

```
#include <iostream.h>
struct info
{
    char a,b,c;
};
void main()
{
    struct info s[2] = {{'a','b','c'},{'d','e','f'}};
    int t;
    t = (s[0].b - s[1].a) + (s[1].c - s[0].b);
    cout << t << endl;
}
```

(8) 下列程序的结果是________。

```
#include <iostream.h>
void main()
```

```
{
    union
    {
        char i[2];
        int k;
    } stu;
    stu.i[0] = '2';
    stu.k = 0;
    cout << stu.i << stu.k << endl;
}
```

3. 编程题

(1) 定义二维空间点的坐标结构体,实现求两点中点的坐标。

(2) 建立一个学生档案的结构体数组,输入并输出学生的信息,要求输入和输出要写出函数。

(3) 利用结构体数组编程,实现输入两个用户的姓名和电话号码,按照姓名的字典顺序存储并输出用户的姓名和电话号码。

(4) 定义一个描述 3 种颜色的枚举类型(Red、Blue、Green),编程实现输出这 3 种颜色的全部排列结果。

实验 9　结构体和共用体实验

1. 实验目的

(1) 掌握结构体和共用体的概念。

(2) 能正确运用结构体类型解决实际的问题。

(3) 了解共用体的应用。

(4) 了解枚举类型和 typedef 的应用。

2. 实验内容

(1) 对下面的结构体的变量 s1 进行初始化,并输出结果。

```
struct student
{
    int num;
    char name[20];
    char sex;
};
```

(2) 有一个结构体变量 stud,内含学生的学号、姓名和 4 门成绩,要求在 main 函数中赋值,在另一个函数 pr 中将它们输出,这里用结构体变量作为函数参数。

(3) 对候选人得票的统计程序。设有 3 个候选人,每次输入一个得票的候选人的名字,要求最后输出各人得票的结果。

(4) 建立一个学生档案的结构体数组,输入并输出学生的信息,要求输入和输出要写出函数。

(5) 定义描述三维坐标点(x,y,z)的结构体类型的变量,完成坐标点的输入和输出,并求两点之间的距离。

(6) 定义一个共用体，内含两个成员变量(int i 和 char ch)，要求输出从 48 到 57 的字符。

(7) 给出今天是星期几，输出 100 天后是星期几，用枚举类型实现。

(8) 有 10 个学生，每个学生的数据包括学号、姓名以及英语、数学、物理 3 门课的成绩，从键盘输入 10 个学生数据，要求打印出 3 门课的总平均成绩，以及最高分学生的数据(包括学号、姓名、3 门课的平均成绩)。

第 10 章　指　针

本章学习目标

- 掌握指针、地址、指针类型、空指针(NULL)等概念。
- 掌握指针变量的定义和初始化、指针的间接访问、指针的加减运算、指针变量的比较运算和指针表达式。
- 掌握指针变量作为函数参数时参数的传递过程及其用法。
- 掌握一维数组的指针及其基本用法,了解二维数组的指针及其基本用法。
- 理解函数与指针的关系,掌握返回指针的函数用法。
- 了解引用类型和使用方法。
- 掌握通过指针引用结构体变量的方法。
- 掌握链表的概念,初步学会对链表进行操作。

本章介绍指针数据类型。首先指出指针的定义,指针就是地址。指针变量就是地址变量,它是存储单元地址的变量。指针变量可以使用“*”运算,它可以取得指针所指向的变量值。通过“&”运算,可以取得该变量的地址。接着介绍指针变量的运算、指针与数组、指针与函数的相关操作,介绍存储空间的动态分配与释放的方法,简单地概述了引用类型的使用方法。最后,介绍了结构体指针和链表。

10.1　指针的概念

指针是 C++语言中的一个重要的概念。指针能够有效地表示复杂的数据结构、方便地使用数组、灵活地调用函数和动态分配内存空间等。掌握指针的应用,可以使编写的程序简洁、紧凑,使执行程序变得快速、高效。

指针是变量的内存存储空间的地址。大家知道,内存中的一个字节为一个存储单元,每个存储单元都有唯一的编号,称为该存储单元的地址。变量的内存存储空间地址(即变量的地址)就是该变量所在存储空间的第一个字节的地址,在 C++语言中,称为该变量的指针。

例如定义整型变量 i、双精度变量 j 和字符变量 k,编译时系统分配如图 10.1 所示的存储空间。其中,变量 i 的地址为 12ff7c,变量 j 的地址为 12ff74,变量 k 的地址为 12ff70,这 3 个地址称为变量 i、j、k 的指针。

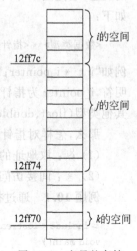

图 10.1　变量的存储空间分配

变量是对程序中数据存储空间的抽象。对于一个变量而言,有 3 个基本概念需要用户区别，即变量名、变量的指针（地址）和变量的值。例如上面的变量 *i*，它的变量名为 *i*，图中的地址为 12ff7c，如果系统执行了“i=8；”语句，那么该内存空间存储的内容为 8 的 ASCII 码的值。

在程序中一般是通过变量名对内存单元进行存取操作的。实际上，程序经过编译以后，已经将变量名转换为变量的地址，对变量值的存取都是通过地址进行的。这种按变量地址存取变量值的方式称为“直接访问”方式。到目前为止，我们访问变量都是按“直接访问”方式。另一种方式为“间接访问”方式。间接访问是将变量 *i* 的地址存放到另一个变量 i_pointer 中。变量 i_pointer 是存储一种特殊的变量，它存放变量的地址。假设定义了一个变量 i_pointer，用来存放整型变量 *i* 的地址，那么可以通过变量 i_pointer 来访问变量 *i* 的值。其操作步骤是，先找到存放“*i* 的地址”的变量 i_pointer，从中取出变量 *i* 的地址（12ff7c），然后找到它的内存空间取出 *i* 的值（8），如图 10.2 所示。

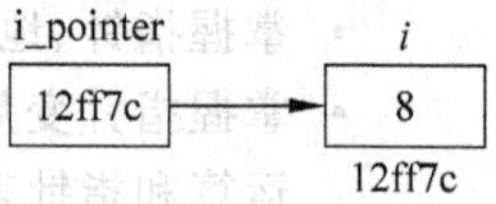

图 10.2 “间接访问”示意图

通过地址能找到所需的变量内存空间单元。由于地址“指向”该变量内存空间单元，可以将地址形象地称为“指针”。一个变量的地址称为该变量的“指针”。

由此可见，指针是 C++的一个强有力的工具，它使得用户能够直接访问计算机内存。指针可以用来间接访问一个普通的变量、数组、字符串和函数等。

10.2 指针变量

10.2.1 指针变量的定义

变量的指针就是变量的地址。指针也是一种数据类型，C++提供了一种变量用于存储指针的值（地址的值），存储变量地址的变量称为指针变量。C++语言规定所有变量在使用之前必须先定义，指定其类型，并按此分配内存单元。指针变量不同于整型变量和其他类型的变量，它是用来专门存放变量的地址，必须将它定义为“指针类型”。指针变量的定义格式如下：

<数据类型> *<指针变量名>

例如“int *i_pointer;”定义了一个指向 int 类型的指针变量，int * 为 int 型指针类型的说明符，i_pointer 为指针变量名。这里，i_pointer 可以存储任何整型变量的地址，但不能存储其他类型（float、double、char 等）变量的地址。

那么，怎样对指针进行操作呢？指针有两个常用的运算符。

（1）&：取地址的运算符，它的功能是返回变量的存储空间的地址。

（2）*：间接访问运算符，也称为指针运算符，它的功能是访问指针指向的变量的值。

例题 10.1 通过指针变量访问整型变量、浮点型变量和字符型变量。

```
#include <iostream.h>
void main()
{
   int i; float j; char k;
```

```
    int * ip; float *jp; char * kp;
    cin >> i >> j >> k;
    ip = &i; jp = &j; kp = &k;                          //取地址运算
    cout << i <<'\t'<< * ip << endl;                    //* ip,指针运算符
    cout << j <<'\t'<< * jp << endl;
    cout << k <<'\t'<< * kp << endl;
}
```

& 和 * 运算符是单目运算符,它们的优先级别相同,按自右向左的方向结合,在功能上相反。如果两个运算符组合到一起,则可以相互抵消。例如语句"* &*i*;"先进行 &*i* 运算,得到 *i* 的地址,再进行 * 指针运算,即 &i 指向的变量,也就是 *i*,所以,表达式 * &*i* 和 *i* 是等价的。

指针的值是可以输出的,默认输出的是十六进制的数字。注意,C++标准库中的 I/O 类对输出操作符<<重载,在遇到字符型指针时会将其当作字符串名来处理,输出指针所指的字符串。所以,字符变量地址的输出要进行类型转换,也就是说,如果希望将任何字符型的指针变量输出为地址,要做一个转换,即强制 char * 转换成 void *。

例题 10.2 输出整型、浮点型和字符型指针的值。

```
#include <iostream.h>
void main()
{
    int a, * pa;
    float b, * pb;
    char c,  * pc;
    pa = &a; pb = &b; pc =  &c;
    cout << pa << endl;
    cout << pb << endl;
    cout <<(void * ) pc << endl;
}
```

运行结果如下(不同的机型,结果可能不同):

```
0x0012FF7C
0x0012FF74
0x0012FF6C
Press any key to continue
```

10.2.2 指针变量的引用

指针变量也是变量的一种,在定义的时候可以进行初始化。指针变量的初始化是使指针变量存储对于类型变量的地址,但是不能将一个整型的数值赋给它。

例如:

```
int i;
int * pi = &i;                          //对指针变量 pi 进行初始化,将 i 的地址赋给 pi
int * pii = 0x0012FF7C;                 //这种初始化是错误的
```

前面讲述过,变量的访问方式有两种,即直接访问和间接访问。指针变量的引用方式是采用间接访问方式,在程序中通过变量的指针来存取它所指向变量的值。

例如下面的程序中,*i* 和 * pi 是等价的。

```
int i;int * pi;
pi = &i;
cin >> * pi;                          //与"cin >> i;"语句是等价的
cout <<"i = "<< i <<"  * pi = "<< * pi << endl;
```

如果指针变量没有初始化,那么在程序中必须对它进行赋值,才能正确地引用它。否则,指针变量不知道指向何处,程序会出现异常。指针变量的赋值遵循同类型可以相互赋值的原则,不能将浮点类型的地址赋值给整型指针变量。

例题 10.3 通过指针变量交换两个指针所指向的整型变量的值,示意图如图 10.3 所示。

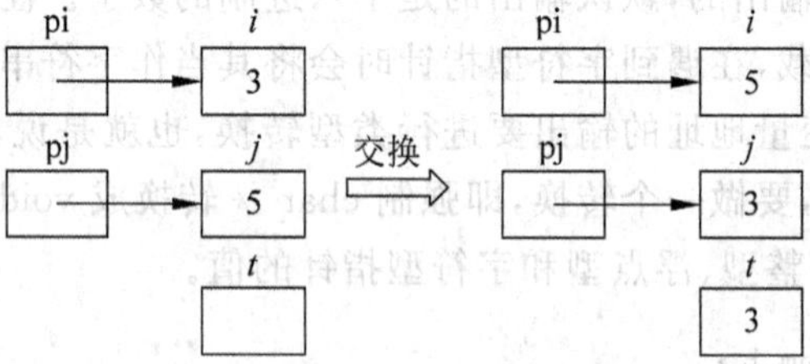

图 10.3 变量值交换的示意图

程序如下:

```
#include < iostream.h >
void main()
{
    int i,j,t;
    int * pi, * pj;
    cin >> i >> j;
    pi = &i; pj = &j;
    t = * pi; * pi = * pj; * pj = t;
    cout <<"i = "<< i <<"      j = "<< j << endl;
}
```

在程序中,通过指针变量 pi、pj 间接访问变量 *i* 和 *j*,使得 *i* 和 *j* 的值交换了。pi 和 pj 的值没有变化,仍然指向 *i* 和 *j*。

如果测试数据输入 3 和 5,运行结果为:

```
3 5
i = 5  j = 3
```

如果对于程序做以下修改,程序的运行结果如何呢?

```
#include < iostream.h >
void main()
{
    int i,j;
    int * pi, * pj, * t;
    cin >> i >> j;
```

```
    pi = &i; pj = &j;
    t = pi; pi = pj; pj = t;
    cout <<"i = "<< i <<"     j = "<< j << endl;
    cout <<" * pi = "<< * pi <<"    * pj = "<< * pj << endl;

}
```

实际上，*i* 和 *j* 的值没有交换，发生交换的是指向 *i* 和 *j* 的指针变量，这里的 *t* 也为指针变量，示意图如图 10.4 所示。

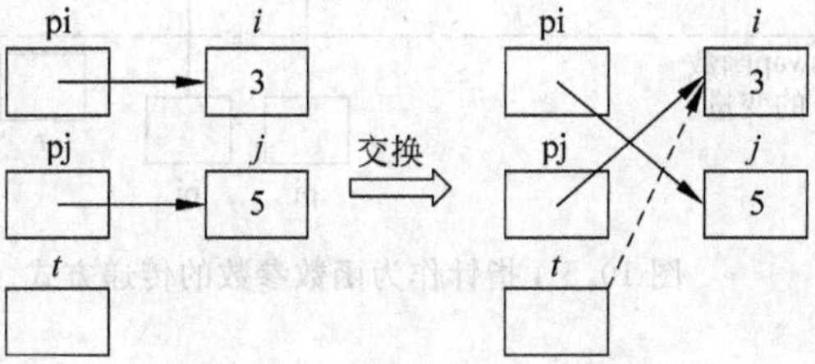

图 10.4　指针值交换的示意图

如果测试数据输入 3 和 5，运行结果为：

```
3 5
i = 3   j = 5
 * pi = 5   * pj = 3
```

10.2.3　指针变量作为函数参数

在 C++语言中，函数参数的传递方式有 3 种，即值传递、地址传递和引用传递。在“函数”一章中概述了值传递方式，它是将实际参数传递给形式参数，实际参数和形式参数都要有各自的存储单元，形式参数值的变化不会改变实际参数的变化，函数只能通过 return 语句返回一个值。如果想得到多个值的变化，可以通过地址传递方式实现。指针变量作为函数的参数就是地址传递方式。

例题 10.4　编写函数，对输入的两个整数按从小到大的顺序输出。

```
#include < iostream.h >
void swap(int *pi,int *pj)
{
    int t;
    t = *pi;
    *pi = *pj;
    *pj = t;
}
void main()
{
    int a,b;
    cin >> a >> b;
    if(a > b)
        swap(&a,&b);
    cout << a <<'\t'<< b << endl;
}
```

通过图10.5分析程序的运行过程。在main函数中，变量a和b的值开始为3和5。当调用函数“swap(&a,&b);”时，按地址传递方式，将a的地址赋值给pi，将b的地址赋值给pj，在swap函数中是 * pi和 * pj的值发生了交换，实际上是a和b的值发生了交换，这里是通过指针运算访问a和b的。所以，最后运行的结果是a为5、b为3。

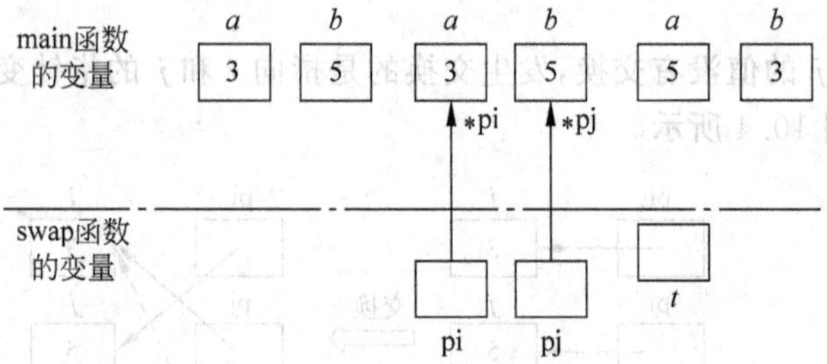

图10.5　指针作为函数参数的传递方式

使用指针作为函数的参数依然是值传递，只不过传递的是指针值（地址值），改变函数外部的值是通过指针运算实现的。

如果将上面的函数写成以下形式，程序的运行结果如何？

```
void swap(int * pi,int * pj)
{
    int * t;
    * t = * pi;
    * pi = * pj;
    * pj = * t;
}
```

swap函数内的 * t 是指针变量t所指向的变量，由于t并没有指向确定的内存单元，会导致异常情况出现。这里编写此函数的目的是使 * pi和 * pj的值发生交换，所以，中间的临时变量只需要一个整型变量就可以了。

例题10.5　用指针变量作为函数参数，编写求自然数1+2+3+…+n和的函数，并在主函数中调用它。

```
#include < iostream.h >
void sum(int * sum,int n)
{
    int i;
    for(i = 1;i <= n;i++)
        * sum = * sum + i;
}
void main()
{
    int sum1 = 0;
    int n1;
    cin >> n1;
    sum(&sum1,n1);
    cout << sum1 << endl;
}
```

10.3 指针与数组

10.3.1 指针与一维数组

数组是一组有序数据的集合,数组名代表该存储区的首地址,是地址常量,通常将数组的首地址称为数组指针。数组中的每个元素都占有自己的内存单元,具有相应的地址,数组元素的地址称为数组元素的指针,它与普通变量的指针相同。

定义一个指向一维数组元素的指针变量的方法与定义一个指向变量的指针变量的方法相同。例如:

```
int a[10];
int *p;
```

p 可以指向数组 a 中的任意一个元素,“p=&a[2];”代表的是指针变量 p 指向数组 a 中的第 3 个元素,即 p 存储的是数组 a 中第 3 个元素的地址。

“p=&a[0];”代表的是指针变量 p 指向数组 a 中的第 1 个元素,而数组名是该存储区的首地址,是地址常量。所以,“p=a; ”与“p=&a[0];”这两个语句是等价的。也可以说,a 和 &a[0]的值都是数组 a 的首地址。

由于数组元素有序,因此采用指针运算来快速地访问数组元素。指针常用的运算有++、--、+、-、比较运算等。

1. ++和--

如果指针变量 p 指向一维数组中的一个元素,那么,p++指向同一数组中的下一个元素,p--指向同一数组中的前一个元素,而不是将 p 值简单地加 1 或减 1。例如,数组元素是整型,每个元素占 4 个字节,则 p++意味着使 p 的值加 4 个字节,以使它指向下一个元素。p++所代表的地址实际上是 $p+1\times D$,D 是一个数组元素所占的字节数。若 p 是 int 型指针,则 D 等于 4; 若 p 是 char 型指针,则 D 等于 1; 若 p 是 float 型指针,则 D 等于 4; 若 p 是 double 型指针,则 D 等于 8。注意,只有 p 指向同一数组中的元素时才有意义。

例题 10.6 用指针变量输出一维数组元素。

```
#include <iostream.h>
void main()
{
    int a[10],i;
    int *p=a;
     for(i=0;i<10;i++)
     cin>>a[i];
      for(i=0;i<10;i++)
    {
       cout<<*p<<" ";
       p++;
    }
     cout<<endl;
}
```

程序运行的结果如下：

```
输入:   0 1 2 3 4 5 6 7 8 9
输出为: 0 1 2 3 4 5 6 7 8 9
```

注意：p 和 a 都是指针类型，p 是指针变量，程序中“p＋＋；”的作用是使 p 存储下一个数组元素的地址；a 是指针常量，是不能改变的量，所以，程序中出现“a＋＋；”是非法的。

2. 指针变量＋数值和指针变量－数值

如果 p 是指针变量，p 指向一维数组中的一个元素，n 是数值，则 $p\pm n$ 表示 p 向后或向前移动 n 个元素位置，即结果 p 的值 $\pm n*D$。D 的含义前面已经说明，在此不再赘述。

例题 10.7 用指针变量求一维数组中下标为偶数的数组元素的和。

```
#include <iostream.h>
void main()
{
    int a[10],i,sum = 0;
    int *p = a;
      for(i = 0;i < 10;i++)
     a[i] = i;
       for(i = 0;i < 10;i = i + 2)
    {
         sum = sum + *p;
         p = p + 2;
    }
     cout <<"sum = "<< sum << endl;
}
```

程序运行的结果如下：

```
sum = 20
```

3. 指针-指针

指向相同数据类型的指针变量可以相减，其结果为两指针所指向地址之间数据的个数，是一个整型的值。

改写例题 10.6 的程序，不用变量 i，实现一维数组元素的赋值和输出。程序如下：

```
#include <iostream.h>
void main()
{
    int a[10];
    int *p;
    for(p = a;p - a < 10;p++)
         *p = p - a;
    for(p = a;p - a < 10;p++)
        cout << *p <<" ";
    cout << endl;
}
```

4. 指针的关系运算

指向同一数组的指针变量可以进行＝＝、!＝、＜、＞、＜＝、＞＝等关系运算，结果是比较两个地址值的大小。

例题 10.8 用指针变量编程实现数组元素的逆向存放。

```
#include <iostream.h>
void main()
{
    int a[10],t;
    int *p, *q;
    for(p=a;p-a<10;p++)
        *p=p-a+1;
    //原序存放的数值输出
    for(p=a;p-a<10;p++)
        cout<<*p<<" ";
    cout<<endl;
    p=a; q=a+9;
    while(p<q)
    {
        t=*p; *p=*q; *q=t;
        p++; q--;
    }
    //逆序存放的数值输出
   for(p=a;p-a<10;p++)
        cout<<*p<<" ";
    cout<<endl;
}
```

程序运行的结果如下：

```
1  2  3  4  5  6  7  8  9  10
10 9  8  7  6  5  4  3  2  1
```

大家已经知道了指针的相关运算，通过指针运算，可以在程序中用不同的方式引用数组中的任何一个元素。数组 a 中的第 i 个元素可以使用下面方式之一引用。

- $a[i]$　　下标法
- $p[i]$　　下标法
- $*(a+i)$　指针法
- $*(p+i)$　指针法

这 4 种方式是等价的，数组可以当作指针使用，指针也可以当作数组使用，如图 10.6 所示。实际上，在编译时将数组元素 $a[i]$ 处理成 $*(a+i)$，即按数组首地址加上相对位移量得到要找的元素的地址，然后找出该单元中的内容。从而可以看出，使用指针法引用数组元素要比使用下标法快。

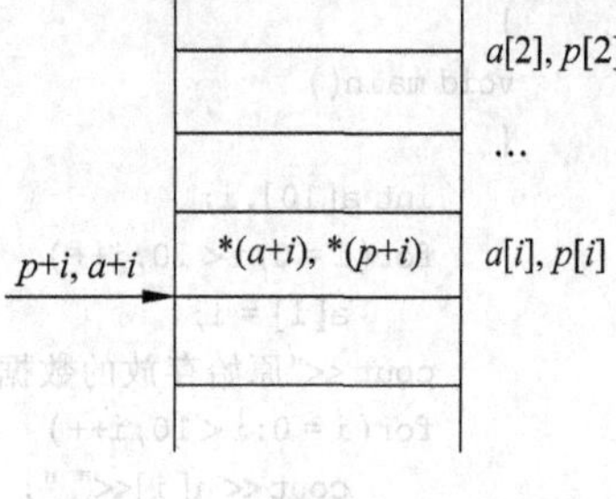

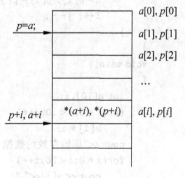

图 10.6　一维数组的引用方式

例题 10.9 写出下面程序运行的结果。

```
#include <iostream.h>
void main()
{
```

```
    int a[10],i;
    int *p=a;
     i=0;
    while(i<10)
    {
        *(p++)=i+1;
        i++;
    }
    i=0;
    while(i<10)
    {
        cout<<*(p++)<<" ";
        i++;
    }
    cout<<endl;
}
```

该程序运行的结果不是我们希望得到的“1 2 3 4 5 6 7 8 9 10”，而是一些随机数字。原因是指针变量 p 的初始值为 a 数组的首地址，但经过第一个 while 循环读入数据后，p 已指向 a 数组的末尾。因此，在执行第二个 while 循环时，p 的起始值不是 $\&a[0]$ 了，而是 $a+10$。因为执行循环时，每次要执行 $p++$，p 指向的是 a 数组下面的 10 个元素，而这些存储单元中的值是不可预料的。解决这个问题，只要在第二个 for 循环之前加一个赋值语句“p=a;”就可以了。所以，在运用指针运算时，大家一定要清楚当前指针指向何处。

10.3.2 一维数组名作为函数参数

通过指针可以引用一维数组元素，因此可以通过指针变量作为函数的形参、数组指针(数组名)作为函数的实参来改变函数外部数组元素的值。

例题 10.10 用数组名作为函数的实参，将数组元素逆向存储。

```
#include<iostream.h>
void fun(int p[],int n)
{
    int i=0,j=n-1,t;
    while(i<j)
    {
        t=p[i]; p[i]=p[j]; p[j]=t;
        i++; j--;
    }
}
void main()
{
    int a[10],i;
    for(i=0;i<10;i++)
        a[i]=i;
    cout<<"原始存放的数据: "<<endl;
    for(i=0;i<10;i++)
        cout<<a[i]<<" ";
    cout<<endl;
```

```
    fun(a,10);
    cout <<"逆向存放后的数据: "<< endl;
    for(i = 0;i < 10;i++)
        cout << a[i]<<" ";
    cout << endl;
}
```

程序运行的结果如下：

```
原始存放的数据:
0 1 2 3 4 5 6 7 8 9
逆向存放后的数据:
9 8 7 6 5 4 3 2 1 0
```

实参数组名代表该数组的首地址，而形参是用来接受从实参传递过来的数组首地址的。因此，形参应该是一个指针变量，只有指针变量才能存放地址。例题 10.10 的函数调用如图 10.7 所示，指针变量 p 存储的是数组 a 的首地址，由指针和一维数组关联，在函数 fun() 中，$p[i]$和 $p[j]$数字交换，也就是 $a[i]$和 $a[j]$数值交换。

图 10.7　数组名作为函数的实参示意图

C++规定，数组名也可以作为函数的形式参数。实际上，C++编译都是将形参数组作为指针变量来处理的。例如，上面给出的函数 fun 的形参可以写成数组形式：

```
fun (int p[10 ], int n)
```

或者

```
fun (int p[ ], int n)
```

这里，p[10]中的 10 没有任何意义，可以不写，但[ ]不能省略。在编译时，系统将 p 按指针变量处理，相当于将函数 fun 的首部写成 f(int ＊p, int n)。在调用该函数时，系统会建立一个指针变量 p，用来存放从主调函数传递过来的实参数组的首地址。如果在 fun 函数中用 sizeof 运算符测定 p 所占的字节数，结果为 4，这就证明了系统是把 p 作为指针变量来处理的。当 p 接受了实参数组的首地址后，p 就指向实参数组的开头，也就是指向 $a[0]$。

例题 10.11　用数组名作为函数的参数，求一维数组中的最大元素值和最小元素值。

```
#include < iostream.h >
void max_min_value (int p[ ], int n, int * maxp, int * minp)
{
    int i;
    * maxp = p[0]; * minp = p[0];
    for(i = 0;i < n;i++)
    {
        if(p[i]> * maxp) * maxp = p[i];
```

```
            if(p[i]< * minp)  * minp = p[i];
        }
    }
    void main()
    {
        int i, a[10], max, min;
        for(i = 0; i < 10; i++)
            cin >> a[i];                                        //输入数组元素值
        max_min_value( a, 10, &max, &min );
        for(i = 0; i < 10; i++)
            cout << a[i] <<" " ;                                //输出数组元素值
        cout << endl;
        cout << "max value = " << max << " min value = " << min << endl ;
//输出最大元素值和最小元素值
    }
```

在本例中可以看出，主调函数可以得到被调函数的多个返回值。原因在于，在被调函数中通过指针间接地访问主调函数中的变量值，通过指针改变它们的值，从而得到多个结果，本例中通过指针变量 maxp 和 minp 分别指向主函数中的 max 和 min，得到两个结果。

数组名作为函数的实参，也可以用指针变量来代替。方法是在主函数中用指针变量指向数组，在调用函数时，用指针变量作为实参。用该方式实现例题 10.10，程序如下：

```
#include < iostream.h >
void fun(int * p, int n)
{
    int i = 0, j = n - 1, t;
    while(i < j)
    {
        t = p[i]; p[i] = p[j]; p[j] = t;
        i++; j--;
    }
}
void main()
{
    int a[10], i;
    int * pa;
    for(i = 0; i < 10; i++)
        a[i] = i;
    cout <<"原始存放的数据: "<< endl;
    for(i = 0; i < 10; i++)
        cout << a[i]<<" ";
    cout << endl;
    pa = a;
    fun(pa,10);
    cout <<"逆向存放后的数据: "<< endl;
    for(i = 0; i < 10; i++)
        cout << a[i]<<" ";
    cout << endl;
}
```

其实,如果有一个实参数组,要想在函数中改变此数组的元素的值,实参与形参的表示形式有以下 4 种情况:

(1) 形参和实参都用数组名。

(2) 实参用数组名,形参用指针变量。

(3) 实参形参都用指针变量。

(4) 实参用指针变量,形参用数组名。

它们实现的形式虽然有差异,但是实际上都是地址的传递,都是指针变量指向该实参数组的首地址。

例题 10.12 输入 n 个整数,将其中最小的数与第一个数对换,把最大的数与最后一个数对换。编写 3 个函数:①输入 n 个数;②进行处理;③输出 n 个数。要求用数组名作为函数的参数。

```
#include <iostream.h>
#define N 10
//输入n个数的函数
void input(int a[],int n)
{
    cout<<"请输入10个整数:";
    for(int i=0;i<n;i++)
        cin>>a[i];
}
//处理函数
void fun(int a[],int n)
{
    int max,min,t;
    max=0; min=0;                          //max代表最大值的位置,min代表最小值的位置
    for(int i=1;i<n;i++)
    {
        if(a[max]<a[i]) max=i;
        if(a[min]>a[i]) min=i;
    }
    t=a[0]; a[0]=a[min]; a[min]=t;
    t=a[n-1]; a[n-1]=a[max]; a[max]=t;
}
//输出n个数的函数
void pr(int a[],int n)
{
    cout<<"结果为:";
    for(int i=0;i<n;i++)
        cout<<a[i]<<" ";
    cout<<endl;
}
void main()
{
    int arr[N];
    input(arr,N);
    fun(arr,N);
    pr(arr,N);
}
```

程序运行的结果如下：

```
请输入 10 个整数:
8 6 5 0 1 2 108 6 52 75
结果为: 0 6 5 8 1 2 75 6 52 108
```

10.3.3 指针与二维数组

二维数组比一维数组在结构上要繁琐，用指针变量指向二维数组在使用上要复杂得多。

1. 数组元素指针和行指针

首先，用户要弄清楚二维数组元素的指针。这里定义一个二维数组，即“int *a*[3][4]＝{{1,2,3,4},{5,6,7,8},{9,10,11,12}};”，数组元素指针和行指针的示意图如图 10.8 所示。

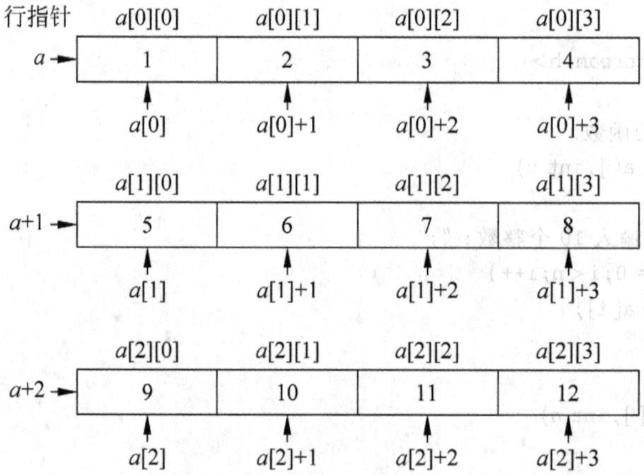

图 10.8 二维数组行指针和数组元素指针的示意图

在“数组”一章中介绍过，可以把二维数组看作是一种特殊的一维数组，它的元素又是一个一维数组。例如，上面的数组 *a* 可以看作是一个一维数组，它有 3 个“大元素”，它们是 *a*[0]、*a*[1]、*a*[2]，每个“大元素”又是一个包含 4 个元素的一维数组。*a*[0]、*a*[1]、*a*[2]可以看作是 3 个一维数组的名字，数组名代表的是数组的首地址，因此 *a*[0]代表第 0 行一维数组中第 0 列元素的地址，即 &*a*[0][0]。*a*[1]的值是 &*a*[1][0]，*a*[2]的值是 &*a*[2][0]。简化的二维数组示意图如图 10.9 所示，从一维数组来看，数组名 *a* 代表的是数组第 0 行的首地址，*a*＋1 代表的是第 1 行的首地址，即 *a*[1]的地址，*a*＋2 代表的是第 2 行的首地址，即 *a*[2]的地址。在此称 *a* 为该二维数组的行指针，其中，数组名代表行指针，*a*＋*i* 代表二维数组的第 *i* 行的指针。

需要注意的是，*a*＋1 不是下一个数组元素 *a*[0][1]的地址，而是数组下一行的首地址，即 *a*[1][0]地址。那么在二维数组中怎样表示 *a*[0][1]的地址呢？大家知道，*a*[0]代表第 0 行的首地址，第 0 行又是一个一维数组，因此，该地址可以表示为*a*[0]＋1，它与 &*a*[0][1]是等价的。推广到一般情形，*a*[*i*]＋*j* 代表的就是第 *i* 行第 *j* 个数组元素的指针，它与&*a*[*i*][*j*]是等价的。称之为二维数组的数组元素的指针。

图 10.9 简化的二维数组示意图

虽然 a 和 $a[0]$都可以表示数组元素 $a[0][0]$的地址，但是 $a+1$ 和 $a[0]+1$ 的结果完全不同，$a+1$ 是 $a[1][0]$的地址，$a[0]+1$ 是 $a[0][1]$的地址。原因在于 a 代表行指针，$a[0]$代表数组元素的指针。

二维数组的指针比较复杂、难懂，特别是每一行的第 1 个元素。例如 $a[0][0]$的地址，可以用行指针 a 来表示，也可以用数组元素指针 $a[0]$来表示，它们与 $\&a[0][0]$是等价的。从形式上看，$a[0]$是 a 数组中的第 0 个元素，那么，它们怎么相等呢？同学们可能有些困惑。首先，大家要清楚 a 是一维数组还是二维数组，如果 a 是一维数组，则 $a[0]$代表 a 数组的第 0 个元素所占的内存单元。如果 a 是二维数组，a 代表行指针，是第 0 行的首地址，即 $a[0][0]$的地址；$a[0]$代表一维数组名，代表的是数组元素的地址，也就是第 0 行的首地址，即 $a[0][0]$的地址。所以，对于二维数组来说，$a[0][0]$的地址有多种表示方式，可以从行指针方面来表达，也可以从数组元素指针方面来表达。$a[j][0]$的地址可以用行指针 $a+j$ 来表示，也可以用数组元素指针 $a[j]$来表示，它们与 $\&a[j][0]$是等价的。

由于 $a[i]$还可以表达为 $*(a+i)$，所以每一行的首地址可以用 $*(a+i)$来表达。同学们可以思考 $*(a+i)+j$ 代表的是什么？实际上，它与 $a[i]+j$ 是等价的，所以 $*(a+i)+j$ 是第 i 行第 j 列数组元素的地址，它与 $\&a[i][j]$是等价的。

为便于同学们深入理解，在此给出图 10.8 中若干个数组元素的地址，如表 10.1 所示。

表 10.1　二维数组 *a* 的性质

数组元素名	存储的值	指针表达形式	含　义
$a[0][0]$	1	&a[0][0]; a; a[0]; *(a+0); *a;	第 0 行 0 列的地址
$a[1][0]$	5	&a[1][0]; a+1; a[1]; *(a+1)	第 1 行 0 列的地址
$a[2][0]$	9	&a[2][0]; a+2; a[2]; *(a+2)	第 2 行 0 列的地址
$a[0][1]$	2	&a[0][1]; a[0]+1; *(a+0)+1; *a+1	第 0 行 1 列的地址
$a[1][2]$	7	&a[1][2]; a[1]+2; *(a+1)+2;	第 1 行 2 列的地址
$a[i][j]$		&a[i][j]; a[i]+j; *(a+i)+j;	第 i 行 j 列的地址

例题 10.13　用指针表达方法输出二维数组 $a[3][4]$中各元素的值。

```
#include < iostream.h >
void main()
{
    int a[3][4] = {{1,2,3,4},{5,6,7,8},{9,10,11,12}};
    int i,j;
     for(i = 0;i < 3;i++)
     {
        for(j = 0;j < 4;j++)
            cout << * ( * (a + i) + j)<<" ";
        cout << endl;
     }
}
```

程序运行结果为：

```
1  2  3  4
5  6  7  8
9 10 11 12
```

2. 指向二维数组元素的指针变量

定义指向二维数组元素的指针变量与定义指向整型变量、一维数组元素的指针变量相同，就是定义一个普通的指针变量，使它指向二维数组中的任何一个元素。

例题 10.14 用指针变量输出二维数组元素的值。

```
#include < iostream.h >
void main()
{
    int a[3][4] = {{1,2,3,4},{5,6,7,8},{9,10,11,12}};
    int i,j;
    int *p;
    p = a[0];
     for(i = 0;i < 3;i++)
     {
         for(j = 0;j < 4;j++)
             cout << *(p++)<<" ";
         cout << endl;
     }
}
```

程序中的“p=a[0];”可以换成“p=&a[0][0];”、“p=*a;”，或者“p= *(a+0);”，但是不能换成“p=a;”，因为 p 是整型指针变量，它指向的是整型变量的地址，$a[0]$、$\&a[0][0]$、$*a$、$*(a+0)$代表的二维数组中元素的地址是整型变量的地址。而 a 代表的行地址，每一行包括 4 个元素的一维数组，不是代表整型变量的地址，是指向行的指针变量，所以不行。

3. 行指针变量

指向行的指针变量的定义格式为：

<数据类型>(*指针变量名)[n];

它表示定义了一个指向包括 n 个元素的一维数组的行指针变量。例如“int (*p)[4];”表示定义了一个指向包含 4 个元素的一维数组的行指针变量 p。因为二维数组的数组名代表行指针，因此可以将数组名赋值给行指针变量。此时，p 只能指向一个包含 4 个元素的一维数组，p 的值就是该一维数组的首地址。p 不能指向一维数组中的其他元素，因此可以用它表达其他数组元素，方法如图 10.10 所示。

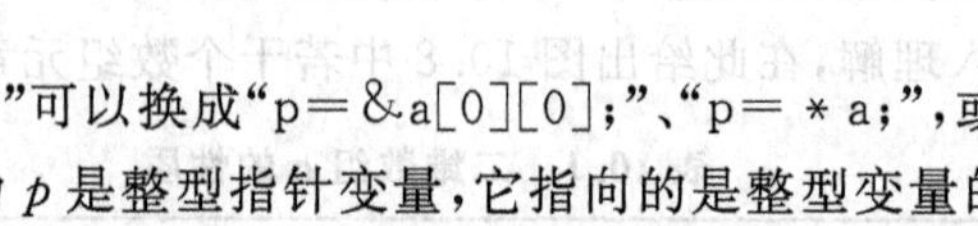

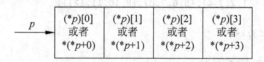

图 10.10 用行指针表达各数组元素

例题 10.15 用行指针变量输出二维数组中任意一行的数组元素的值。

```
#include < iostream.h >
void main()
{
    int a[3][4] = {{1,2,3,4},{5,6,7,8},{9,10,11,12}};
    int (*p)[4] = a;
```

```
    int n,i,j;
    cin>> n;                              //输入需要输出的行
    p=a+n;
    for(i=0;i<4;i++)
        cout<<(*p)[i]<<" ";               // 或者 cout<<*((*p)+i)<<" ";
    cout<< endl;
}
```

测试数据为第2行,程序运行结果为:

```
1
5 6 7 8
Press any key to continue
```

例题 10.16 用行指针变量求二维数组中每一行数组元素的和。

```
#include <iostream.h>
void main()
{
    int a[3][4]={{1,2,3,4},{5,6,7,8},{9,10,11,12}};
    int (*p)[4]=a;
    int sum,i;
    while(p-a<3)
    {
        sum=0;
        for(i=0;i<4;i++)
            sum=sum+*((*p)+i);
        cout<<"第"<<p-a<<"行的和为: "<<sum<<endl;
        p++;
    }
}
```

程序运行结果为:

```
第0行的和为: 10
第1行的和为: 26
第2行的和为: 42
Press any key to continue
```

4. 二维数组名作为函数的参数

二维数组名是行指针,用它作为函数的参数传递的是行指针。函数的形式参数通常用行指针变量,也可以用二维数组定义方式,下面的书写格式意义相同。

```
(1) int fun( int (*a)[4])
{ …}
(2) int fun( int a[3][4])
{ …}
(3) int fun( int a[ ][4])
{ …}
```

实际参数通常是二维数组名,或者是二维数组中每一行的行指针,不能是数组元素的指针。用二维数组名作为函数的参数,重新编写例题 10.16。

```
#include<iostream.h>
int sum(int (*p)[4])
{
    int sum=0,i;
    for(i=0;i<4;i++)
       sum=sum+*((*p)+i);
    return sum;
}
void main()
{
    int a[3][4]={{1,2,3,4},{5,6,7,8},{9,10,11,12}};
    int i;
    for(i=0;i<3;i++)
       cout<<"第"<<i<<"行的和为: "<<sum(a+i)<<endl;
}
```

例题 10.17 用指向数组元素的指针变量作为函数的参数,求二维数组中各元素的和。

```
#include<iostream.h>
int sum(int *p,int n)                //这里的n代表二维数组中元素的个数
{
    int s=0,i;
    for(i=0;i<n;i++)
        s=s+*(p+i);
    return s;
}
void main()
{
    int a[3][4]={{1,2,3,4},{5,6,7,8},{9,10,11,12}};
    cout<<"二维数组中各元素的和为: "<<sum(a[0],12)<<endl;
}
```

例题 10.18 用行指针变量作为函数的参数,求二维数组中各元素的和。

```
#include<iostream.h>
int sum(int (*p)[4],int n)                //这里的n代表行数
{
    int s=0,i,j;
    for(i=0;i<n;i++)
    {
       for(j=0;j<4;j++)
        s=s+*((*(p+i))+j);
    }
    return s;
}
void main()
{
    int a[3][4]={{1,2,3,4},{5,6,7,8},{9,10,11,12}};
    cout<<"二维数组中各元素的和为: "<<sum(a,3)<<endl;
}
```

上面两道例题的运行结果都为“二维数组中各元素的和为：78”。需要注意的是，虽然 a 和 $a[0]$都是代表二维数组的首地址，但是，在用指向数组元素的指针变量作为函数的参数时，函数 sum 的实参 $a[0]$为数组元素的指针；如果用行指针变量作为函数的参数，函数 sum 的实参 a 为数组行指针。

10.3.4 指针数组

如果数组元素为整型数据，称为整型数组；如果数组元素为浮点型数据，称为浮点数组；如果数组元素为字符型数据，称为字符数组。一个数组，如果元素均为指针类型数据，则称为指针数组。也就是说，指针数组中的每一个元素都相当于一个指针变量。一维指针数组的定义形式为：

<数据类型> * 数组名[n] ;

指针数组的元素只能存放地址。例如“int * p[4];”，定义了数组 p 中有 4 个元素，相当于定义了 4 个指针变量，每个数组元素都可以指向一个整型变量，它们可以指向整型变量。

注意：不要写成“int(* p)[4]”，这是指向一维数组的指针变量，是行指针变量，在前面已介绍过了。

例题 10.19　定义指针数组 * $p[4]$，分别指向 4 个整型变量 x、y、z、k，利用指针数组实现 4 个变量的输入和输出，并求它们的和。

```
#include <iostream.h>
void main()
{
    int *p[4];
    int x,y,z,k,sum;
    p[0] = &x; p[1] = &y; p[2] = &z; p[3] = &k;
    cin >> *p[0] >> *p[1] >> *p[2] >> *p[3];
    sum = *p[0] + *p[1] + *p[2] + *p[3];
    cout << *p[0] << " " << *p[1] << " " << *p[2] << " " << *p[3] << endl;
    cout << "它们的和为：" << sum << endl;
}
```

程序运行结果为：

```
10 20 30 40
10 20 30 40
它们的和为：100
```

例题 10.20　利用指针数组输出一维整型数组中各元素的值。

```
#include <iostream.h>
void main()
{
    int a[10],i;
    int *p[10];
    for(i = 0;i < 10;i++)
        a[i] = i + 1;
    for(i = 0;i < 10;i++)
```

```
        p[i] = &a[i];
    for(i = 0;i < 10;i++)
        cout << * p[i]<<" ";
    cout << endl;
}
```

程序运行结果为：

```
1 2 3 4 5 6 7 8 9 10
```

例题 10.21 利用指针数组输出二维整型数组中各元素的值。

```
# include < iostream.h >
void main()
{
    int a[3][4] = {{1,2,3,4},{5,6,7,8},{9,10,11,12}};
    int i,j;
    int * p[3];
    for(i = 0;i < 3;i++)
    {
        p[i] = a[i];
        for(j = 0;j < 4;j++)
            cout << * (p[i] + j)<<" ";
        cout << endl;
    }
}
```

程序运行结果为：

```
1  2  3  4
5  6  7  8
9 10 11 12
```

10.4 指针与字符串

10.4.1 字符指针

在 C++程序中有 3 种方法引用字符串。

(1) 定义一个字符数组存放字符串，用数组引用字符串。

字符串存放在一维数组中，数组名代表数组的首地址。C++提供了许多字符串处理函数，使用户编写程序变得简单、易懂。

例题 10.22 定义两个字符数组 $a[80]$和 $b[80]$，将字符数组 a 的元素复制给字符数组 b。

```
# include < iostream.h >
# include < string.h >
void main()
{
    char a[80],b[80];
```

```
    cin.getline(a,80);
    strcpy(b,a);
    cout << b << endl;
}
```

该程序也可以用下标法实现,例如输出语句可以使用以下语句实现:

```
for(int i = 0;b[i]!= '\0';i++)
    cout << b[i];
cout << endl;
```

(2) 定义一个字符串变量存放字符串,用字符串变量引用字符串。

C++标准库中提供了一个字符串类,习惯上,称之为字符串类型(string)。用户可以使用 string 定义字符串变量来存放字符串。

例题 10.23 输入 3 个非空格的字符串,求最大的字符串,并将它输出。

```
#include <iostream>
#include <string>
using namespace std;
void main()
{
    string str1,str2,str3,maxstr;
    cin >> str1 >> str2 >> str3;
    if(str1 >= str2)
        maxstr = str1;
    else
        maxstr = str2;
    if(maxstr < str3)
        maxstr = str3;
    cout <<"最大的字符串为: "<< maxstr << endl;
}
```

程序运行结果为:

```
computer
soft
cssmu
最大的字符串为: soft
```

(3) 定义一个字符指针,用指针变量引用字符串。

C++在处理字符串时,将从字符串的首地址到字符串结束标志'\0'之间的内容作为一个整体看成一个字符串。字符指针代表该字符串的首地址,用户可以使用字符指针来引用字符串。例如:

```
char * str = "C++program.";
```

等价于下面两行:

```
char str;
str = " C++program.";
```

可以看出,str 被定义为一个指针变量,指向字符型数据。实际上,它是把"C++ program."的首地址赋值给 str。

用户不要认为上述定义行等价于:

```
char str;
* str = " C++program.";
```

这样的语句是错误的。指针变量 str 存储的是地址, * str 代表的是一个字符,是 str 指向的字符,这里是'C'。并且,不能把"C++ program."这些字符存放到 str 中,也不能把字符串赋给 * str,只是把"C++ program."的首地址赋给指针变量 str。

通过字符数组名或字符指针变量可以输出一个字符串,而对于一个数值型数组,是不能企图用数组名输出它的全部元素的。例如:

```
int a[10] ;
…
cout << a << endl;
```

是不行的,只能逐个元素输出。

例题 10.24 使用字符指针编程,将一个字符串的每个字符加 1 后生成一个新的字符串,并输出原来的字符串和处理后的字符串。

```
#include < iostream >
#include < string >
using namespace std;
void main()
{
    char * p,a[80];
    p = "shang hai";                          //这里字符指针 p 指向字符串常量
    for(int i = 0;p[i]!= '\0';i++)
        a[i] = p[i] + 1;
    a[i] = '\0';
    cout <<"原来的字符串"<< endl;
    cout << p << endl;
    cout <<"处理后的字符串"<< endl;
    cout << a << endl;
}
```

程序运行结果为:

```
原来的字符串
shang hai
处理后的字符串
tiboh! ibj
```

10.4.2 字符指针作为函数参数

与一维整型数组类似,字符指针和字符数组名都可以作为函数的参数,它们传递的方式是“地址传递”,即将数组的首地址传递给形式参数。在被调用的函数中可以改变字符串的内容,在主调函数中可以得到改变了的字符串。

例题 10.25 使用字符指针作为函数的参数实现字符串的复制。

```
#include < iostream >
#include < string >
using namespace std;
void strcopy(char * str,char * str1)
{
    while( * str!= '\0')
    {
        * str1 = * str;
          str++;
          str1++;
    }
    * str1 = '\0';
}
void main()
{
    char a[80],b[80];
    cin.getline(a,80);
    strcopy(a,b);
    cout << b << endl;
}
```

程序运行的结果是将字符数组 a 中的数组元素的值复制到字符数组 b 中。本题有多种方法实现字符串的复制,请同学们思考其他实现方式。

例题 10.26 使用字符指针作为函数的参数,求字符串的长度。

```
#include < iostream >
#include < string >
using namespace std;
int len(char * p)
{
    int n = 0;
    while( * p!= '\0')
    {
        p++; n++;
    }
    return n;
}
void main()
{
    char str[80];
    cout <<"输入字符串:";
    cin.getline(str,80);
    cout << len(str)<< endl;
}
```

程序运行结果为:

```
输入字符串:cs smu
6
```

10.4.3 字符指针数组和指向指针的指针

用指针数组来处理字符串是指针数组的优势。用指针数组来初始化字符串,可以灵活地处理长短不一的字符串,从而节省内存空间。

例题 10.27 使用字符指针数组初始化 3 个字符串,即"cpp"、"computer"、"china",如图 10.11 所示。求出(按字母顺序)最大的字符串。

```
#include <iostream>
#include <string>
using namespace std;
void main()
{
    char * str[] = {"cpp","computer","china"};
    char i;
    if(strcmp(str[0],str[1])>= 0)
        i = 0;
    else
        i = 1;
   if(strcmp(str[2],str[i])> = 0)
        i = 2;
   cout <<"最大的字符串: "<< str[i];
   cout << endl;
}
```

程序运行结果为:

```
最大的字符串: cpp
```

用指针数组中的元素分别指向各字符串,见图 10.11。如果想对字符串排序,不必改动字符串的位置,只需改动指针数组中各元素的指向,即改变各元素的值,这些值是各字符串的首地址,如图 10.12 所示。

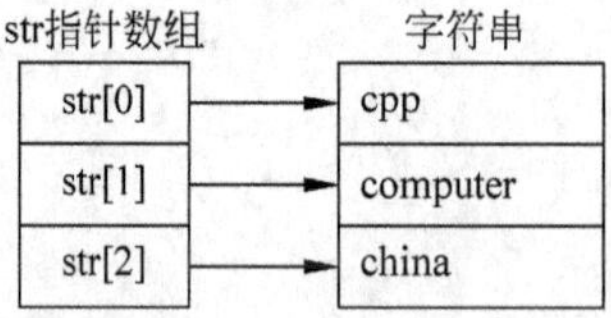

图 10.11 指针数组指向 3 个字符串

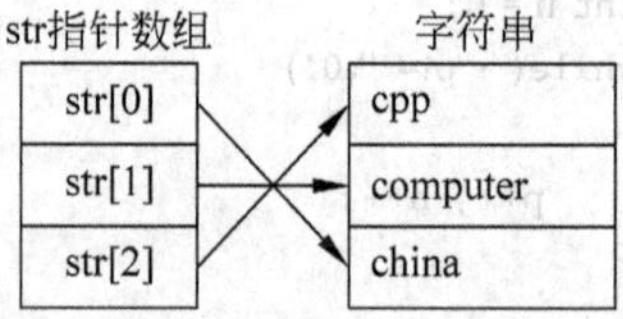

图 10.12 3 个字符串排序后的示意图

例题 10.28 使用字符指针数组作为函数参数,实现图 10.12 中的字符串排序函数和字符串输出函数。

```
#include <iostream>
#include <string>
using namespace std;
void sort(char * a[],int n)
{
    char * p;
```

```
    int i,j,k;
    for(i = 0;i < n - 1;i++)
    {
        k = i;
        for(j = i + 1;j < n;j++)
            if(strcmp(a[k],a[j])> 0)
                k = j;
            if(k!= i)
            {
                p = a[i]; a[i] = a[k]; a[k] = p;
            }
    }
}
void pr(char * a[],int n)
{
    int i;
    for(i = 0;i < n;i++)
        cout << a[i]<< endl;
}
void main()
{
    char * str[] = {"cpp","computer","china"};
    sort(str,3);
    pr(str,3);
}
```

程序运行结果为：

```
china
computer
cpp
```

指针数组的本质是指针数组元素存储指针类型的变量地址。在C++语言中，可以定义指向指针数据的指针变量，简称为指向指针的指针。它的定义格式如下：

<数据类型> * * <指针变量名> ;

指针变量存储的值是地址，属于间接访问存储空间数据。例如"int ** p; "，在 p 的前面有两个 * 号。* 运算符的结合性是从右到左，因此 ** p 相当于 *(* p)，显然 * p 是指针变量的定义形式。如果没有最前面的 *，那么就定义了一个指向整型数据的指针变量。现在它前面又有一个 * 号，表示指针变量 p 指向一个整型指针变量。

例题 10.29 使用指向指针的指针间接访问变量 i。

```
#include < iostream >
using namespace std;
void main()
{
    int i, * pi, ** ppi;
    cin >> i;
    pi = &i;
    ppi = &pi;
```

```
    cout <<"i = "<< i << endl;
    cout <<" * pi = "<< * pi << endl;
    cout <<" ** ppi = "<< ** ppi << endl;

}
```

测试数据 *i* 为 3,程序运行结果为:

```
3
i = 3
 * pi = 3
 ** ppi = 3
```

实际上,指针数组名就是指向指针的指针。例如定义字符指针数组"char * str[]={"cpp", "computer", "china"}",str 是一个指针数组,它的每一个元素是一个指针型数据,其值为地址。数组名 str 代表该指针数组的首地址,是常量,它指向 str[0],实际上是 char ** 类型。如果定义一个"char ** p; ",它也是 char ** 类型。因此,可以将 str 赋值给 *p*,通过变量 *p* 对指针数组 str 进行访问。

例题 10.30 使用指向指针的指针输出浮点型数组元素。

```
#include <iostream>
using namespace std;
void main()
{
    float a[10], * pa[10], * * ppa;
    int i;
    for(i = 0;i < 10;i++)
        a[i] = i + 0.1 * i;
    //将数组 a 中每个元素的地址赋给指针数组 pa
    for(i = 0;i < 10;i++)
        pa[i] = &a[i];
    //将指向指针的指针变量 ppa 指向指针数组 pa 的首地址
    ppa = pa;
   //指向指针的指针变量 ppa 访问数组 a 中元素的值
    for(i = 0;i < 10;i++)
        cout << * * (ppa + i)<< " ";
    cout << endl;
}
```

程序运行结果为:

```
0  1.1  2.2  3.3  4.4  5.5  6.6  7.7  8.8  9.9
```

例题 10.31 使用指向指针的指针输出字符指针数组的值。

```
#include <iostream>
#include <string>
using namespace std;
void main()
{
    char * str[] = {"cpp","computer","china"};
```

```
    char ** p;
    for(int i = 0;i < 3;i++)
    {
        p = str + i;
        cout << * p << endl;
    }
}
```

程序运行结果为：

```
cpp
computer
china
```

10.5 指针与函数

10.5.1 函数指针

一个函数在编译时被分配给一个入口地址，这个入口地址称为函数的指针。在 C++语言中，可以定义一个指针变量，用它指向函数，然后通过该指针变量调用此函数。这种变量称为函数指针变量，简称函数指针。它的定义格式如下：

```
<数据类型>  ( * <函数指针名>)(<参数类型表>) ;
```

"数据类型"是指函数返回值的类型。函数指针所指向的函数要求函数的类型和＜参数类型表＞与它相同，不固定指向哪一个具体的函数，只是表示定义了这样一个类型的变量，它是专门用来存放同类型函数的入口地址的。在程序中把哪一个函数的地址赋给它，它就指向哪一个函数。在一个程序中，一个指针变量可以先后指向不同的函数。

给函数指针变量赋值，只需给出函数名而不必给出参数。在用函数指针变量调用函数时，只需将(* p) (实参列表)代替函数调用(p 为指针变量名)，或者直接写成 p(实参列表)的形式。两种写法实现函数的调用，结果是一样的，习惯上用后一种形式。

例题 10.32 用函数指针调用函数。

```
#include < iostream >
#include < string >
using namespace std;
int max(int x,int y)
{
    if(x > y)
        return x;
    else
        return y;
}
int min(int x,int y)
{
    if(x < y)
        return x;
```

```
    else
        return y;
}
void pr(int x)
{
    cout << x << endl;
}
void main()
{
    int a,b,c,d;
    int ( * pf)(int,int);
    void ( * pf1)(int);
    cin >> a >> b;
    pf = max;      c = pf(a,b);
    pf1 = pr;
    cout <<"最大值为: ";    pf1(c);
    pf = min;      d = pf(a,b);
    cout <<"最小值为: ";    pf1(d);
}
```

程序运行结果为：

```
3 5
最大值为: 5
最小值为: 3
```

函数指针常用的用途之一是把函数指针作为参数传递到其他函数。它的原理是将函数名传递给其他函数的形参，在调用该函数时，系统根据给定的不同实参调用不同的函数，这是函数嵌套调用的一种方法。函数指针作为函数的参数增加了函数调用的灵活性。

例题 10.33 编写一个通用的积分函数，求下列 3 个定积分的近似值。

$$\int_0^1 (1+x+x^2)\mathrm{d}x、\int_{-1}^1 \cos x\mathrm{d}x 和 \int_0^2 \mathrm{e}^x \mathrm{d}x$$

用梯形法求定积分的通用公式为：

$$s = h\left(\frac{f(a)+f(b)}{2} + \sum_{i=1}^{n} f(a+i\times h)\right),\ h = \left|\frac{a-b}{n}\right|$$

其中，a、b 是积分区间的上、下限，n 为积分的分割数目，h 为分割区间长度，$f(x)$为被积函数，如图 10.13 所示。

```
#include < iostream >
#include < string >
#include < math.h >
using namespace std;
float f1(float x)
{
    float y;
    y = 1 + x + x * x;
    return y;
}
float f2(float x)
```

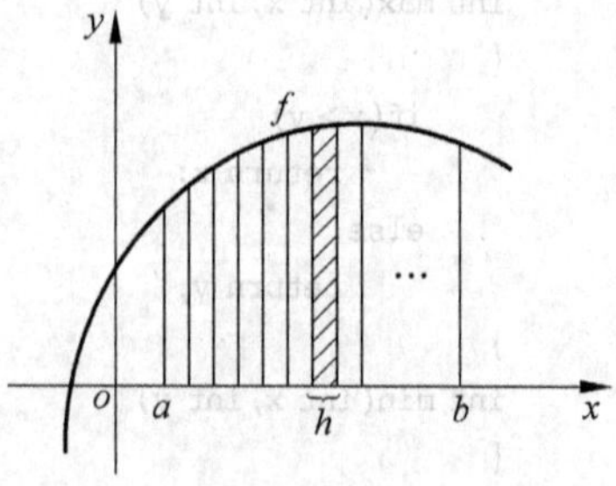

图 10.13 求定积分示意图

```
{
    float y;
    y = cos(x);
    return y;
}
float f3(float x)
{
    float y;
    y = exp(x);
    return y;
}
float fun(float a, float b, int n, float ( * f)(float))
{
    float s, h;
    int i;
    h = (b - a)/n;
    s = (f(a) + f(b))/2;
    for(i = 1; i < n; i++)
        s += f(a + i * h);
    return(s * h);
}
void main()
{
    cout <<"1 + x + x * x 的积分值为: "<< fun(0,1,1000,f1)<< endl;
    cout <<"cos(x)的积分值为: "<< fun( - 1,1,1000,f2)<< endl;
    cout <<"exp(x)的积分值为: "<< fun(0,2,1000,f3)<< endl;
}
```

程序运行结果为：

```
1 + x + x * x 的积分值为: 1.82335
cos(x)的积分值为: 1.68289
exp(x)的积分值为: 6.32537
```

从本例可以看到，不论调用 f1、f2 还是 f3，函数 fun 一点都没有改动，只是在调用 fun 函数时将实参函数名(f1、f2 或 f3)改变而已，这就增加了函数使用的灵活性。对于一些有共同特征的数学问题，可以编一个通用的函数来实现各种通用的功能。

10.5.2 指针函数

一个函数可以返回一个整型值、字符值、实型值等，也可以返回指针，即地址。返回指针值的函数简称为指针函数。

指针函数的定义形式为：

```
<数据类型> * <函数名>(<参数类型表>);
```

它与一般的函数定义相同，只不过返回类型为指针类型，所以，在函数内必须有一个 return 语句返回一个指针。

例题 10.34 用指针函数编写一个求字符串逆向的函数。

```
#include <iostream>
#include <string>
using namespace std;
char * fun(char * str)
{
    static char a[80];
    int n = strlen(str);
    for(int i = n - 1;i >= 0;i -- )
        a[i] = * str++;
    a[n] = '\0';
    return a;
}
void main()
{
    cout << fun("computer cpp");
    cout << endl;
}
```

程序运行结果为：

```
ppc retupmoc
```

例题 10.35 用指针函数来实现，有若干个学生的成绩，要求找出其中有不及格课程的学生，输出该学生的序号和成绩。

```
#include <iostream>
using namespace std;
int * fun(int ( * p)[4])
{
    int i;
    int * pt = NULL;
    for(i = 0;i < 4;i++)
            if( * ( * p + i)< 60) pt = * p;
    return pt;
}
void main()
{
    int s[][4] = {{66,50,80,75},{80,75,89,90},{58,62,59,61},{90,85,67,55},{90,85,67,76}};
    int * ps;
    int i,j;
    for(i = 0;i < 5;i++)
    {
        ps = fun(s + i);
        if(ps == * (s + i))
        {
            cout <<"第"<< i <<"同学的成绩为:        ";
            for(j = 0;j < 4;j++)
                cout << * (ps + j)<<" ";
            cout << endl;
        }
    }
}
```

程序运行结果为：

```
第 0 同学的成绩为:      66 50 80 75
第 2 同学的成绩为:      58 62 59 61
第 3 同学的成绩为:      90 85 67 55
```

在该程序中，if(ps==*(s+i))用于判断 ps 得到 fun 函数返回的指针，如果得到二维数组行指针，表示有不及格的情况，需要输出该行的数据，否则 ps 为 NULL。

10.6 存储空间的动态分配和释放

10.6.1 new 和 delete 运算符

数组是一种常用的数据类型，它的应用非常广泛。但是，数组在使用的时候一旦定义好数组，需要的内存空间就已经确定，不能在运行期间改变。因此，使用数组，内存空间的利用率不高，特别是一些字符串长度不等的情况，定义数组长度通常是尽量足够大，势必会造成内存空间的浪费。为此，C++提供了一种在程序运行时的存储空间的动态分配与释放机制。存储空间的动态分配和释放是通过 new 和 delete 运算来实现的。

1. 运算符 new

运算符 new 用于返回一个指定数据类型的内存空间的首地址(指针)，它的定义格式如下：

1) 开辟指向变量空间

```
<指针变量> = new < 数据类型>;
```

或者

```
<指针变量> = new < 数据类型>(初始化值);
```

2) 开辟指向一维数组空间

```
<指针变量> = new < 数据类型>[表达式值];
```

例如：

```
int *p;
p = new int;
*p = 3;
```

系统根据 int 类型的空间大小开辟 4 个字节的内存空间，并将其首地址作为指针变量 p 的值，如图 10.14 所示。

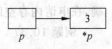

图 10.14 new 产生内存空间

当然，用户也可以在开辟内存空间时对内存空间初始化，上述代码可以写成：

```
int *p;
p = new int(3);
```

2. 运算符 delete

运算符 delete 用来释放 new 申请到的内存空间。它的定义格式如下：

1）释放指向变量空间

```
delete <指针变量>;
```

2）释放指向一维数组空间

```
delete [n] <指针变量>                                    //这里的n可以省略
```

delete 释放的是开辟的内存空间，指针变量还存在，一旦释放了该内存空间，将提高内存空间利用率，但是，指针变量指向谁，取决于编译器对它处理的结果。因此，用户必须清楚地知道指针指向谁，在这种情况下，可以将指针变量赋值为 NULL，以确保指针变量不乱指向谁。

例题 10.36 利用动态内存技术实现整数的输入和输出。

```
#include < iostream >
using namespace std;
void main()
{
    int *p = new int;
    if(p!= NULL)
    {
        *p = 3;
        cout << *p << endl;
    }
    else
    {
        cout <<"分配内存空间失败";
        return;

    }
    delete p;
    p = NULL;
}
```

程序运行结果为：

```
3
```

利用动态内存技术，使用 new 运算，不是每次都能申请成功，为了确保程序的执行正确，在申请内存空间时最好测试内存空间是否申请成功，例如上面的 if(p!=NULL)语句。

例题 10.37 利用动态内存技术实现不定长度的整型数组的输入和输出。

```
#include < iostream >
using namespace std;
void main()
{
    int n,i;
    cin >> n;
```

```
    int *p = new int[n];
    if(p!= NULL)
    {
        for(i = 0;i < n;i++)
            p[i] = i + 1;
        for(i = 0;i < n;i++)
        cout << p[i]<<" ";
        cout << endl;

    }
    else
    {
        cout <<"分配内存空间失败";
        return;
    }
    delete []p;
    p = NULL;
}
```

n 的测试数据为 10,程序运行结果为:

```
10
1 2 3 4 5 6 7 8 9 10
```

在本例中,如果输入的 *n* 足够大(但不要超出整数的范围),很有可能分配内存空间失败。

10.6.2 void * 指针

C++可以使用基本类型为 void 的指针类型。void * 指针不是指向任何类型的数据,而是指向不确定类型的指针,它可以指向某一具体类型的内存空间。它的定义格式如下:

```
void   *<指针变量>;
```

void * 指针是通过赋值或者初始化来确定指向某一类内存空间的,它无法确定所指向的内存空间的大小,还必须通过类型的强制转换将它转换为对应的数据类型。

例题 10.38 利用同一个 void * 指针指向整型变量和整型数组。

```
#include < iostream >
using namespace std;
void main()
{
    int x,a[10],i;
    void *p;
    p = &x;
    *(int *)p = 123;
    cout << *(int *)p <<" "<< x << endl;
    p = a;
    for(i = 0;i < 10;i++)
        ((int *)p)[i] = i + 1;
    for(i = 0;i < 10;i++)
```

```
        cout << a[i]<<" ";
    cout << endl;
    for(p = a,i = 0;i < 10;i++)
        cout << * ((int * )p + i)<<" ";
    cout << endl;
}
```

程序运行结果为：

```
123  123
1  2  3  4  5  6  7  8  9  10
1  2  3  4  5  6  7  8  9  10
```

例题 10.39　用 void * 指针作为函数参数，实现两个数的交换。

分析：这种交换，由于无法确定 void * 指针所指向的内存空间的大小，所以通过一个参数来实现，基本思想是将两个内存空间中的每一个内存单元(一个字节)进行交换，而不是将两个内存空间的值直接交换。

```
#include < iostream >
using namespace std;
void swap(void * x,void * y,int n)
{
    char t;
    for(int i = 0;i < n;i++)
    {
        t = * ((char * )x);
        * ((char * )x) = * ((char * )y);
        * ((char * )y) = t;
        x = (char * )x + 1;
        y = (char * )y + 1;
    }
}
void main()
{
    int a = 3,b = 5;
    cout <<"交换前";
    cout << a <<" "<< b << endl;
    swap(&a,&b,4);
    cout <<"交换后";
    cout << a <<" "<< b << endl;
    double fa = 3.1,fb = 5.2;
    cout <<"交换前";
    cout << fa <<" "<< fb << endl;
    swap(&fa,&fb,8);
    cout <<"交换后";
    cout << fa <<" "<< fb << endl;
    char str1[10] = "comptuer",str2[10] = "cs";
    cout <<"交换前";
    cout << str1 <<" "<< str2 << endl;
    swap(str1,str2,8);
    cout <<"交换后";
```

```
    cout << str1 <<" "<< str2 << endl;
}
```

程序运行结果为：

```
交换前 3 5
交换后 5 3
交换前 3.1 5.2
交换后 5.2 3.1
交换前 comptuer cs
交换后 cs comptuer
```

10.7 引　用

10.7.1 引用类型概述

引用是 C++的一种新的数据类型，它是对变量起另外一个名字，简称为别名，这个名字称为该变量的引用。在建立引用时，必须用某个变量名对它进行初始化，于是它被绑定在该变量上。引用不占用内存空间，引用只是代表某个变量的别名，对引用的操作就是对该变量的操作。引用的定义格式如下：

```
<数据类型>   &<引用变量名> = <原变量名>;
```

其中，原变量名必须是一个已定义过的变量。例如：

```
int i ;
int &ri = i;
```

ri 并没有重新在内存中开辟单元，只是引用 i 的单元。i 和 ri 在内存中占用同一个地址，即同一个地址两个名字。

符号 & 在引用定义时是说明符，例如“int &ri=i;”说明 ri 是一个引用名。它和运算符 & 不同，运算符 & 是取变量的地址。在形式上，如果前面无类型符(例如 cout<<&p)，则是取变量的地址。

例题 10.40 利用引用变量实现两个普通变量值的交换。

```
# include < iostream.h >
void main()
{
    int i,j,t;
    int &ri = i, &rj = j;
    cin >> i >> j;
    t = ri; ri = rj; rj = t;
    cout << i <<" "<< j << endl;
}
```

测试数据为 3,5，程序运行结果为：

```
3 5
5 3
```

对于引用类型的变量，用户需要注意以下几点：

(1) 引用类型变量的初始化值不能是一个常数。

(2) 引用和变量一样有地址，可以对其地址进行操作，即将其地址赋给一个指针。

(3) 可以用动态分配的内存空间来初始化一个引用变量。

```
int &ri =  * new int;                          //用 new 开辟一个空间，取一个别名 ri
ri= 12;                                        //给内存空间赋值
cout << ri ;                                   //输出 12
delete &ri                                     //释放该内存空间
```

指针和引用是不同的，不能将它们混淆，它们的主要区别如下：

(1) 指针是通过地址间接访问某个变量；而引用是通过别名直接访问某个变量。

(2) 指针是对变量的间接访问；引用是变量的别名，是直接访问变量。引用必须初始化。

(3) 指针变量可以有指针的引用；而引用变量不可以建立引用的引用。

例如：

```
int i = 10;
int * p;
int * &rp = p;
rp = &i;
cout << * p <<" "<< * rp << endl;
```

程序运行的结果是 * *p* 和 * rp 都为 10。

因此，企图建立引用的引用，“int & &px=i;”是错误的。

(4) 不可以为数组定义引用，但可以为数组元素定义引用，因为引用只能引用变量的引用，而指针两者都可以。

(5) 可以有空指针，但不可以有空引用。

例如，“int * p = NULL;”是合法的，*p* 是一个空指针；但“int &rp = NULL;”是非法的。

10.7.2 引用变量作为函数参数

引用变量在 C++程序中作为函数的参数可以达到指针作为函数参数的效果。在参数传递中，不复制参数的副本，能够实现在被调函数中改变调用函数参数的值。在程序的可读性上，引用变量作为函数的参数要好一些。因为指针作为函数的参数时，调用函数的实参需要地址，会给编程带来理解上的难度。而用引用变量作为函数的参数时，调用函数的实参直接用变量名，比较直观、易懂。引用变量作为函数的形参，实际上是在被调函数中对实参变量进行操作，它能够实现函数传递多个返回值的功能。

例题 10.41 用引用变量作为函数参数实现两个整型变量的交换，如图 10.15 所示。

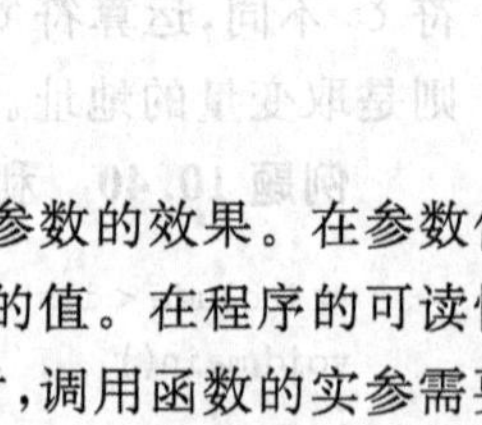

图 10.15 交换示意图

```
#include < iostream.h>
void swap( int &ra, int &rb)
{
```

```
    int t;
    t = ra; ra = rb; rb = t;
}
void main()
{
    int a,b;
    a = 3;
    b = 5;
    swap(a,b);
    cout << a <<" "<< b << endl;
}
```

程序运行结果为：

```
5 3
```

10.7.3 返回引用的函数

用户可以把函数定义为引用类型，这时函数的返回值即为某一变量的引用，因此，它相当于返回了一个变量。所以，可以对其返回值进行赋值操作。返回引用的函数，要求返回一个已经分配的内存空间。例如“return a;”，这里建议将变量 *a* 定义为全局变量或者静态变量。

例题 10.42 编写返回引用的函数，实现求圆的面积的功能。

```
#include < iostream.h >
double a;
double &area(double r)
{
   a = 3.14 * r * r;
   return a;
}

void main()
{
    double r0;
    r0 = 2;
    cout << area(r0)<< endl;
}
```

程序运行结果为：

```
12.56
```

思考：如果 area 函数改成以下形式，会有什么结果？

```
double &area(double r)
{
   return 3.14 * r * r;
}
```

大家知道，函数作为一种程序实体，有名字、类型、地址和存储空间，一般来说，函数不能作为左值(即函数不能放在赋值号左边)。但如果将函数定义为返回引用类型,因为返回的是一个变量的别名,就可以将函数放在左边,即给这个变量赋值。

例题 10.43 编写返回引用的函数,实现从键盘输入一些数字和字符,统计其中数字字符的个数和非数字字符的个数。

```
#include < iostream >
using namespace std;
int &fun(char ch, int &n, int &c)
{
    if(ch> = '0' && ch<= '9')
        return n;
    else
        return c;
}
void main()
{
    int tn = 0, tc = 0, i = 0;
    char ch[80];
    cout <<"请输入字符串: "<< endl;
    cin.getline(ch,80);
    while(ch[i]!= '\0')
    {
        fun(ch[i],tn,tc)++;
        i++;
    }
    cout << tn << endl;
    cout << tc << endl;
}
```

测试数据为 smu12345678cs,程序运行结果为:

```
请输入字符串:
smu12345678cs
8
5
```

10.8 指针与结构体

10.8.1 结构体指针

结构体指针就是指向结构体变量的地址,一个结构体变量的指针就是该变量所占据的内存空间的首地址,一个结构体数组的指针就是该数组所占据的内存空间的首地址。可以设一个指针变量,用来指向一个结构体变量,此时该指针变量的值是结构体变量的首地址,指针变量也可以用来指向结构体数组中的元素。

它的一般定义格式为:

```
<数据类型> *<结构体指针名> = <初始化的值>;
```

与变量指针类似,可以通过结构体指针来引用结构体变量或结构体数组。结构体指针还有自己独特的引用方式，即通过成员指向运算符"－＞"来访问结构体变量，结构体指针引用方式建议使用成员指向运算符"－＞"来访问结构体变量。

例题 10.44 通过指向结构体变量的指针输入、输出结构体变量中的成员信息。

```
#include <iostream>
using namespace std;
struct student
{   int sid;
    char name[30];
    char sex[10];
    char dept[10];
};
void main()
{
    struct student stu1, *p;
    cin>> stu1.sid;
    cin>> stu1.name;
    cin>> stu1.sex;
    cin>> stu1.dept;
    p = &stu1;
    cout <<"通过结构体名访问"<< endl;
    cout << stu1.sid << endl;
    cout << stu1.name << endl;
    cout << stu1.sex << endl;
    cout << stu1.dept << endl;
    cout <<"通过指针变量访问"<< endl;
    cout <<(*p).sid << endl;
    cout <<(*p).name << endl;
    cout <<(*p).sex << endl;
    cout <<(*p).dept << endl;
    cout <<"通过指针运算符访问"<< endl;
    cout << p -> sid << endl;
    cout << p -> name << endl;
    cout << p -> sex << endl;
    cout << p -> dept << endl;
}
```

程序运行结果为：

```
1001 张三 男 计算机          //测试数据
通过结构体名访问
1001
张三
男
计算机
通过指针变量访问
1001
张三
男
计算机
通过指针运算符访问
```

```
1001
张三
男
计算机
```

例题 10.45 定义 4 个学生信息,存放在结构体数组中,利用结构体指针输出所有学生的信息。

```
#include <iostream>
using namespace std;
struct student
{
    int sid;
    char name[30];
    char sex[10];
    char dept[10];
};
void main()
{
    struct student stu[4] = {{1001,"张三","男","计算机"},{1002,"李四","男","信息管理"},
{1003,"王薇","女","财务管理"},{1001,"徐敏","女","计算机"}};
    struct student *p;
    for(p = stu;p - stu < 4;p++)
        cout << p -> sid <<" "<< p -> name <<" "<< p -> sex <<" "<< p -> dept << endl;
}
```

程序运行结果为:

```
1001 张三 男 计算机
1002 李四 男 信息管理
1003 王薇 女 财务管理
1001 徐敏 女 计算机
```

注意 p++的含义,p 所增加的值为结构体数组 stu 的一个元素所占的字节数,指向下一个数组元素。

10.8.2 结构体指针作为函数参数

用结构体指针作为函数参数,这时由实参传向形参的是地址,可大大减少时间和空间的开销。

例题 10.46 有一个结构体变量 stu,内含学生的学号、姓名和 3 门课的成绩,要求用结构体指针作为函数参数编写输入和输出函数,实现信息的输入和输出。

```
#include <iostream>
using namespace std;
struct student
{
    int sid;
    char name[30];
    int score[3];
};
```

```
void input(struct student * st, int n)
{
    for(int i = 0;i < n;i++)
    {
        cin >> st[i].sid;
        cin >> st[i].name;
        cin >> st[i].score[0] >> st[i].score[1] >> st[i].score[2];
    }
}
void pr(struct student * st, int n)
{
    for(int i = 0;i < n;i++)
    {
        cout << st[i].sid << " ";
        cout << st[i].name << " ";
        cout << st[i].score[0] << " " << st[i].score[1] << " " << st[i].score[2] << endl;
    }

}
void main()
{
    struct student stu[3], * p;
    p = stu;
    cout << "请输入学号、姓名和 3 门课的成绩: " << endl;
    input(p, 3);
    cout << "输出学生的学号、姓名和 3 门课的成绩: " << endl;
    pr(p, 3);
}
```

程序运行结果为：

```
请输入学号、姓名和 3 门课的成绩:
1001 张三 85 76 89
1002 李四 88 92 82
1003 徐敏 90 88 98
输出学生的学号、姓名和 3 门课的成绩:
1001 张三 85 76 89
1002 李四 88 92 82
1003 徐敏 90 88 98
```

input()和 pr()函数的形参中的 st 是 struct student 结构体指针，main 函数中的调用语句 input()和 pr()的实参是 stu 数组元素的地址，当 main 函数调用 input()和 pr()时，程序将 stu 数组元素的地址传给形参 st，即 st 指向数组元素。此时，形参 st 仅占用存放地址的内存空间，没有开辟新的结构体变量的内存空间，因此，系统节省了内存空间；由于传递的只是一个地址而不是所有的成员值，因此，形实结合时系统花费的时间少，即采用指针作为参数传递节省内存、效率高。pr()函数还可以用以下形式：

```
void pr(struct student * st, int n)
{
    for(int i = 0;i < n;i++)
```

```
    {
        cout << st -> sid <<" "<< st -> name <<" ";
        cout << st -> score[0]<<" "<< st -> score[1]<<" "<< st -> score[2]<< endl;
        st++;
    }
}
```

10.9 链　　表

10.9.1 链表的概念

链表是一种常见的重要的数据结构，它是动态地进行内存存储分配的一种结构。在用数组存放数据时，必须事先定义固定的长度（即元素个数），但是当事先难以确定有多少个元素时必须把数组定义的足够大，以保证成功，无疑这会造成内存浪费。然而，链表没有这种缺陷，它可以根据需要动态地开辟内存单元。链表是动态数据结构的一种基本形式。图 10.16 所示为最简单的一种线性链表的结构。

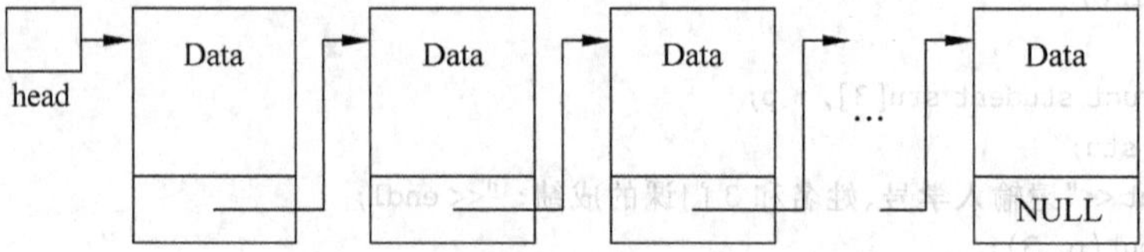

图 10.16　简单的链表结构

图 10.17 所示的结点类型的定义如下：

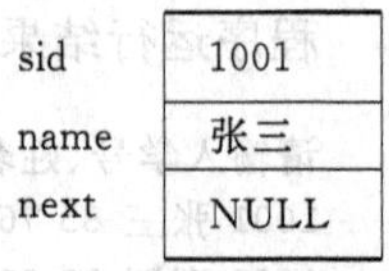

图 10.17　结点示意图

```
struct student
{
    int sid;
    char name[30];
    struct student * next;
};
```

该结构体数据成员有 3 个，一个是整型数据变量 sid，一个是字符型数组，另一个是 struct student *类型的指针变量 next，它用于存储下一个结点的地址，如果是最后一个结点，则为 NULL。

链表有一个“头指针”变量，在图 10.16 中以 head 表示，它是一个指针变量，指向结构体类型的结点，存放一个结点的地址。该地址指向链表的第一个元素。链表中的每一个元素都称为“结点”，每个结点都应包括两个部分，一是用户需要用的实际数据（Data），二是下一个结点的指针（地址）。可以看出，head 指向第一个元素；第一个元素又指向第二个元素……直到最后一个元素，该元素不再指向其他元素，称为“表尾”，它的地址部分放一个“NULL”（表示“空地址”），链表到此结束。链表称为动态数据结构，是因为链表中的结点可增可减、可多可少，可在中间任意一个位置插入和删除结点。

从链表的结构可以看出，链表中的各元素在内存中可以不连续存放，它们的先后顺序是通过结点的成员指针变量联系的。链表属于一种非随机存储结构,访问链表中的结点必须通过头指针间接访问运算来进行。

10.9.2 链表的基本操作

链表的基本操作有创建链表、遍历链表、查找结点、修改结点、插入结点、删除结点等。

创建链表是动态申请结点的内存空间,将所有的结点连接起来,形成一个以指针变量head为头结点的链表。

例题 10.47 建立一个新的链表,链表的结点个数在程序中输入,并将链表的所有结点输出。

```
#include <iostream>
using namespace std;
struct node
{
    int i;
    struct node *next;
};
void main()
{
    int n;
    struct node *head = NULL, *p, *q;
    cout <<"输入需要建立链表的结点个数: ";
    cin >> n;
    for(int i = 0;i < n;i++)
    {
        p = new node;
        p -> i = i + 1;
        p -> next = NULL;
        if(head == NULL)
        { head = p; q = p;}
        else
        { q -> next = p; q = p; }
    }
    p = head;
    while(p!= NULL)
    {
        cout << p -> i <<" ";
        p = p -> next ;
    }
}
```

程序运行结果为:

```
输入需要建立链表的结点个数: 10
1 2 3 4 5 6 7 8 9 10
```

遍历链表就是从头结点开始依次访问链表中的各个结点。查找结点是在遍历链表的基础上进行的。修改结点要先找到该结点,然后将该结点的数据重新赋值。

例题 10.48 编写一个函数，在链表中查找 x 的值，如果有，返回第一次出现的结点是第几个结点（从 0 开始算起），并在主函数中实现。

```
#include <iostream>
using namespace std;
int n0 = 0;
struct node
{
    int i;
    struct node * next;
};
node * search(node * h, int x)
{
    node * p;
    p = h;
    while(p!= NULL)
    {
        if(p -> i == x)
        { return p; break; }
        p = p -> next;
        n0++;
    }
  return NULL;
}
void main()
{
    int n, x;
    struct node * head = NULL, * p, * q;
    cout <<"输入需要建立链表的结点个数: ";
    cin >> n;
    for(int i = 0; i < n; i++)
    {
        p = new node;
        p -> i  = i + 1;
        p -> next  = NULL;
        if(head == NULL)
        { head = p; q = p;}
        else
        { q -> next = p; q = p; }
    }
    cout <<"输入需要查找的数据: ";
    cin >> x;
    p = search(head, x);
    if(p!= NULL)
         cout << x <<"在第"<< n0 <<"结点上."<< endl;
    else
        cout <<"链表中没有该数据!"<< endl;
    p = head;
    while(p!= NULL)
    {
```

```
        cout << p -> i <<" ";
        p = p -> next ;
    }
}
```

程序运行结果为：

```
输入需要建立链表的结点个数：10
输入需要查找的数据：8
8 在第 7 结点上.
1 2 3 4 5 6 7 8 9 10
```

插入结点时分 4 种情况：①原链表为空链表；②插入在链表首结点之前；③插入在链表中间；④插在链表尾结点之后。插入中间结点的示意图如图 10.18 所示。

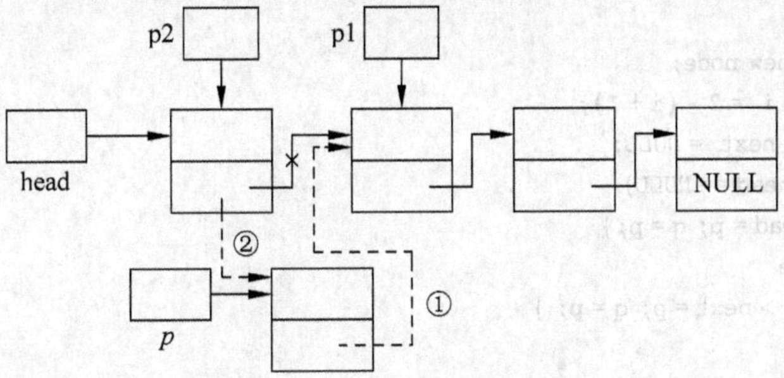

图 10.18　插入结点示意图

例题 10.49　编写一个插入结点函数，在有序链表中增加一个结点，使它仍然有序。

```
#include <iostream.h>
struct node
{
    int i;
    struct node * next;
};
node * insert(node * head,node * p)
{
    node * p1, * p2;
    p1 = head;
    if(head == NULL)
    {
        head = p;
    }
    else
    {
        while((p -> i )>(p1 -> i) && p1 -> next != NULL)
        {       p2 = p1; p1 = p1 -> next ; }
        if(p1 -> next  == NULL)
        { p1 -> next  = p; }
        else
        {
            p -> next  = p1;
```

```
                if(head == p1) head = p;
                else
                    p2 -> next  = p;
            }
        }
    return head;
}
void main()
{
    int n;
    struct node  * head = NULL, * p, * q, * newp;
    cout <<"输入需要建立递增链表的结点个数:";
    cin >> n;
    for(int i = 0;i < n;i++)
    {
        p = new node;
        p -> i  = 2 * (i + 1);
        p -> next  = NULL;
        if(head == NULL)
        { head = p; q = p;}
        else
        { q -> next = p; q = p; }
    }
    p = head;
    while(p!= NULL)
    {
        cout << p -> i <<" ";
        p = p -> next ;
    }
    cout << endl;
    newp = new node;
    cout <<"输入新增结点的数据 i 的值:";
    cin >> newp -> i ;newp -> next = NULL;
    head = insert(head,newp);
    p = head;
    while(p!= NULL)
    {
        cout << p -> i <<" ";
        p = p -> next ;
    }
    cout << endl;
}
```

程序运行结果为:

```
输入需要建立递增链表的结点个数: 10
2  4  6  8  10  12  14  16  18  20
输入新增结点的数据 i 的值: 9
2  4  6  8  9  10  12  14  16  18  20
```

删除结点就是删除链表中满足条件的结点,实际上是释放这些结点的内存空间。删除结点的情况比较复杂，一般分为 4 种情况：①原链表为空链表；②删除结点为首结点；③删除结点为尾结点；④删除中间结点，其示意图如图 10.19 所示。

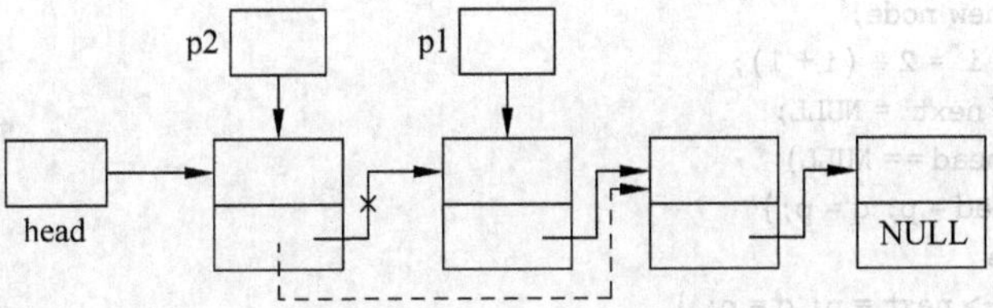

图 10.19　删除结点示意图

例题 10.50　编写一个删除结点函数，结点为链表中第一次出现的结点。

```
#include <iostream.h>
struct node
{
    int i;
    struct node * next;
};
node * delfun(node * head, int num)
{
    node * p1, * p2;
    if(head == NULL)
    {
        cout <<"链表为空,无该结点!"<< endl;
        return NULL;
    }
    else
    {   p1 = head;
        while((p1 -> i)!= num && p1 -> next!= NULL)
        {  p2 = p1;      p1 = p1 -> next ; }
        if((p1 -> i) == num)
        {
            if(p1 == head)
                head = p1 -> next ;
            else
                p2 -> next  = p1 -> next ;
            if(p1 -> next  == NULL) p2 -> next  = NULL;
            delete p1;
        }
        else
        {
            cout <<"无该结点!"<< endl;
        }
        return head;
    }
}
void main()
{
    int n,x;
    struct node * head = NULL, * p, * q;
    cout <<"输入需要建立递增链表的结点个数: ";
```

```
        cin>>n;
        for(int i = 0;i<n;i++)
        {
            p = new node;
            p-> i = 2 * (i+1);
            p-> next = NULL;
            if(head == NULL)
            { head = p; q = p;}
            else
            { q-> next = p; q = p; }
        }
        p = head;
        while(p!= NULL)
        {
            cout << p-> i <<" ";
            p = p-> next;
        }
        cout << endl;
        cout <<"输入删除结点的数据 x 的值: ";
        cin >> x;
        head = delfun(head,x);
        p = head;
        while(p!= NULL)
        {
            cout << p-> i <<" ";
            p = p-> next ;
        }
        cout << endl;
}
```

程序运行结果为:

```
输入需要建立递增链表的结点个数: 10
2  4  6  8  10  12  14  16  18  20
输入删除结点的数据 x 的值: 12
2  4  6  8  10  14  16  18  20
```

10.9.3 链表的应用

前面详细地分析了链表的特点和基本操作,对于链表大家有了初步的了解,下面通过几个例题进一步掌握链表的应用。

例题 10.51 编写一个单向链表的逆置函数,如图 10.20 所示。

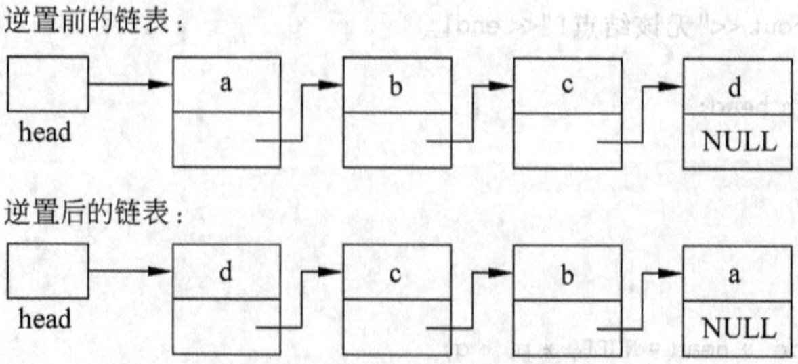

图 10.20 链表的逆置图

```
#include <iostream>
using namespace std;
struct node
{
    int i;
    struct node * next;
};
void reverse(node * &head)
{
    if (head == NULL)
    {
        return;
    }
    node * ph = head;
    node * p = NULL;
    node * q = NULL;
    while (ph!= NULL )
    {
        q = ph -> next ;
        if (q == NULL)
        { head = ph; }
        ph -> next = p;
        p = ph;
        ph = q;
    }
}
void main()
{
    int n;
    struct node * head = NULL, * p, * q;
    cout <<"输入需要建立链表的结点个数: ";
    cin >> n;
    for(int i = 0;i < n;i++)
    {
        p = new node;
        p -> i = i + 1;
        p -> next = NULL;
        if(head == NULL)
        { head = p; q = p;}
        else
        { q -> next = p; q = p; }
    }
    cout <<"原始的链表: "<< endl;
    p = head;
    while(p!= NULL)
    {
        cout << p -> i <<" ";
        p = p -> next ;
    }
    cout << endl;
```

```
        reverse(head);
        cout<<"转置后的链表: "<< endl;
        p = head;
        while(p!= NULL)
        {
            cout << p -> i<<" ";
            p = p -> next ;
        }
        cout << endl;
    }
```

程序运行结果为:

```
输入需要建立链表的结点个数: 10
原始的链表:
1  2  3  4  5  6  7  8  9  10
转置后的链表:
10  9  8  7  6  5  4  3  2  1
```

void reverse(node * &head)函数中的形式参数为 node * &head, * &head 仅出现在函数声明的参数声明中,表示 node * &head 这个指针变量采用了引用传递,使用引用类型,可以在函数中直接操作实际参数传过来的表头指针,这样在函数中处理好链表后,在函数外就得到了处理好的链表。

例题 10.52 约瑟夫环(Josephus)问题: 已知 n 个人(以编号 1,2,3,…,n 分别表示)围坐在一张圆桌周围,从编号为 k 的人开始报数,数到 m 的那个人出列; 他的下一个人又从 1 开始报数,数到 m 的那个人又出列; 依此规律重复下去,直到圆桌周围的人全部出列。例如 $n=8$、$k=2$、$m=3$,则出列的序列为 4 7 2 6 3 1 5 8。利用循环链表,编程模拟约瑟夫环问题。

```
#include < iostream.h >
struct node
{
    int date;
    node * next;
};
node * create(int n)                        //创建链表
{
    node * head, * p;
    head  = new node;
    p = head;
    for(int i = 1;i <= n;i++)
    {
        p -> date  = i;
        if(i < n)
        {
            p -> next  = new node;
            p = p -> next;
        }
    }
```

```
    p -> next = head;
    return head;
}
void pr(node * head)
{
    node * p;
    p = head;
    do
    { cout << p -> date <<" ";
       p = p -> next;
    }while(p!= head);
    cout << endl;
}

void out(node * head, int k, int m)
{
    node * p, * q;
    int i;
    p = head;
    for(q = head; q -> next != head;q = q -> next );     //q是p的前驱指针,指向最后建立的结点
    for(i = 1;i < k;i++)
    { q = p; p = p -> next ; }                           //寻找开始报数的位置
    while(p!= p -> next)                                 //处理链表,直到剩下一个结点
    {
        for(i = 1;i < m;i++)                             //报数处理
        { q = p; p = p -> next ; }
        cout << p -> date <<" ";                         //输出第m个结点的数字
        q -> next = p -> next;
        delete p;
        p = NULL;
        p = q -> next ;
    }
  cout <<"最后报数的是"<< p -> date << endl;              //处理最后一个结点
  delete p;
  p = NULL;
}
void main()
{
    node * head = NULL;
    int n0,m0,k0;
    cout <<"输入总人数 n0:"<< endl;
    cin >> n0;
    cout <<"输入开始报数的位置: "<< endl;
    cin >> k0;
    cout <<"输入报数的间隔: "<< endl;
    cin >> m0;
    head = create(n0);
    cout <<"原始的链表数据为: "<< endl;
    pr(head);
    cout <<"依次离开的结点的顺序为: "<< endl;
    out(head,k0,m0);
}
```

程序运行结果为：

```
输入总人数 n0:
17
输入开始报数的位置:
1
输入报数的间隔:
3
原始的链表数据为:
1  2  3  4  5  6  7  8  9  10  11  12  13  14  15  16  17
依次离开的结点的顺序为:
3  6  9  12  15  1  5  10  14  2  8  16  7  17  13  4 最后报数的是 11
```

习 题 10

1. 单选题

(1) 已知“static int a[3], * p=a;”,则++ * p 与(　　)相同。

A. * ++p　　B. * ++a　　C. * p++　　D. ++a[0]

(2) 若有以下说明和语句,且 $0<i<10$,则(　　)是对数组元素的错误引用。

```
int a[ ] = {1,2,3,4,5,6,7,8,9,0}, * p, i;
p = a;
```

A. * $(a+i)$　　B. $a[p-a]$　　C. $p+i$　　D. * (&$a[i]$)

(3) 若有以下定义和语句,且 $0<i<10$,则对数组元素地址的表示正确的是(　　)。

```
int a[ ] = {1,2,3,4,5,6,7,8,9,0}, * p, i;
p = a;
```

A. $a+1$　　B. a++　　C. * p　　D. &p

(4) 若有以下定义,则说法错误的是(　　)。

```
int a = 100, * p = &a ;
```

A. 声明变量 p,其中 * 表示 p 是一个指针变量

B. 变量 p 经初始化获得变量 a 的地址

C. 变量 p 只可以指向一个整型变量

D. 变量 p 的值为 100

(5) 如果 x 是整型变量,则合法的形式是(　　)。

A. &$(x+5)$　　B. * x　　C. & * x　　D. * &x

(6) 已知“int a[]={1,2,3,4,5,6}, * p=a; ”,执行下列语句后 * p 的值为 5 的是(　　)。

A. p+=5; * p++ ;　　B. p+=3; * (p++);

C. . p+=4; * ++p;　　D. p+=4; ++ * p;

(7) 下列程序的运行结果是(　　)。

```
# include < iostream.h >
```

```
void main()
{
    char ch[3][4] = {"AAA","BB","CCC"}, ( * q)[4] = ch, * p;
    int i;
    p = new char;
    * p = 'b';
    * ( * q + 3) = * p;
    for(i = 0;i < 3;i++)
        cout << q[i]<< endl;
}
```

A.

AAAbBB

BB

CCC

B.

AAAb

BB

CCC

C.

AAA

bBB

CCC

D.

AAA

BB

CCC

(8) 执行以下程序段后，*m* 的值为(　　)。

```
int a[2][3] = {{1,2,3},{4,5,6}};
int m, * p = &a[0][0];
m = ( * p) * ( * (p + 2)) * ( * (p + 4));
```

A. 13　　B. 14　　C. 15　　D. 12

(9) 设有以下定义，下面关于 ptr 的叙述正确的是(　　)。

```
int ( * ptr)();
```

A. ptr 是指向一维数组的指针变量

B. ptr 是指向 int 型数据的指针变量

C. ptr 是指向函数的指针，该函数返回一个 int 型数据

D. ptr 是一个函数名，该函数的返回值是指向 int 型数据的指针

(10) 设有以下函数定义，该函数返回的值是(　　)。

```
int * fun(int a)
{
    int * t,n;
    n = a;t = &n;
    return t;
}
```

A. 一个不可用的存储单元地址值

B. 一个可用的存储单元地址值

C. *n* 中的值

D. 形参 *a* 中的值

(11) 设 p1 和 p2 是指向同一个 int 型一维数组的指针变量，*k* 为 int 型变量，下列语句不能正确执行的是(　　)。

A. k= * p1+ * p2;　　B. p2=k;

C. p1=p2;　　D. k= * p1 * (* p2);

(12) 若有以下语句：

```
int ** pp, * p, a = 10, b = 20;
pp = &p;
p = &a;
p = &b;
cout << * p <<","<< ** pp << endl;
```

则输出结果是(　　)。

A. 10,20　　B. 10,10　　C. 20,10　　D. 20,20

(13) 以下程序的输出结果是(　　)。

```
# include < iostream.h >
void fun(int x, int y, int  * cp, int  * dp)
 {     * cp = x + y;
       * dp = x - y;
 }
void main()
{       int a,b,c,d;
          a = 30,b = 50;
          fun(a,b,&c,&d);
          cout << c <<","<< d << endl;
}
```

A. 50,30　　B. 30,50　　C. 80,−20　　D. 80,20

(14) 已知以下程序：

```
struct sk
{     int a;
      float b;
}data, * p;
```

若有 p=&data，则下列对 data 中的成员 *a* 的引用正确的是(　　)。

A. (* p). data. a　　B. p->a　　C. p->data. a　　D. p. data. a

(15) 下面程序的运行结果是(　　)。

```
# include < iostream.h >
struct stu
{
     int nmu;
     char name[30];
     int age;
};
void fun(stu * p)
{
     cout <<( * p). name << endl;
```

```
}
void main()
{
  stu stu1[3] = {{1001,"jin1",20},{1002,"jin2",21},{1003,"jin3",22}};
  fun(stu1 + 2);
}
```

A. 20　　B. jin1　　C. jin2　　D. jin3

(16) 下面程序运行的结果是(　　)。

```
#include < iostream.h >
void main()
{
    char * a[ ] = {"AAA","BBB","CCC"};
    char ** p;
    p = a + 2;
    for(int j = 2;j > = 0;j -- )
        cout << * (p -- )<< endl;;
}
```

A. AAA
BBB
CCC

B. BBB
CCC
AAA

C. CCC
BBB
AAA

D. A
B
C

2. 填空题

(1) 变量的指针,其含义是指该变量的________。

(2) 若有定义"int a[10], * p=a;",则 $p+5$ 表示________。

(3) 若有定义"int a[2][3];",则对 a 数组的第 i 行 j 列元素地址的正确引用为________。

(4) 若定义"int * p=new int [10];",则释放指针所指内存空间的操作是________。

(5) 执行下列程序后,字符串 str1 的值是________。

```
#include < iostream.h >
#include < string.h >
void main()
{
    char str1[10], * str2 = "AA\0BB";
    strcpy(str1,str2);
    cout << str1 << endl;
}
```

(6) 执行下列程序后,运行的结果为________。

```
#include < iostream.h >
#include < string.h >
```

```
void main()
{
    char * s1 = "AbDeG";
    char * s2 = "Abdeg";
    s1 = s1 + 2; s2 = s2 + 2;
    cout << strcmp(s1,s2)<< endl;
}
```

(7) 执行下列程序后,运行的结果为________。

```
#include < iostream.h>
void main()
{    int i,j;
     int ( * p)[3] = new int[2][3];
       for(i = 0;i < 2;i++)
           for(j = 0;j < 3;j++)
                p[i][j] = i + j;
     cout << * ( * (p + 1) + 1)<< endl;
}
```

(8) 执行下列程序后,运行的结果为________。

```
#include < iostream.h>
void main()
{
    int a[3][4] = {{1,2,3,4},{5,6,7,8}};
    int x, * p = a[0];
    x = ( * p) * ( * p + 2) * ( * p + 4);
    cout << x << endl;
}
```

(9) 执行下列程序后,运行的结果为________。

```
#include < iostream.h>
void fun(int i,int &j)
{
    j = i * 3;
}
void main()
{
    int a,b;
    fun(5,a);
    fun(8,b);
    cout << a + b << endl;
}
```

(10) 执行下列程序后,运行的结果为________。

```
#include < iostream.h>
void main()
{
    int i,j;
    int a[][3] = {1,2,3,4,5,6,7,8,9};
```

```
    int * p[] = { a[0],a[1],a[2]};
    int ** pp = p;
    int ( * s)[3] = a;
    int * q = &a[0][0];
    i = 1; j = 1;
    cout << * (a[i] + j)<<" "<< * ( * (p + i) + j)<<" "<<( * (pp + i))[j]<<" ";
    cout << * (q + 3 * i + j)<<"  "<< * ( * s + 3 * i + j)<< endl;

}
```

(11) 执行下列程序后,运行的结果为________。

```
#include < iostream.h >
struct node
{
    int a;
    int * b;
} * p;
int x[] = {6,7},y[] = {8,9};
void main()
{
    struct node a[] = {20, x, 30, y};
    p = a;
    cout << * p -> b <<"  "<<( * p).a << endl;
    cout <<++p -> a <<"  "<<++( * p).a << endl;
}
```

(12) 执行下列程序后,运行的结果为________。

```
#include < iostream.h >
int aa[10];
int &fun(int a)
{
    return aa[a];
}
void main()
{
    int a = 10;
    for(int i = 0;i < 10;i++)
        fun(i) = a + i;
    for(i = 0;i < 10;i++)
    {
        cout << aa[i]<<" ";
        if((i + 1) % 5 == 0)
          cout << endl;
    }
}
```

3. 编程题(以下题目用指针处理)

(1) 编写一个函数,对于传送过来的 3 个数求最大数和最小数,并通过形参传送给调用函数。

(2) 输入3个字符串,按从小到大的顺序输出。

(3) 编写一个函数,求一个字符串的长度。在主函数中输入字符串,并输出其长度。

(4) 求一维数组 int *a*[10]的所有元素的平均值。

(5) 编写一个函数,将一个3×3的矩阵转置。

(6) 编写一个求 sin、cos 和 tan 的通用函数 fun(double x, double (* f)(double))。

(7) 编写提取子串的函数,函数原型为"char * substr(char * s,int strart,int end);", * *s* 为字符串,strart 为开始位置,end 为结束位置。

(8) 编写函数,将链表中的结点值进行递增排序。结点的数据结构如下:

```
struct Node
{
    int data;
    Node * next;
};
```

实验10　指针实验

1. 实验目的

(1) 掌握指针、地址、指针类型、空指针(NULL)等概念。

(2) 掌握指针变量的定义和初始化、指针的间接访问、指针的加减运算、指针变量比较运算和指针表达式。

(3) 掌握指针变量函数作为参数时参数的传递过程及其用法。

(4) 掌握一维数组的指针及其基本用法。

(5) 了解二维数组的指针及其基本用法。

(6) 理解函数与指针的关系。

(7) 掌握返回指针的函数用法。

(8) 掌握通过指针引用结构体变量和数组元素的方法。

(9) 掌握链表的概念,初步学会对链表进行操作。

2. 实验内容

(1) 用指针作为函数的参数,设计一个函数将整型数组的各元素的值乘以10。

(2) 用指针作为函数的参数,设计一个实现两个浮点型参数交换的函数,并在主函数中测试它,测试参数为10.1、5.8。

(3) 有 *n* 个整数,使前面各数顺序向后移 *m* 个位置,最后 *m* 个数变成最前面的 *m* 个数。写一个函数实现以上功能,在主函数中输入 *n* 个整数并输出调整后的 *n* 个数,用指针作为函数的参数。

(4) 编写约简分数的函数(用分子、分母的最大公约数除分子、分母),用指针变量作为函数的参数。

(5) 在函数中通过指针访问数组元素,实现选择法排序。

(6) 实现 strcat()函数功能,要求用户自行编写代码将字符串 *b* 的内容追加到字符串 *a* 的尾部。

(7) 用行指针变量求 4 阶矩阵的主对角线元素之和。

(8) 编程实现：输入星期几的数字后，输出该数字对应的中文全名，例如输入 2，输出“星期二”，输入 1～7 以外的数字表示退出。要求用指针数组表示。

(9) 用函数指针作为函数的参数，实现加法和乘法的调用，函数原型为“void op(int x, int y,int (* f)(int,int))；”。

(10) 编写函数，计算二维数组 a 中每一行的和，将它存放到一维数组 b 中，在主函数中实现它。

(11) 函数 char * fun(char * str,char c)的功能是返回 str 所指字符串中以形参 c 中字符开头的后续字符串的首地址，例如，str 所指字符串为 Hello!，c 中的字符为 e，则函数返回字符串 ello! 的首地址。若 str 所指字符串为空串或不包含 c 中的字符，则函数返回 NULL。请编程实现。

(12) 函数 char * fun(char * str)的功能是检查一个字符串是否是回文。当字符串是回文时，函数返回字符串 yes!，否则函数返回字符串 no!，并在主函数中输出。所谓回文即正向和反向的拼写都一样，例如 abccba。

(13) 已知有 a、b 两个升序链表，每个链表中的结点包括学号、成绩，要求把两个链表合并，按学号升序排列。

(14) 已知有 a、b 两个链表，设结点为学号和姓名，从链表 a 中删除与链表 b 中相同学号的结点。

第11章 文 件

本章学习目标

- 理解文件和文件流的概念。
- 了解文本文件与二进制文件。
- 能够建立、读/写和更新文件。
- 了解顺序文件和随机文件的处理方式。

本章介绍文件和文件流的基本概念。按照文件编码方式划分，文件有文本文件和二进制文件两种类型。操作文件的顺序一般为 3 个步骤，即打开文件、读/写文件、关闭文件。打开文件的方式主要有 4 种，即只读、只写、读/写和追加。

11.1 文件的概念

所谓"文件"，是指保存在存储介质上的一系列相关数据的有序集合。操作系统是以文件为单位对数据进行管理的。系统要调用外部介质上的数据，则先按文件名找到指定的文件，然后再从该文件中读取数据。系统向外部介质上存储数据也是先建立一个文件，然后向它输出数据。文件一般可分为普通文件和设备文件两种。

设备文件是指与主机相连的各种外部设备，例如显示器、打印机、键盘等。在操作系统中，把外部设备看作是一个文件来进行管理，它们的输入、输出等同于对磁盘文件的读和写。通常把显示器定义为标准输出文件。一般情况下，在屏幕上显示有关信息就是向标准输出文件输出。大家使用过的 cout、putchar 就是这类输出文件。键盘通常被指定为标准的输入文件，从键盘上输入就意味着从标准输入文件上输入数据。cin、getchar 函数就属于这类输入文件。

普通文件也称磁盘文件，存储在外部介质上。从用户的角度来看，一般又可分为程序文件和数据文件两种。程序文件就是我们已经接触过的程序源文件（*.cpp）、目标文件（*.obj）、可执行文件（*.exe）等。程序运行时，有可能将一些程序运行的中间数据或者最终结果输出到磁盘上保存，需要时再从磁盘读入到内存中，这些磁盘文件称为数据文件。

从文件编码的方式来看，文件可分为 ASCII 码文件和二进制码文件两种。

ASCII 文件也称为文本文件，这种文件在磁盘中存放时每个字符对应一个字节，用于存放对应的 ASCII 码。例如，数值 1234 的 ASCII 码存储形式为：

```
ASCII码：00000001   00000010   00000011   00000100
            ↓          ↓          ↓          ↓
十进制码：    1          2          3          4
```

由此可见，存储一个数值 1234，如果使用 ASCII 码编码方式，需要 4 个字节的内存。使用 ASCII 码方式存储的文本文件，其内容可以在屏幕上直接按字符显示或打印，使用方便，文件内容直观、便于阅读，缺点是占用的存储空间较多，而且要花费转换时间。

二进制文件是按二进制的编码方式来存放文件的。例如，1234 的存储形式为 00010110 00101110，只占两个字节。二进制文件虽然也可以在屏幕上显示，但一个字节并不对应一个字符，其内容无法读懂。C++系统在处理这些文件时并不区分类型，将它们都看成字符流，按字节进行处理。输入/输出字符流的开始和结束只由程序控制而不受物理符号(例如回车符)控制。数据以在内存中的存储形式原样输出到磁盘上存放，因此也把这种文件称为“流式文件”。

如果需要保存的内容是为了能显示和打印，按 ASCII 码形式输出，得到 ASCII 码文件，其内容可直接显示在屏幕上。如果需要保存的内容是程序运行过程中的一些中间结果，需要反复的读入/读出，可以使用二进制文件形式保存。

11.2 文 件 流

C++语言系统为实现数据的输入和输出定义了一个庞大的类库，包括的类主要有 ios 根基类，它直接派生 4 个类，即输入流类 istream、输出流类 ostream、文件流基类 fstreambase、字符串流基类 strstreambase。

C++流是指信息从外部输入设备(例如键盘和磁盘)向计算机内部(即内存)输入和从内存向外部输出设备(例如显示器和磁盘)输出的过程，这种输入/输出过程被形象地比喻为“流”。为了实现信息的内外流动，C++系统定义了 I/O 类库，其中的每一个类都称为相应的流或流类，用于完成某一方面的功能。根据一个流类定义的对象也时常被称为流。例如根据文件流类 fstream 定义的一个对象 fio，可称为 fio 流或 fio 文件流，用它可以与磁盘上的一个文件相联系，实现对该文件的输入和输出，fio 就等同于与之相联系的文件。

文件流是以磁盘文件为输入/输出对象的数据流，其本身并不是文件，要实现对磁盘文件的输入/输出，必须通过文件流。

为了方便用户对文件的操作，在 C++中专门定义了几种文件类，用于对磁盘文件进行输入/输出操作。其中，ifstream 类是从 istream 类公有派生而来的，用于支持从输入文件中提取数据的各种操作；ofstream 类是从 ostream 类公有派生而来的，用于实现把数据写入到文件的各种操作；fstream 类是从 iostream 类公有派生而来的，用于提供从文件中提取数据或把数据写入到文件的各种操作。

在前面章节用标准设备输入/输出数据中已经使用过流对象，即 cin 和 cout，这两个流对象是在 iostream.h 中事先已经定义好的，因此用户可以直接使用。对磁盘文件进行输入/输出，由于没有事先定义好流对象，使用文件流类要先定义一个文件流对象，例如：

```
ifstream infile;
```

需要注意的是，系统在定义 cin 时已经将它和标准输入设备(键盘)建立了关联，因此可以直接使用。infile 文件流对象只是被建立，并没有将它与哪一个磁盘文件关联起来，因此，在使用此文件流之前还要加以指定。下面详细讲解如何使用定义的文件流对象实现文件的打开、读/写和关闭。

11.3 文件的打开与关闭

11.3.1 定义文件流对象

文件的操作通常有3种情况，即只读、只写和读/写，与这3种操作情况对应的文件流类为ifstream、ofstream、fstream。定义一个文件流对象的一般格式如下：

```
Xstream 对象;
```

其中，Xstream表示ifstream、ofstream、fstream中的任意一种。在定义了文件流对象后，就可以用该文件流对象（一般简称为文件流）调用相应的成员函数进行文件的打开、读/写、关闭等操作了。

11.3.2 打开磁盘文件

在使用一个文件之前必须在程序中先打开这个文件，就像取抽屉里的东西之前要先打开抽屉一样。其作用是为文件流对象和指定的磁盘文件建立关联，以使文件流流向指定的磁盘文件。同时，还要指定文件的工作方式是输入还是输出，是文本文件还是二进制文件。

打开一个文件可以用两种方法实现，一种是调用文件流的成员函数open，另一种是在定义文件流对象的时候通过构造函数打开文件，下面分别进行介绍。

在常用的3个用于文件操作的文件类ifstream、ofstream、fstream中都有一个成员函数——open函数，它们的原型如下：

```
void ifstream::open(const char * szName, int nMode = ios::in, int nProt = filebuf::openprot)
void ofstream::open(const char * szName, int nMode = ios::out, int nProt = filebuf::openprot)
void fstream::open(const char * szName, int nMode, int nProt = filebuf::openprot)
```

其中，szName参数指定要打开的文件名，包括路径和扩展名；nMode指定文件的访问方式；nProt指定文件的共享方式；默认值openprot表示与DOS兼容的方式。

调用成员函数open的一般形式如下：

```
文件流对象名.open(磁盘文件名,输入/输出方式);
```

如果磁盘文件名不包含路径，则默认为当前目录下的文件。如果不是当前目录下的文件，一定要给出文件的完整路径，例如“D:\project\file1.dat”。

下面给出一个定义输入文件流对象，并以此打开磁盘中的文件file1.dat，提取其中数据的例子：

```
ifstream infile;
infile.open("file1.dat",ios::int);
```

其中，ios::in是指定文件的访问方式，表示以输入方式打开一个文件，此时，可以将file1.dat文件中的数据提取到计算机内存当中。表11.1列出了open函数可以使用的访问方式。

表 11.1 文件访问方式

访问方式	含义
ios::in	以输入方式打开文件,若文件存在,不清除文件原有的内容
ios::out	以输出方式打开文件,若文件存在,则将其原有内容全部清除
ios::app	以输出方式打开文件,新的内容始终添加在文件的末尾
ios::ate	打开一个已有的文件,文件指针指向文件末尾
ios::trunc	打开一个文件,如果文件已经存在,则删除其中原有的内容,若文件不存在,则建立新文件
ios::binary	以二进制方式打开一个文件,如果不指定此方式,则默认是文本文件方式
ios::nocreate	打开一个已有的文件,如果文件不存在,则打开失败
ios::noreplace	如果文件不存在,则建立新文件,如果文件已经存在,则操作失败
ios::in|ios::out	以输入和输出方式打开文件,即文件可读可写
ios::out|ios::binary	以二进制方式打开一个输出文件
ios::in|ios::binary	以二进制方式打开一个输入文件

需要注意的是,函数原型中的 nMode 指定文件的访问方式是通过“|”(或)运算组合而成的。例如:

```
outfile.open("f1.dat",ios::out|ios::binary|ios::nocreate);
```

表示以只写方式打开已经存在的文件“f1.dat”,若“f1.dat”不存在,则打开失败,outfile 流对象的值为 0,以此可以测试打开是否成功。

另外,无论是文本文件还是二进制文件,都是依靠文件指针来操作的,每打开一个文件就对应一个文件指针,指针的初始位置由文件的访问方式指定,每次读/写都是从文件指针的当前位置开始的。当文件指针移到文件最后时会遇到文件结束符 eof,此时,可以通过测试文件流对象的成员函数 eof 的值是否为非 0 来判断,当 eof 为非 0 时,即表示文件结束。

文件流的声明中定义了构造函数,通过其构造函数中设定的一些参数也可以实现打开磁盘文件的功能。因此,编程者可以在定义文件流对象的时候通过指定对应的参数调用文件流类的构造函数来实现打开文件的功能,其原型如下:

```
ifstream(const char * szName,int nMode = ios::in,int nProt = filebuf::openprot);
ofstream(const char * szName,int nMode = ios::out,int nProt = filebuf::openprot);
fstream(const char * szName,int nMode,int nProt = filebuf::openprot);
```

各个参数的含义与 open 成员函数相同,在此不再赘述。

需要注意的是,无论以哪种方式打开文件,都要先判断一下打开是否成功,然后进行读/写。若文件打开失败,文件流对象的值为 0,否则为非 0。一般以此作为依据判断文件是否打开成功。例如:

```
ofstream outfile("f1.dat",ios::out|ios::binary);
if (!outfile)
{
    cout <<"f1.dat 文件打开失败!"<< endl;
    exit(1);
}
```

11.3.3 关闭磁盘文件

程序对文件进行读/写完成后，为了保护文件中的数据，应当关闭该文件。在 C++ 中关闭文件使用的成员函数是 close，其原型如下：

```
void ifstream::close();
void ofstream::close();
void fstream::close();
```

close 函数没有参数，3 个文件类的 close 函数的用法一样。

例如：

```
fstream infile;
infile.open("f1.dat",ios::in|ios::binary);
infile.close();
```

close 函数被调用后，系统将与该文件相关联的内存缓冲区中的数据写到了文件中，释放与该文件相关的内存缓冲区空间，解除该文件与文件流对象的关联，这样，就不能再利用此文件流对象对该文件进行输入或输出了。

11.4 文件的读/写

大家已经知道，文件的读/写都是通过文件指针来操作的。文件指针处理文件有两种方式，即顺序处理和随机处理。所谓顺序处理，即从文件的第一个字节开始顺序处理到文件的最后一个字节，文件指针也是顺序从文件开头移动到文件末尾。所谓随机处理，即在文件中通过 C++ 文件流类中的成员函数按不同需求移动文件指针，随机指向要处理的字节位置。

11.4.1 顺序处理文件操作

对文件读/写，顺序处理是最简单的一种。下面分别针对 ASCII 码文件(文本文件)和二进制文件来讨论顺序读/写的方法。

对文本文件的读/写操作有下面两种方法：

(1) 用流插入运算符"<<"和流提取运算符">>"输入和输出标准类型的数据。

(2) 用文件流的 put、get、getline 等成员函数进行输入与输出。

下面通过几个例子来讨论它们的用法。

例题 11.1 有一个字符数组，数组长度为 20 个字节，从键盘输入一个单词"program"，最后将此数组以文本方式保存到磁盘文件 file1.dat 中。

```
#include <iostream>
#include <fstream>
using namespace std;
void main()
{
    char c[20];
    ofstream outfile("file1.dat",ios::out);
    if(!outfile)
```

```
    {
        cout <<"file1.dat 文件打开失败"<< endl;
        exit(1);
    }
    cout <<"please enter a word:"<< endl;
      cin >> c;
      outfile << c;
    outfile.close();
}
```

程序运行结果：

```
please enter a word:
program↙
```

说明：

(1) 本程序中由于是以只读方式打开一个文件，因此必须在文件的开头使用预处理命令包含头文件 fstream。需要说明的是，fstream 类是由 iostream 派生而来的，头文件 fstream 中包含了头文件 iostream，虽然程序中使用了 cin、cout 标准输入/输出流对象，在文件开头预处理命令中可以省略＃include ＜iostream＞。

(2) 本程序中文件的打开是通过调用构造函数的方法来实现的，读者应该注意到，在程序打开的同时限定文件的访问方式为 ios::out(可省略)，即只能向 file1.dat 输出数据。并且由于没有注明 ios::binary，程序默认以 ASCII 码方式将数据写入文件。程序运行结束后，文件 file1.dat 用记事本打开即能正常显示单词"program"。

(3) 再次强调，文件打开之后，在进行读/写之前一定要先检查该文件是否被成功打开。成功打开一个文件的标志是该文件流对象的值为非 0。若文件打开失败，直接调用系统函数 exit，程序运行结束。

(4) 在本例中，输入一串不含空格的字符串没有使用循环输入的方式，而是直接使用字符数组首元素地址通过 cin 进行流输入，此方法对于含有空格符的字符串的输入不能使用。对于其他数值型数组中数据的输入，必须使用循环语句逐个输入。向磁盘文件输出数据也是同样的。

例题 11.2 使用文件流的 get 成员函数将例题 11.1 的 file1.dat 中的字符读入到内存中，并将其中的小写字母都改成大写字母，再以文本格式用 put 成员函数写入磁盘文件 file2.dat 中。

```
#include < iostream >
#include < fstream >
using namespace std;
void main()
{
    char ch;
    ifstream infile("file1.dat",ios::in);
    if(!infile)
    {
        cout <<"file1.dat 文件打开失败"<< endl;
        exit(1);
```

```
    }
    ofstream outfile("file2.dat",ios::out);
    if(!outfile)
    {
        cout <<"file2.dat 文件打开失败"<< endl;
        exit(1);
    }
    while(infile.get(ch))
    {
        if(ch >= 97&&ch <= 122)
            ch = ch - 32;
        outfile.put(ch);
        cout << ch;
    }
    cout << endl;
    infile.close();
    outfile.close();
}
```

运行结果如下：

```
PROGRAM                    //屏幕显示的同时写入磁盘文件 file2.dat
```

本例中使用的是文件流的成员函数 get 和 put 进行磁盘文件的输入与输出，除此之外，还可以使用成员函数 getline 从键盘一次性读入一行字符，具体使用方法留给读者自行验证。

上述两个例题实现的都是对文本文件的读/写操作，下面来看一下如何对二进制文件进行顺序输入/输出操作。

例题 11.3 将 3 个学生的 3 门课成绩记录以二进制形式存放到磁盘文件中。

```
#include < iostream >
#include < fstream >
using namespace std;
struct student
{
    int ID;
    char name[20];
    double Math;
    double English;
    double History;
};
void main()
{
    student stud[3] = {{2013001,"Peter",100,85,78.5},{2013002,"Andy",85.5,96,86},
{2013003,"Jack",56,67,82.5}};
    ofstream outfile("score.dat",ios::binary);
    if(!outfile)
    {
        cout <<"score.dat 文件打开失败!"<< endl;
        exit(1);
```

```
    }
    for(int i = 0;i < 3;i++)
        outfile.write((char * )&stud[i],sizeof(stud[i]));
    outfile.close();

}
```

说明：

(1) 在本例中建立输出文件流对象 outfile，通过调用构造函数打开文件 score.dat，并将文件的访问方式设置为 ios::binary，即二进制方式。

(2) 对于二进制文件的读/写，C++中通常使用 istream 类的成员函数 read 和 write 来实现。这两个成员函数的原型如下：

```
istream& read(char * buffer,int len);
ostream& write(const char * buffer,int len);
```

(3) 在本例中，写入文件的数据是结构体类型的数组，取地址后与成员函数 write 的形参类型不匹配，因此，使用 char * 进行强制类型转换。原型中的第二个参数 len 表示一次写入磁盘文件的字节数，实参 sizeof(stud[*i*])表示结构体数组中的一个数组元素所占的字节数，相当于一次 write 就将一个学生的整条记录写入了磁盘文件，循环 3 次后所有数据的写入完成。

这种输出方法可以进一步简化，即一次性输出结构体数组中的所有元素：

```
Outfile.write((char * )&stud[0],sizeof(stud));
```

(4) 使用成员函数 read 和 write 可以一次性处理一批数据，效率很高，且在处理的数据之间不需要添加间隔符和结束符，完全依靠数据存储所占的字节数进行控制。

例题 11.4 将例题 11.3 中以二进制形式存放在磁盘文件 score.dat 中的数据读入内存并显示在屏幕上。

```
#include < iostream >
#include < fstream >
using namespace std;
struct student
{
    int ID;
    char name[20];
    double Math;
    double English;
    double History;
};
void main()
{
    student stud[3];
    ifstream infile("score.dat",ios::binary);
    if(!infile)
    {
        cout <<"score.dat 文件打开失败!"<< endl;
```

```
            exit(1);
        }
        for(int i = 0;i < 3;i++)
            infile.read((char * )&stud[i],sizeof(stud[i]));
        infile.close();
        for(int j = 0;j < 3;j++)
        {
            cout <<"ID:"<< stud[j].ID << endl;
            cout <<"Name:"<< stud[j].name << endl;
            cout <<"Math:"<< stud[j].Math << endl;
            cout <<"English:"<< stud[j].English << endl;
            cout <<"History:"<< stud[j].History << endl;
            cout << endl;
        }
    }
```

程序运行结果：

```
ID:2013001
Name:Peter
Math:100
English:85
History:78.5

ID:2013002
Name:Andy
Math:85.5
English:96
History:86

ID:2013003
Name:Jack
Math:56
English:67
History:82.5
```

在本例中，依然使用循环语句从磁盘文件 score.dat 中提取 3 条结构体类型记录。除此之外，也可以和一次性输出整个结构体数组一样，当结构体数组类型匹配时一次性输入整个结构体数组：

```
infile.read((char * )&stud[0],sizeof(stud));
```

11.4.2 随机处理文件操作

随机处理文件是指在处理文件的过程中文件指针可以在文件内来回移动，随机读/写文件。对于二进制文件，C++系统提供了用指针进行控制，使其根据用户的需求移动到所需的位置，从而快速地检索、修改和删除文件中的信息。

C++文件流提供了一些有关处理文件指针的成员函数，如表 11.2 所示。

表 11.2　文件流与文件指针相关的成员函数

成员函数	含　义
gcount()	最后一次输入所读入的字节数
tellg()	输入文件指针的当前位置
seekg(文件中的位置)	将输入文件中的指针移到指定位置
seekg(位移量,参照位置)	以参照位置为基础移动若干个字节
tellp()	输出文件指针的当前位置
seekp(文件中的位置)	将输出文件中的指针移到指定的位置
seekp(位移量,参照位置)	以参照位置为基础移动若干个字节

说明：

(1) C++提供了 seek 函数将文件指针移动到指定的位置。seek 后面带 g 说明用于输入的函数,带 p 说明用于输出的函数。如果是既可输入又可输出的文件,则任意用 seekg 或 seekp。

(2) 函数参数中的"文件的位置"和"位移量"都是 long int 型数据,"参照位置"一般为下面 3 种情况之一。

```
ios::beg:文件开头(默认值)
ios::cur:指针当前的位置
ios::end:文件末尾
```

这 3 个参照位置在 ios 类中是定义好的枚举常量。

下面通过几个例题来讨论如何使用这些成员函数在文件中绝对定位、相对定位和获取文件指针的当前位置。

例题 11.5　将例题 11.1 中的字符串"program"以二进制方式存入磁盘文件 letter.dat 中,再读出文件第 6 个字节的内容显示到屏幕上,最后在字符串的末尾处添加字符"!"写入到磁盘文件 letter.dat 中。

```
#include <iostream>
#include <fstream>
using namespace std;
void main()
{
    char ch;
    char c[20] = "Congratulations";
    ofstream outfile("letter.dat");
    if(!outfile)
    {
        cout <<"letter.dat 文件打开失败"<< endl;
        exit(1);
    }
    outfile.write(c,20);
    outfile.flush();
    ifstream infile("letter.dat");
    if(!infile)
    {
```

```
        cout <<"letter.dat文件打开失败"<< endl;
        exit(1);
    }
    infile.seekg(5);                    //绝对定位,文件指针定位在第5个字节之后
    infile.read(&ch,1);
    cout <<"第6个字节的内容是: "<< ch << endl;
    ch = '!';
     outfile.seekp( -1,ios::end);       //相对定位,文件指针从文件尾开始前移一个字节
    outfile.put(ch);
    outfile.close();
    infile.close();
}
```

程序运行结果如下：

```
第6个字节的内容是: a
当前目录下 letter.dat 文件中内容为: "program              !"
```

说明：

(1) 如果要提取第 N 个字节处的内容，需要将文件指针先移动 $N-1$ 个字节，则 read 成员函数提取的下一个字节内容即为第 N 个字节处的内容。

(2) 调用 write 成员函数将字符串写入时，系统先将该字符串写入 letter.dat 文件缓冲区，此时还没有写入到磁盘文件中，因此，为了避免文件流对象 infile 提取文件内容时发生错误，先调用 flush 成员函数强制刷新，将缓冲区中的字符串都写入磁盘文件，close 成员函数同样具有刷新缓冲区的功能。

(3) 在移动文件指针时，需要注意文件指针的位置值大于 0 且小于文件尾字节，否则会导致文件的输入/输出操作失败。

例题 11.6 找出例题 11.5 中磁盘文件 letter.dat 里的所有字符“a”的位置，统计其个数，并在屏幕上显示出来。

```
#include <iostream>
#include <iostream>
#include <fstream>
using namespace std;
void main()
{
    char ch;
    int count = 0;
    ifstream infile("letter.dat",ios::in);
    if(!infile)
    {
        cout <<"letter.dat文件打开失败"<< endl;
        exit(1);
    }
    infile.seekg(0,ios::cur);
    long int nCur = infile.tellg();
    infile.seekg(0,ios::end);
    long int nEnd = infile.tellg();
```

```
    long int nPos = 0;
    while(nCur < nEnd)
    {
        infile.seekg(nPos, ios::beg);
        nCur = infile.tellg();
        infile.read(&ch,1);
        if(ch == 'a')
        {
            count++;
            cout <<"当前位置: 第"<< nCur + 1 <<"字节内容为 a! "<< endl;
        }
        nPos++;
    }
    cout <<"文件中字符 a 的数量为: "<< count;
    infile.close();
}
```

程序运行结果:

```
当前位置: 第 6 字节内容为 a!
文件中字符 a 的数量为: 1
```

11.5 输入和输出出错处理

程序在输入/输出过程中一旦发生了错误操作,C++流就会将错误记录下来。用户可以使用 C++提供的 ios 类中的一些成员函数来检测错误发生的原因和性质,利用 cerr 流对象或 clog 流对象向标准出错设备输出有关出错信息,最后调用 clear 成员函数清除错误状态,恢复正常操作。

在 ios 类中定义了一个公有枚举成员 io_state 来记录各种错误的性质:

```
enum io_state
{
    goodbit = 0x00,                                  //正常
    eofbit = 0x01,                                   //到达文件尾
    failbit = 0x02,                                  //操作失败
    badbit = 0x04,                                   //非法操作
}
```

表 11.3 给出了与检测上述流状态相关的成员函数。

表 11.3　检测输入/输出流状态的成员函数

成员函数	含　义
int ios::rdstate()	返回当前的流状态
int ios::bad()	出现非法操作时,返回非 0 值
void ios::clear(int)	清除错误状态
int ios::eof()	提取操作进行到文件尾时,返回非 0 值
int ios::fail()	操作失败时,返回非 0 值
int ios::good()	操作正常时,返回非 0 值

cerr(console error)和clog(console log)流对象是标准出错流，与显示器关联。这两个流对象与标准输出流cout的作用和用法差不多。cerr、clog与cout的区别在于，cout流可以输出到显示器，也可以输出到磁盘文件，而cerr和clog流信息只能在显示器输出。cerr和clog的作用虽然相同，但也存在差异，cerr流信息是不经过缓冲区直接向显示器上输出有关信息，而clog流信息是先存放在缓冲区中，待遇到endl或缓冲区满后再向显示器输出。

下面通过一个例子来了解它们的使用方法。

例题11.7 对于一元二次方程$ax^2+bx+c=0$，可以使用求根公式对其进行求解，即$x_1=\frac{-b+\sqrt{b^2-4ac}}{2a}$、$x_2=\frac{-b-\sqrt{b^2-4ac}}{2a}$，但当$a=0$或$b^2-4ac<0$时，方程无实根，不能用求根公式求解。现要求编写一个程序，从键盘输入a、b、c的值，若输入值为非数值输出出错信息，若$a=0$或$b^2-4ac<0$，也输出出错信息。

```
#include <iostream>
#include <iostream>
#include <cmath>
using namespace std;
void main()
{
    float a,b,c,disc;
    int s;
    cout<<"请输入 3 个数值 a、b、c: ";
    cin>>a>>b>>c;
    s = cin.rdstate();
    cout<<"流状态为: "<<hex<<s<<endl;
    while(s)
    {
        cin.clear();
        cin.sync();
        cerr<<"非法输入,重新输入 3 个数值数据: ";
        cin>>a>>b>>c;
        s = cin.rdstate();
    }
    disc = b*b-4*a*c;
    if(a == 0)
        cerr<<"a = 0,无法求解!"<<endl;
    else if (disc < 0)
        cerr<<"disc 小于,无法求解!"<<endl;
    else
    {
        cout<<"x1 = "<<(-b+sqrt(disc))/(2*a)<<endl;
        cout<<"x2 = "<<(-b-sqrt(disc))/(2*a)<<endl;
    }
}
```

程序运行结果：

```
请输入 3 个数值 a、b、c: 8 a 7↙
流状态为: 2
```

```
非法输入,重新输入3个数值数据: 2 4 5↙
disc小于0,无法求解!
请输入3个数值a、b、c: 0 2 5↙
流状态为: 0
a = 0,无法求解!
请输入3个数值a、b、c: 3 6 2↙
流状态为: 0
x1 = - 0.42265
x2 = - 1.57735
```

11.6 文件的应用

本书将综合运用前面所学的知识解决一些实际的问题。

例题 11.8 用程序实现学生分数数据库表的建立、查询和结果显示的功能。

(1) 每条学生成绩记录定义为结构体类型数据,包括学号、姓名和3门课的成绩。

(2) 分别定义几个函数,完成对应的文件操作。其中,add函数实现向文件添加学生数据;seek函数实现按学生ID查找学生数据;display函数实现将查找到的符合条件的学生数据从文件中提取出来显示到屏幕上;modify函数实现对学生数据中的指定项目进行修改并写入文件中。

程序如下:

```
#include <iostream>
#include <iomanip>
#include <fstream>
using namespace std;
struct student
{
    int ID;
    char name[10];
    double Math;
    double English;
    double History;
};
void add(student stu,ofstream * thefile)
{
    thefile -> seekp(0,ios::end);
    thefile -> write((char * )&stu,sizeof(stu));
}
int seek(int ID,ifstream * thefile)
{
    student stu;
    int Number = -1,i = 0;
    thefile -> clear();
    thefile -> seekg(0);
    while(thefile -> read((char * )&stu,sizeof(stu)))
    {
        if(ID == stu.ID)
```

```
            {
                Number = i; break;
            }
            i++;
        }
        return Number;
}
void display(int number,ifstream * thefile)
{
        int position;
        student stu;
        position = number * sizeof(stu);
        thefile->seekg(position,ios::beg);
        thefile->read((char *)&stu,sizeof(stu));
        cout<<setw(10)<<"学号: "<<stu.ID<<setw(10)<<"姓名: "<<stu.name
          <<setw(10)<<"数学: "<<stu.Math<<setw(10)<<"英语: "<<stu.English
          <<setw(10)<<"历史: "<<stu.History<<endl;
}
void main()
{
        ofstream outthefile("student.dat");
        if(!outthefile)
        {
            cerr<<"student.dat 文件打开失败!"<<endl;
            exit(1);
        }
        student stu1 = {2013001,"Peter",98,87.5,69};
        student stu2 = {2013002,"Candy",78,63,45};
        student stu3 = {2013003,"Paul",90,89.5,74};
        student stu4 = {2013004,"Jack",86,75,94.5};
        student stu5 = {2013005,"Polly",72,93,97};
        add(stu1,&outthefile);
        add(stu2,&outthefile);
        add(stu3,&outthefile);
        add(stu4,&outthefile);
        add(stu5,&outthefile);
        outthefile.flush();
        ifstream inthefile("student.dat");
        if(!inthefile)
        {
            cerr<<"student.dat 文件打开失败!"<<endl;
            exit(1);
        }
        int nNumber;
        nNumber = seek(2013004,&inthefile);
        if(nNumber>= 0)
        {
            cout<<"查询结果为: "<<endl;
            display(nNumber,&inthefile);
        }
```

```
    else
        cout <<"没有找到相应记录!"<< endl;
    outthefile.close();
    inthefile.close();
}
```

程序运行结果：

```
学号: 2013004 姓名: Jack 数学: 86 英语: 75 历史: 94.5
```

习　题　11

1. 单选题

(1) 在 C++ 中,打开一个文件就是将这个文件与一个(　　)建立关联,关闭一个文件就是取消这个关联。

A. 类　　B. 流　　C. 对象　　D. 结构

(2) 对二进制文件进行输出操作,应该使用的成员函数是(　　)。

A. put　　B. read　　C. write　　D. get

(3) 在下列文件输出字符 A 的方法中,(　　)是错误的。

A. outfile<<put('A');　　B. outfile<<'A';

C. outfile.put('A')　　D. char ch='A'; outfile<<ch;

(4) 进行文件操作时需要包含(　　)文件。

A. iostream.h　　B. fstream.h　　C. stdio.h　　D. stdlib.h

(5) 下列不是 ostream 类的对象的是(　　)。

A. cin　　B. cerr　　C. clog　　D. cout

(6) 在下列函数中,(　　)是对文件进行写操作。

A. get()　　B. read()　　C. seekg()　　D. put()

(7) 包含类 fstream 定义的头文件是(　　)。

A. ofstream.h　　B. ifstream.h

C. iostream.h　　D. fstream.h

(8) 假设已定义了整型变量 data,以二进制方式把 data 的值写入输出文件流对象 outfile 中,正确的语句是(　　)。

A. outfile.write((int *)&data,sizeof(int));

B. outfile.write((int *)&data,data);

C. outfile.write((char *)&data,sizeof(int));

D. outfile.write((char *)&data,data);

(9) 要求打开文件"d:\f1.dat",可提取数据,正确的语句是(　　)。

A. ifstream infile("d:\\file.dat",ios::in);

B. ifstream infile("d:\file.dat",ios::in);

C. ofstream infile("d:\\f1.dat",ios::out);

D. fstream infile("d:\f1.dat",ios::out);

(10) read 函数的功能是从输入流中读取(　　)。

A. 一个字符　　B. 当前字符　　C. 一行字符　　D. 指定若干字符

2. 填空题

(1) 打开一个文件通常使用的方式是________。

(2) 确定文件指针位置的成员函数是________和________。

(3) 文件指针相对定位的参照位置分别为________、________和________。

(4) 标准流 cerr 和 clog 的区别是________。

(5) 写出下列程序运行的结果:

```
#include <iostream>
using namespace std;
int main()
{
    int N;
    int s;
    cout <<"请输入一个整数: ";
    cin >> N;
    s = cin.rdstate();
    if(s)
    {
      cerr <<"非法输入,重新输入一个整数: ";
      exit(1);
    }
    else
       cout << N;
    return 0;
}
```

如果键盘输入 97,输出为________。

如果键盘输入 A,输出为________。

如果键盘输入 102.5,输出为________。

(6) 下列程序的运行结果是________。

```
#include <iostream>
#include <fstream>
using namespace std;
int main()
{
    char ch1 = 'A',ch2 = 'B';
    ofstream outfile("f1.dat");
    if(!outfile)
    {
       cout <<"f1.dat 文件打开失败"<< endl;
       exit(1);
    }
   outfile.put(ch1);
    ifstream infile("f1.dat");
    if(!infile)
```

```
    {
        cout <<"f1.dat 文件打开失败"<< endl;
        exit(1);
    }
    infile.get(ch2);
    cout << ch2 << endl;
    outfile.close();
    infile.close();
}
```

3. 编程题

(1) 从键盘输入三角形的 3 条边长 a、b、c，用下列公式计算三角形的面积：

$$\text{area} = \sqrt{s(s-a)(s-b)(s-c)}, s = \frac{a+b+c}{2}$$

在求解的过程中，依据构成三角形的条件判断输入的 3 条边长是否合法，即 $a+b>c$，$a+c>b$，$c+b>a$。如果不满足条件，用 cerr 输出有关出错信息。

(2) 建立一个二进制磁盘文件"data. dat"，将自然数 1～50 及其平方根存入该文件，然后从键盘输入 1～50 的任意一个自然数，通过文件访问方式查找出其平方根并显示在屏幕上。

实验 11 文件实验

1. 实验目的

(1) 掌握文件和文件指针的概念以及文件的定义方法。

(2) 了解文件打开和关闭的概念和方法。

(3) 掌握有关文件的函数。

2. 实验内容

(1) 从键盘输入一串字符串"This is a C++ program. "，将其以 ASCII 码形式存入磁盘文件 letter. dat 中，然后在该文件中使用 getline 成员函数提取字符串并显示在屏幕上。

(2) 编程将一个文本文件(文件名为 student. txt)的内容复制到另一个文本文件中(文件名为 file1. txt)。

附录A 基本ASCII码字符表

ASCII值	字符	ASCII值	字符	ASCII值	字符	ASCII值	字符	ASCII值	字符	ASCII值	字符	ASCII值	字符
000	NUL	021	NAK	042	*	063	?	084	T	105	i	126	～
001	SOH	022	SYN	043	＋	064	@	085	U	106	j	127	DEL
002	STX	023	ETB	044	,	065	A	086	V	107	k		
003	EXT	024	CAN	045	—	066	B	087	W	108	l		
004	EOT	025	EM	046	。	067	C	088	X	109	m		
005	EDQ	026	SUB	047	/	068	D	089	Y	110	n		
006	ACK	027	ESC	048	0	069	E	090	Z	111	o		
007	BEL	028	FS	049	1	070	F	091	[	112	p		
008	BS	029	GS	050	2	071	G	092	\	113	q		
009	HT	030	RS	051	3	072	H	093	]	114	r		
010	LF	031	US	052	4	073	I	094	^	115	s		
011	VT	032	SP	053	5	074	J	095	_	116	t		
012	FF	033	!	054	6	075	K	096	`	117	u		
013	CR	034	“	055	7	076	L	097	a	118	v		
014	SO	035	#	056	8	077	M	098	b	119	w		
015	SI	036	$	057	9	078	N	099	c	120	x		
016	DLE	037	%	058	:	079	O	100	d	121	y		
017	DC1	038	&	059	;	080	P	101	e	122	z		
018	DC2	039	‘	060	＜	081	Q	102	f	123	{		
019	DC3	040	(	061	＝	082	R	103	g	124	|		
020	DC4	041	)	062	＞	083	S	104	h	125	}		

附录 B 扩展 ASCII 码字符表

ASCII 值	字符	ASCII 值	字符	ASCII 值	字符	ASCII 值	字符	ASCII 值	字符	ASCII 值	字符	ASCII 值	字符
128	Ç	149	ò	170	┐	191	┐	212	╘	233	θ	254	▪
129	ü	150	û	171	½	192	└	213	╒	234	Ω	255	ÿ
130	é	151	ù	172	¼	193	┴	214	╓	235	δ		
131	â	152	ÿ	173	¡	194	┬	215	╫	236	∞		
132	ä	153	Ö	174	≪	195	├	216	╪	237	Ø		
133	à	154	Ü	175	≫	196	─	217	┘	238	ε		
134	å	155	₵	176	░	197	┼	218	┌	239	∩		
135	ç	156	£	177	▒	198	╞	219	█	240	≡		
136	ê	157	¥	178	▓	199	╟	220	▄	241	±		
137	ë	158	P_{ts}	179	│	200	╚	221	▌	242	≥		
138	è	159	ƒ	180	┤	201	╔	222	▐	243	≤		
139	ï	160	á	181	╡	202	╩	223	▀	244	⌠		
140	î	161	í	182	╢	203	╦	224	α	245	⌡		
141	ì	162	ó	183	╖	204	╠	225	β	246	÷		
142	Ä	163	ú	184	╕	205	═	226	T	247	≈		
143	Å	164	ñ	185	╣	206	╬	227	π	248	°		
144	É	165	Ñ	186	║	207	╧	228	Σ	249	·		
145	æ	166	ª	187	╗	208	╨	229	σ	250	•		
146	Æ	167	º	188	╝	209	╤	230	μ	251	√		
147	ô	168	¿	189	╜	210	╥	231	τ	252	n		
148	ö	169	⌐	190	╛	211	╙	232	Φ	253	2		

附录C 运算符与结合性

优先级	运算符	含义	结合方向
1	::	域运算符	自左至右
2	() [] ->、. ++、--	括号，函数调用 数组下标运算符 成员运算符 后缀自增、自减运算符	自左至右
3	++、-- ~ ! -、+ * & (类型) sizeof new delete	前缀自增、自减运算符 按位取反运算符 逻辑非运算符 负号、正号运算符 指针运算符 取地址运算符 类型转换运算符 长度运算符 动态分配空间运算符 释放空间运算符	自右至左
4	*、/、%	乘法、除法、求余运算符	自左至右
5	+、-	加法、减法运算符	自左至右
6	<<、>>	按位左移、按位右移运算符	自左至右
7	<、<=、>、>=	关系运算符	自左至右
8	==、!=	等于、不等于运算符	自左至右
9	&	按位与运算符	自左至右
10	^	按位异或运算符	自左至右
11	|	按位或运算符	自左至右
12	&&	逻辑与运算符	自左至右
13	||	逻辑或运算符	自左至右
14	?:	条件运算符	自右至左
15	=、+=、-=、*=、/=、%=、 >>=、<<=、&=、^=、|=	赋值运算符	自右至左
16	throw	抛出异常运算符	自右至左
17	,	逗号运算符	自左至右

附录D 习题答案

习题1答案

1. 单选题

(1) A　　(2) C

(3) D　　(4) B

(5) B

2. 填空题

(1) 机器　过程　　(2) 循环结构

(3) 时间复杂度　空间复杂度

3. 画图题

答案如下图所示：

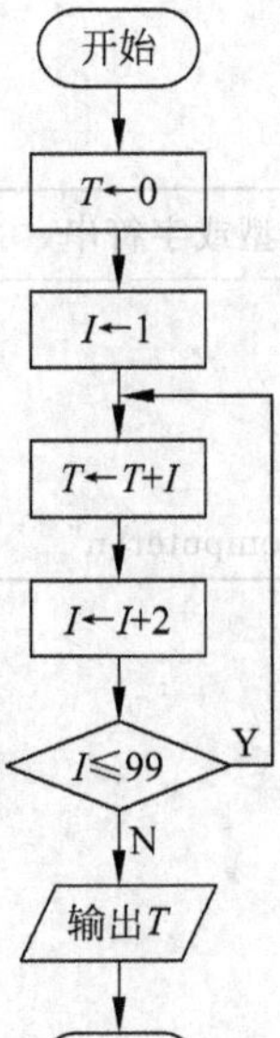

第(1)题流程图

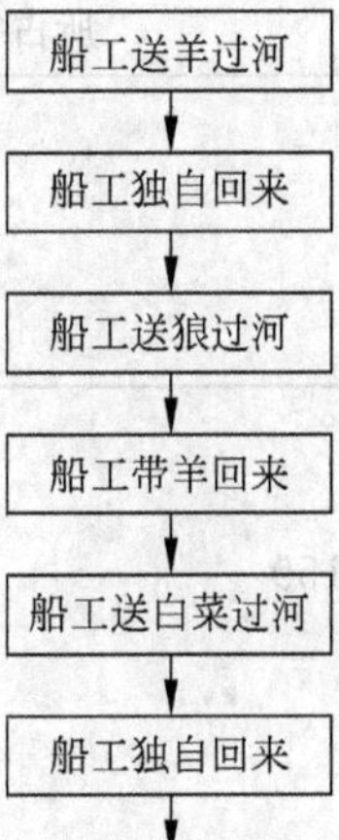

第(2)题流程图

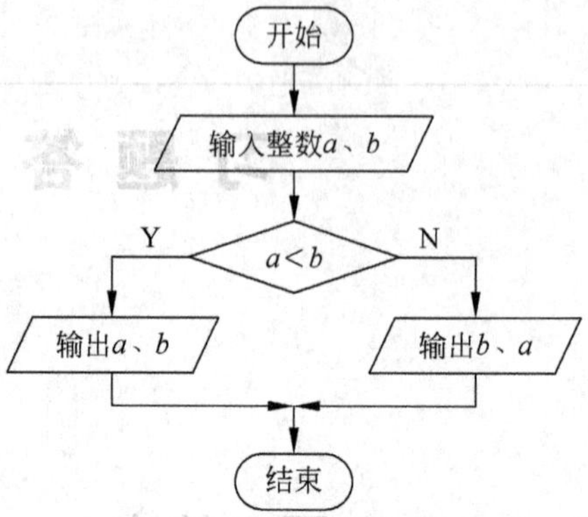

第(3)题流程图

习题 2 答案

1. 单选题

(1) D　(2) B
(3) C　(4) A
(5) A　(6) B
(7) D　(8) B
(9) C　(10) C

2. 填空题

(1)

基本数据类型	所占字节数	基本数据类型或字符串	所占字节数
int	4	float	4
long int	4	double	8
short int	2	long double	8
char	1	"\tchina\bcomputer\n"	17

(2)

a H 65 3.14159

A 3

a　　H

(3)

4 4

3 5

(4)

84

56

(5) 操作数乘以 2

(6) 24 22

(7) －264

(8) sizeof("Computer")；

(9) 'x'

3. 计算题

(1)

17.5

130

1.5

23

18

6

4.5

115

(2)

16

6

88

0

0

0

(3)

a ＝ 9

b ＝ －1

c ＝ 9

d ＝ 3

4. 编程题

(1) 参考答案

```
#include <iostream>
#define PI 3.14159265
using namespace std;
int main()
{
    double area;
    double p1,p2;
    cin >> p1 >> p2;
    cout << PI << endl;
    area = PI * p1 * p1;
    cout << area << endl;
    area = PI * p2 * p2;
    cout << area << endl;
```

```
    return 0;
}
```

(2) 参考答案

```
#include<iostream>
using namespace std;
int main()
{
    cout<<"   *   "<<endl;
    cout<<"  ***  "<<endl;
    cout<<" ***** "<<endl;
    cout<<"*******"<<endl;
    cout<<"  ***  "<<endl;
    cout<<"   *   "<<endl;
    return 0;
}
```

(3) 参考答案

```
#include<iostream>
using namespace std;
void main()
{
    double c1;
    int c2,c3;
    cin>>c1>>c2>>c3;
    cout<<"\"Three course scores are:\""<<endl;
    cout<<c1<<' '<<c2<<' '<<c3<<endl;
}
```

(4) 参考答案

```
#include<iostream>
using namespace std;
void main()
{
   char c1,c2,c3,c4,c5;
   cin>>c1>>c2>>c3>>c4>>c5;
   c1+=4;
   c2+=4;
   c3+=4;
   c4+=4;
   c5+=4;
   cout<<c1<<c2<<c3<<c4<<c5<<endl;
}
```

习题 3 答案

1. 单选题

(1) A　　(2) D

(3) B　　(4) C

(5) D

(6) A

(7) C

(8) D

(9) D

(10) A

2. 填空题

(1) 分号

(2) {}

(3) 变量

(4) 0

(5) 3

(6) −264

3. 编程题

(1) 参考答案

```
#include <iostream.h>
    void main()
    {
        double x1,y1,x2,y2,x0,y0;
        cin>>x1>>y1;
        cin>>x2>>y2;
        x0 = (x1 + x2)/2;
        y0 = (y1 + y2)/2;
        cout<<"两点的坐标为:("<<x0<<","<<y0<<")"<<endl;
    }
```

(2) 参考答案

```
#include <iostream.h>
void main()
{
    char ch;
    cin>>ch;
    cout<<ch<<"对应的 ASCII 值:"<<(int )ch<<endl;
}
```

(3) 参考答案

```
#include <iostream.h>
#include <math.h>
void main()
{
    int a,x;
    cin>>a;
    x = sqrt(a);
    cout<<a<<"的平方根为:"<<x<<endl;
}
```

(4) 参考答案

```
#include <iostream.h>
void main()
{
    int i = 8, j = 10;
    double x = 3.14, y = 90;
```

```
    cout <<"i = "<< oct << i <<'\t'<<"j = "<< hex << j << endl;
    cout.setf(ios::scientific, ios::floatfield);
    cout <<"x = "<< x <<'\t';
    cout.unsetf(ios::scientific);
    cout <<"y = "<< y << endl;
}
```

习题4答案

1. 单选题

(1) D　　(2) A

(3) D　　(4) B

(5) D　　(6) D

(7) B　　(8) B

(9) A　　(10) D

(11) C　　(12) A

2. 填空题

(1) X>10 || X<0　　(2) fabs(x)>5

(3) 1　　(4) 1

(5) 2　　(6) 21 0

(7) 8
13　　(8) 2

3. 编程题

(1) 参考答案

```
#include <iostream.h>
void main()
{
    int a,b,min;
    cin>> a >> b;
    if(a > b)
        min = b;
    else
        min = a;
    cout << min << endl;
}
```

(2) 参考答案

```
#include <iostream.h>
void main()
{
    int a,b,s;
    cin>> a >> b;
    if(a + b > 100)
```

```
    {
        s = a - b;
    }
    else
        s = a + b;
    cout << s << endl;
}
```

(3) 参考答案

```
#include < iostream.h >
void main()
{
     char ch;
     cin >> ch;
     if(ch > = 'A' && ch < = 'Z')
         ch = ch + 32;
     cout << ch << endl;
}
```

(4) 参考答案

```
#include < iostream.h >
void main( )
{
     float x, y;
     cout << "请输入 x 变量的值: ";
     cin >> x;
     if(x < =  10)
        if(x < 10) y =  - 10;
        else y = 5;
     else y = 20;
     cout << "y =  " << y << endl;
}
```

习题 5 答案

1. 单选题

(1) B (2) D

(3) B (4) D

(5) C (6) A

(7) A (8) C

(9) C (10) D

(11) D (12) B

2. 填空题

(1) 循环结构 (2) 假

(3) 5 次 (4) i=i+2

(5) 4 7 10

(6) 4 10

(7) 3 3

(8)
```
* * * *
* * * #
* * # #
* # # #
```

3. 编程题

(1) 参考答案

```
#include<iostream.h>
void main()
{
    int i,sum = 0;
    for(i = 0;i <= 100;i = i + 2)
        sum = sum + i;
    cout << sum << endl;
}
```

(2) 参考答案

```
#include<iostream.h>
void main()
{
    int x,y,i,k;
    cout <<"请输入两个整数: ";
    cin >> x >> y;
    k = x < y?x:y;
    for(i = k; i >= 1; i-- )
        if(x % i == 0 && y % i == 0)
            break;
    cout <<"最大公约数: "<< i << endl;
    k = x > y?x:y;
    for(i = k; i <= x * y; i++)
        if(i % x == 0 && i % y == 0)
            break;
    cout <<"最小公倍数: "<< i << endl;
}
```

(3) 参考答案

```
#include<iostream.h>
void main()
{

    int a,b,c;
    for(int i = 100;i < 1000;i++)
    { a = i/100;
      b = (i - a * 100)/10;
      c = i % 10;
      if(i == a * a * a + b * b * b + c * c * c)
          cout << i <<"是水仙花数"<< endl;
    }

}
```

(4) 参考答案

```
#include "iostream.h"
#include "math.h"
#include "iomanip.h"
void main( )
{
    int m,k,i,n = 0;
    bool prime;
    for(m = 101; m < 200;m = m + 2)
    {
        prime = true;
        k = int(sqrt(m));
        for(i = 2;i <= k;i++)
            if(m % i == 0)
            {
                prime = false;
                break;
            }
        if(prime)
        {
         cout << setw(5)<< m; n++;
        }
        if(n % 10 == 0) cout << endl;
    }
    cout << endl;
}
```

(5) 参考答案

```
#include "iostream.h"
#include <math.h>
void main( )
{
    float x0,x1,x2,fx0,fx1,fx2;
    do
    {
        cout <<"请输入 x1 和 x2 的值"<< endl;
        cin >> x1 >> x2;
        if(x1 > x2)
        { x0 = x1; x1 = x2; x2 = x0; }
        fx1 = x1 * ((2 * x1 - 4) * x1 + 3) - 6;
        fx2 = x2 * ((2 * x2 - 4) * x2 + 3) - 6;
    }while(fx1 * fx2 > 0);
    do{
        x0 = (x1 + x2)/2;
        fx0 = x0 * ((2 * x0 - 4) * x0 + 3) - 6;
        if(fx0 * fx1 < 0)
        {
            x2 = x0; fx2 = fx0;
        }
```

```
        else
        {
            x1 = x0; fx1 = fx0;
        }
    }while(fabs(fx0)>= 1e-5);
cout<<"方程的根是: "<< x0 << endl;
}
```

(6) 参考答案

```
#include "iostream.h"
void main( )
{
    int s = 0,n,i,j,t;
    cin>> n;
    for(i = 1;i <= n;i++)
    {   t = 0;
        for(j = 1;j <= i;j++)
            t = t + j;
        s = s + t;
    }
    cout << s << endl;
}
```

或者

```
#include "iostream.h"
void main( )
{
    int s = 0,n,i,j,t;
    cin>> n;
    t = 0;
    for(i = 1;i <= n;i++)
    {
      t = t + i;
      s = s + t;
    }
    cout << s << endl;
}
```

习题 6 答案

1. 单选题

(1) C　　(2) D

(3) C　　(4) C

(5) A　　(6) C

(7) D　　(8) A

(9) D　　(10) B

(11) D

(12) D

2. 填空题

(1) 0

(2) 2

(3) 9

(4) 753

(5) 1657

(6) k=p;

(7) i=1

x[i-1]

(8) 84

(9) 1 3 7 15

(10) fwo

3. 编程题

(1) 参考答案

```
#include < iostream.h >
void main()
{
    int k,i,arr[10] = {1,2,3,5,7,9,11,13,15};
    for(i = 0;i < 10;i++)
        cout << arr[i]<<" ";
    cout << endl;
     cin >> k;
     for(i = 8;i > = 0;i -- )
     {
        if(arr[i]> k)
            {  arr[i + 1] = arr[i]; if(i == 0) arr[i] = k; }
        else
        {
            arr[i + 1] = k;
            break;
        }
     }

    for(i = 0;i < 10;i++)
        cout << arr[i]<<" ";
    cout << endl;
}
```

(2) 参考答案

```
#include < iostream.h >
void main()
{
    int a[3][3],sum = 0;
    int i,j;
    for(i = 0;i < 3;i++)
        for(j = 0;j < 3;j++)
        { cin >> a[i][j];
         if(i == j) sum = sum + a[i][j];
        }
    for(i = 0;i < 3;i++)
```

```
    {
        for(j = 0;j < 3;j++)
            cout << a[i][j]<<" ";
        cout << endl;
    }
    cout <<"对角线的和为: "<< sum << endl;
}
```

(3) 参考答案

```
#include < iostream.h >
void main()
{
    int a[5][5],sum = 0;
    int i,j;
    for(i = 0;i < 5;i++)
        for(j = 0;j < 5;j++)
        {  cin >> a[i][j];
           if(i == 0 ||j == 0 ||i == 4 ||j == 4)
               sum = sum + a[i][j];
        }
        cout << sum << endl;
}
```

(4) 参考答案

```
#include < iostream >
#include < string >
using namespace std;
void main()
{
    char str1[80],str2[80];
    int i = 0,j = 0;
    cout <<"输入密文"<< endl; cin >> str1;
    while(str1[i]!= '\0')
    {
        if(str1[i]> = 'A' && str1[i]< = 'Z')
            str2[i] = 26 + 64 - str1[i] + 1 + 64;
        else
            if(str1[i]> = 'a' && str1[i]< = 'z')
            str2[i] = 26 + 96 - str1[i] + 1 + 96;
            else
                str2[i] = str1[i];
            i++;
    }
    str2[i] = '\0';
    cout <<"密文为"<< str1 << endl;
    cout <<"原文为"<< str2 << endl;
}
```

(5) 参考答案

```
#include <iostream>
#include <string>
using namespace std;
void main()
{
    int a[5],b[4],c[10];
    int i,j,k = 0;
    for(i = 0;i < 5;i++)
        cin >> a[i];
    foar(i = 0;i < 4;i++)
        cin >> b[i];
    i = 0; j = 0;
    while( i < 5 && j < 4)
    {
        if(a[i]> b[j])
        { c[k++] = b[j]; j++; }
        else
        { c[k++] = a[i]; i++; }
    }
    while(i < 5) c[k++] = a[i++];
   while(j < 4) c[k++] = b[j++];
    for(k = 0;k < 9;k++)
        cout << c[k]<<" ";
    cout << endl;
}
```

(6) 参考答案

```
include < iostream >
#include < string >
using namespace std;
void main()
{
    char str1[80],str2[40];
    int i,j,k,num = 0;
    cout <<"输入主串"<< endl;
    cin.getline(str1,80);
    cout <<"输入子串"<< endl;
    cin.getline(str2,40);
    for(i = 0;str1[i]!= '\0';i++)
    {
        for(j = i,k = 0;str1[j]!= '\0'&& str1[j] == str2[k];j++,k++)
            ;
        if(str2[k] == '\0') num++;
    }
    cout <<"出现的次数为: "<< num << endl;
}
```

(7) 参考答案

```
#include "iostream.h"
void main()
{
    double arr[15],fi;
    int i,mid,low,up,biaozhi = 0;
    for(i = 0;i < 15;i++)
        cin >> arr[i];
    cout <<"输入查找的数据";
    cin >> fi;
    low = 0; up = 14;
    while(low < = up)
    {
        mid = (up + low)/2;
        if(fi == arr[mid])
        {
            cout <<"该数据在"<< mid <<"位"<< endl;
            biaozhi = 1;
            break;
        }
        else
        {if(fi > arr[mid])
                low = mid + 1;
        else
            up = mid - 1;
        }
    }
  if(biaozhi == 0)
     cout <<"没有该数据"<< endl;
}
```

(8) 参考答案

```
include < iostream >
#include < string >
using namespace std;
void main()
{
    int x,i,j = 0,a[10],k = 1,y;
    cout <<"请输入一个整数: "<< endl;
    cin >> x; y = x;
    while(x > 0)
    {
        a[j++] = x % 10;
        x = x/10;
    }
    for(i = 0;i < j;i++)
    {
        if(a[i]!= a[j - i - 1]) k = 0;
    }
```

```
    if(k) cout << y <<"是回文."<<'\n';
    else cout << y <<"不是回文."<<'\n';
}
```

习题 7 答案

1. 单选题

(1) D　　(2) A

(3) B　　(4) D

(5) A　　(6) A

(7) C　　(8) D

2. 填空题

(1) p++　　a[i]=a[i+1]

(2) i<sizeof(array)/4　　array[i]　　return avgr

(3) d%2==0　　d * sl　　s/=10

3. 编程题

(1) 参考答案

```
#include< iostream.h>
int getMax();
void main()
{
    int max = getMax();
    cout <<"最大的整数是: "<< max << endl;
}
int getMax()
{
    int c1,c2,c3;
    int max;
    cout <<"请输入 3 个整数: ";
    cin >> c1 >> c2 >> c3;
    max = c1;
    if(max < c2) max = c2;
    if(max < c3) max = c3;
    return max;
}
```

(2) 参考答案

```
#include< iostream>
#include< cmath>
using namespace std;
int getResult(int n);
void main()
{
    int result;
```

```
    result = getResult(2);
    cout << result << endl;
}
int getResult(int n)
{
    int result = 0;
    for(int i = 1;i <= 10;i++)
    {
        result + = pow(n,i);
    }
    return result;
}
```

(3) 参考答案

```
#include <iostream.h>
int age(int n)
{
    if (n == 1)
        return 10;
    else
        return 2 + age(n-1);
}
void main()
{
    cout << age(5)<< endl;
}
```

习题 8 答案

1. 单选题

(1) D　　(2) D

(3) C　　(4) B

(5) C　　(6) B

2. 填空题

(1) 宏定义　文件包括　条件编译　　(2) 15

(3) c　　(4) 12

3. 编程题

(1) 参考答案

```
#include <iostream.h>
#define MUL(a, b) a*b
void main()
{
        float x,y,m;
        cin >> x >> y;
        m = MUL(x, y);
```

```
        cout << x <<" * "<< y <<" = "<< m << endl;
}
```

(2) 参考答案

```
#include <iostream.h>
#define s(a,b) (a) * (b);
void main()
{
    int s1;
    s1 = s(3,5);
    cout << s1 << endl;
    s1 = s(1 + 2,2 + 3);
    cout << s1 << endl;
}
```

习题9答案

1. 单选题

(1) C
(2) A
(3) B
(4) A
(5) B
(6) D
(7) C
(8) D
(9) C
(10) B
(11) D
(12) C

2. 填空题

(1) 结构体变量
(2) ；(分号)
(3) 各成员字节数之和
(4) 6
(5) sizeof(ex)
(6) 最长成员的长度
(7) 2
(8) 0

3. 编程题

(1) 参考答案

```
#include <iostream.h>
struct point
{
    double x;
    double y;
};
void main()
{
    point p1,p2,p0;
    cin >> p1.x >> p1.y;
    cin >> p2.x >> p2.y;
    p0.x = (p1.x + p2.x)/2;
      p0.y = (p1.y + p2.y)/2;
```

```
    cout<<"中点的坐标为:("<<p0.x<<","<<p0.y<<")"<<endl;
}
```


(2) 参考答案

```
#include<iostream.h>
struct student
{
    int num;
    char name[20];
    float score;
};
student Input( )
{
    student stud;

    cout<<"请输入学号、姓名和成绩:";
    cin>>stud.num>>stud.name>>stud.score;
    return stud;
}
void Output(student stud)
{
    cout<<"学号为 "<<stud.num<<'\n'<<"姓名为 "<<stud.name<<'\n'
        <<"成绩为 "<<stud.score<<endl;
}
void main( )
{
    student studs[3];
    for (int i=0; i<3; i++)
        studs[i]=Input( );
    for(i=0; i<3; i++)
        Output(studs[i]);
    cout<<endl;
}
```

(3) 参考答案

```
#include<iostream.h>
#include<string.h>
struct employee
{
    char name[30];
    int tel;
};
void main()
{
    struct employee emp[2],t;
    for(int i=0;i<2;i++)
        cin>>emp[i].name>>emp[i].tel;
    if(strcmp(emp[0].name,emp[1].name)>0)
    {
        strcpy(t.name,emp[0].name); t.tel=emp[0].tel;
```

```
        strcpy(emp[0].name,emp[1].name); emp[0].tel = emp[1].tel;
        strcpy(emp[1].name,t.name); emp[1].tel = t.tel;
    }
    for(i = 0;i < 2;i++)
    {
        cout << emp[i].name <<" "<< emp[i].tel << endl;
    }

}
```

(4) 参考答案

```
#include < iostream.h >
#include < iomanip.h >
void main()
{
    enum color {Red,Blue,Green};
    color i,j,k,pri;
    int n,m;
    n = 0;
    for(i = Red;i < = Green;i = color(int(i) + 1))
        for(j = Red;j < = Green;j = color(int(j) + 1))
            if(i!= j)
            {
              for (k = Red;k < = Green;k = color(int(k) + 1))
                if((k!= i)&&(k!= j))
                {
                    n = n + 1;
                    cout << setw(4)<< n;
                    for(m = 1;m < = 3;m++)
                    {
                        switch(m)
                        {
                        case 1 : pri = i;break;
                        case 2 : pri = j;break;
                        case 3 : pri = k;break;
                        default:break;
                        }
                        switch (pri)
                        {
                        case Red: cout << setw(10)<<"Red";break;
                        case Blue: cout << setw(10)<<"Blue";break;
                        case Green: cout << setw(10)<<"Green";break;
                        default:break;
                        }
                    }
                    cout << endl;
                }
            }
            cout << setw(5)<< n;
}
```

习题 10 答案

1. 单选题

(1) D
(2) C
(3) A
(4) D
(5) D
(6) B
(7) A
(8) C
(9) C
(10) A
(11) B
(12) D
(13) C
(14) B
(15) D
(16) C

2. 填空题

(1) 地址
(2) 元素 $a[6]$的地址
(3) $a[i]+j$
(4) delete []p
(5) AA
(6) −1
(7) 2
(8) 15
(9) 39
(10) 5 5 5 5 5
(11) 6 20
22 21
(12) 10 11 12 13 14
15 16 17 18 19

3. 编程题

(1) 参考答案

```
#include <iostream.h>
void mm(int a,int b,int c,int *max,int *min)
{
    *max=a; *min=a;
    if(a>b)
        *min=b;
    else
        *max=b;
    if(*min>c) *min=c;
    if(*max<c) *max=c;

}
void main()
{
    int a1,b1,c1,*max=new int,*min=new int;
    cin>>a1>>b1>>c1;
    mm(a1,b1,c1,max,min);
    cout<<"最大值: "<<*max<<endl;
    cout<<"最小值: "<<*min<<endl;
}
```

(2) 参考答案

```
#include <iostream.h>
#include <string.h>
void swap(char *p1,char *p2)
{
    char p[80];
    strcpy(p,p1); strcpy(p1,p2); strcpy(p2,p);
}
void main()
{
    char s1[80],s2[80],s3[80];
    cin.getline(s1,80);
    cin.getline(s2,80);
    cin.getline(s3,80);
    if(strcmp(s1,s2)>0) swap(s1,s2);
    if(strcmp(s1,s3)>0) swap(s1,s3);
    if(strcmp(s2,s3)>0) swap(s2,s3);
    cout<<"升序的字符串为: "<<endl;
    cout<<s1<<endl;
    cout<<s2<<endl;
    cout<<s3<<endl;
}
```

(3) 参考答案

```
#include <iostream.h>
#include <string.h>
int leng(char *p)
{
    int n=0;
    while(*p!='\0')
    {
        n++; p++;
    }
    return n;
}
void main()
{
    int len;
    char str[80];
    cin.getline(str,80);
    len=leng(str);
    cout<<"该字符串的长度为: "<<len<<endl;

}
```

(4) 参考答案

```
#include <iostream.h>
#include <string.h>
void main()
```

```
{
    int a[10];
    int *p=a;
    float av=0;
    for(;p-a<10;p++)
        cin>>*p;
    for(p=a;p-a<10;p++)
        av=av+ *p;
    av=av/(p-a);
    cout<<"平均值为: "<<av<<endl;
}
```

(5) 参考答案

```
#include<iostream.h>
void move(int *p)
{
    int i,j,t;
    for(i=0;i<3;i++)
        for(j=i;j<3;j++)
        {
            t= *(p+3*i+j);
             *(p+3*i+j) = *(p+3*j+i);
             *(p+3*j+i) = t;
        }
}
void main()
{
    int a[3][3], *p=&a[0][0],i,j;
    for(i=0;i<3;i++)
        for(j=0;j<3;j++)
            cin>>a[i][j];
        move(p);
    cout<<"转置后的矩阵为: "<<endl;
    for(i=0;i<3;i++)
    {
     for(j=0;j<3;j++)
             cout<<a[i][j]<<" ";
        cout<<endl;
    }
}
```

(6) 参考答案

```
#include<iostream.h>
#include<math.h>
void fun(double x, double (*f)(double))
{
   cout<<(*f)(x)<<endl;
}
void main(){
```

```
    double x0;
    cin >> x0;
    x0 = 3.1415926/180 * x0;
    fun(x0,sin);
    fun(x0,cos);
    fun(x0,tan);
}
```

(7) 参考答案

```
#include <iostream.h>
char * substr(char * s,int start,int end)
{
    char * newstr = new char[end - start + 1];
    int i,j = 0;
    for(i = start; i < end;i++,j++)
        newstr[j] = s[i];
    newstr[j] = '\0';
    return newstr;
}
void main()
{
    char * str = "computer";
    cout << substr(str,3,6)<< endl;
}
```

(8) 参考答案

```
#include <iostream.h>
struct Node
{
    int data;
    Node * next;
};
void swap( Node * p1, Node * p2)
{
    int t;
    t = p1 -> data; p1 -> data = p2 -> data; p2 -> data = t;
}
void sort( Node * head ) //链表排序
{
     Node * pmin, * p;
    while(head){
        pmin = head;
        p = head -> next;
        while(p)
        {
            if(p -> data < pmin -> data) pmin = p;
            p = p -> next;
        }
        if(pmin!= head)
            swap(pmin, head);
        head  =  head -> next;
    }
```

```
}
Node * create(int n) //产生链表
{
    Node * head = NULL, * p1, * p2;
    int a;

    cout <<"Please input data: ";
    do
    { cin >> a;
        p2 = new Node;
        p2 -> data = a;
        if(head == NULL) head = p1 = p2;
        else
        {
            p1 -> next = p2;
            p1 = p2;
        }
    }while( -- n);
    if(head!= NULL)
        p1 -> next = NULL;
    return head;
}
void print(Node * head) //打印链表
{
    while(head)
    {
        cout <<(head -> data)<<" ";
        head = head -> next;
    }
    cout << endl;
}
void main( )
{
    Node * head;
    head = create(10);
    print(head);
    cout << endl;
    sort(head);
    print(head);
}
```

习题 11 答案

1. 单选题

(1) C
(2) C
(3) A
(4) B
(5) A
(6) D
(7) D
(8) C
(9) A
(10) D

2. 填空题

(1) 使用成员函数 open 打开文件

(2) tellg　tellp

(3) ios::beg　ios::cur　ios::end

(4) cerr 流信息是不经过缓冲区直接向显示器上输出有关信息，而 clog 流信息是先存放在缓冲区中，待遇到 endl 或缓冲区满后再向显示器输出。

(5) 如果键盘输入 97，输出为 97。

如果键盘输入 A，输出为"非法输入，重新输入一个整数"。

如果键盘输入 102.5，输出为 102。

(6) B

3. 编程题

(1) 参考答案

```
#include <iostream>
#include <cmath>
using namespace std;
int main()
{
    int a,b,c;
    double s,area;
    cout<<"请输入三角形的 3 条边长: ";
    cin>>a>>b>>c;
    s=(double)(a+b+c)/2;
    if((a+b>c)&&(a+c>b)&&(b+c>a))
    {
        area=sqrt(s*(s-a)*(s-b)*(s-c));
        cout<<"三角形的面积是: "<<area<<endl;
    }
    else
        cerr<<"输入的 3 条边长无法构成三角形"<<endl;
    return 0;
}
```

(2) 参考答案

```
#include <iostream>
#include <fstream>
#include <cmath>
using namespace std;
struct data
{
    int number;
    double root;
};
int main()
{
    data N[50],single;
    int x;
```

```
    ofstream outfile("data.dat");
    if(!outfile)
    {
        cerr<<"data.dat 文件打开失败!"<<endl;
        exit(1);
    }
    for(int i=0;i<50;i++)
    {
        N[i].number = i+1;
        N[i].root = sqrt((double)(i+1));
    }
    outfile.write((char *)&N[0],sizeof(N));
    outfile.flush();
    cout<<"请输入要查询的自然数: "<<endl;
    cin>>x;
    ifstream infile("data.dat");
    if(!infile)
    {
        cerr<<"data.dat 文件打开失败!"<<endl;
        exit(1);
    }
    int pos=(x-1)*sizeof(single);
    infile.seekg(pos,ios::beg);
    infile.read((char *)&single,sizeof(single));
    cout<<single.number<<"的平方根是: "<<single.root<<endl;
    outfile.close();
    infile.close();
    return 0;
}
```